Python Programming

Python 3 基础教程

第3版 | 慕课版

刘凡馨 夏帮贵 主编

人 民 邮 电 出 版 社
北 京

图书在版编目（CIP）数据

Python 3基础教程 : 慕课版 / 刘凡馨, 夏帮贵主编
. -- 3版. -- 北京 : 人民邮电出版社, 2024.8
工业和信息化精品系列教材. Python技术
ISBN 978-7-115-64412-1

Ⅰ. ①P… Ⅱ. ①刘… ②夏… Ⅲ. ①软件工具—程序设计—教材 Ⅳ. ①TP311.561

中国国家版本馆CIP数据核字(2024)第096395号

内容提要

Python 功能强大且简单易学，是众多程序开发人员的必学语言之一。本书注重基础，循序渐进、系统地讲述 Python 程序设计开发相关的基础知识。本书共 10 个单元，涵盖配置开发环境、Python 基本语法、基本数据类型、组合数据类型、程序控制结构、函数与模块、文件和数据组织、Python 标准库、第三方库和面向对象等内容，基本覆盖了《全国计算机等级考试二级 Python 语言程序设计考试大纲（2023 年版）》涉及的知识点。每个单元还设置了拓展阅读和技能拓展模块，帮助读者拓宽视野，掌握 AIGC 辅助编程，提升信息技术素养。

本书内容丰富、讲解详细，适用于初、中级 Python 用户，可作为各类院校相关专业教材，同时也可作为 Python 爱好者的自学参考书和全国计算机等级考试二级 Python 语言程序设计考试的辅导教材。

◆ 主　　编　刘凡馨　夏帮贵
责任编辑　赵　亮
责任印制　王　郁　焦志炜

◆ 人民邮电出版社出版发行　　北京市丰台区成寿寺路 11 号
邮编　100164　　电子邮件　315@ptpress.com.cn
网址　https://www.ptpress.com.cn
三河市君旺印务有限公司印刷

◆ 开本：787×1092　1/16
印张：17　　2024 年 8 月第 3 版
字数：431 千字　　2024 年 11月河北第 3 次印刷

定价：59.80 元

读者服务热线：(010) 81055256　印装质量热线：(010) 81055316
反盗版热线：(010) 81055315

第3版　前言

Python 因其功能强大、简单易学、开发成本低的特点，已成为广大程序开发人员喜爱的程序设计语言之一。作为一门优秀的程序设计语言，Python 被广泛应用到各个方面，从简单的文字处理，到网站和游戏开发，甚至于机器人和航天飞机控制，都可以找到 Python 的身影。

党的二十大报告提出：“推动战略性新兴产业融合集群发展，构建新一代信息技术、人工智能、生物技术、新能源、新材料、高端装备、绿色环保等一批新的增长引擎。”将 Python 程序设计作为软件技术、大数据技术、人工智能技术应用、嵌入式技术应用等相关专业的专业核心课程或专业拓展课程，有助于培养行业发展所需的程序设计人才，能使教育更好地服务于国家新一代信息技术发展战略，也更有利于推动战略性新兴产业融合集群发展。

本书特别针对 Python 零基础的编程爱好者，进行了内容编排和单元任务组织，争取让读者在短时间内掌握 Python 程序设计语言的基本技术和编程方法。本书具有如下特点。

1. 零基础入门

读者无须具备其他程序设计语言的相关基础，跟随本书学习即可轻松掌握 Python 程序设计语言。

2. 学习成本低

本书在构建开发环境时，选择了应用较为广泛的 Windows 10 操作系统和 Python 3.12 版本。读者可使用 Python 自带的集成开发工具 IDLE 等进行学习和操作，没有特别的软件和硬件要求。

3. 内容精心编排

Python 程序设计涉及的范围非常广泛，本书内容编排并不求全、求深，而是考虑零基础读者的接受能力，选择 Python 中必备、实用的知识进行讲解。本书知识点循序渐进，与配套实例环环相扣，逐步涉及实际应用的各个方面。

同时，本书内容针对《全国计算机等级考试二级 Python 语言程序设计考试大纲（2023 年版）》进行了精心编排，基本覆盖考试大纲内容。此外，本书还专门针对考试大纲提供了习题集和模拟考试系统。模拟考试系统包含了依据考试大纲设计的真题题库。该系统既可辅助读者学习 Python 程序设计知识，又可帮助读者提高全国计算机等级考试成绩。

4. 精心制作配套慕课

本书配套的慕课覆盖全书内容，对知识点进行了详细讲解和补充。读者登录“人邮学院”网站（www.rymooc.com）或扫描右侧的二维码，使用手机号注册，在首页右上角单击“学习卡”选项，输入封底刮刮卡中的激活码，即可在线观看慕课视频。扫描书中的二维码也可以直接使用手机观看视频。

扫一扫看慕课

5. 强调理论与实践相结合

本书采用“任务驱动、理论实践一体化”的教学方法进行设计，所有单元内容都从任务引出，然后讲解与任务相关的知识点。除单元 1 外，每个单元最后都安排了一个精简、完整的综合实例，贴合“任务驱动、理论实践一体化”的教学方法，方便教师教学，也方便学生学习。

6. 提供丰富的学习资源

为了方便读者学习，本书提供所有实例的源代码和相关资源。源代码可在学习过程中直接使用，参考相关内容进行配置即可。为了方便教师教学，本书还提供了教学大纲、教案、教学进度表和 PPT 课件等资源，读者可扫描封底二维码或登录人邮教育社区（www.ryjiaoyu.com）查看和下载。

7. 贯彻立德树人，做到学思融合

党的二十大报告提出："全面建设社会主义现代化国家，必须坚持中国特色社会主义文化发展道路，增强文化自信，围绕举旗帜、聚民心、育新人、兴文化、展形象建设社会主义文化强国，发展面向现代化、面向世界、面向未来的，民族的科学的大众的社会主义文化，激发全民族文化创新创造活力，增强实现中华民族伟大复兴的精神力量。"本书将唐诗、四大名著等中华优秀传统文化融入课程教学，让学生在学习技术的同时传承优秀传统文化，达到增强文化自信的目的。

8. 素质拓展，提升信息技术素养

本书在每个单元的拓展阅读模块补充了程序设计相关的拓展知识，在技能拓展模块补充了 AIGC 辅助编程的相关知识，帮助读者全面提升信息技术素养。

本书主要内容如下表所示。

单元	主要内容
单元 1 配置开发环境	Python 简介、运行 Python 程序、使用 Python 文档
单元 2 Python 基本语法	Python 基本语法元素、数据输入和输出方法、赋值语句、变量与对象的关系
单元 3 基本数据类型	数字类型、数字运算和数字处理函数、字符串类型
单元 4　组合数据类型	集合、列表、元组、字典、迭代和列表解析
单元 5 程序控制结构	分支结构、循环结构、异常处理
单元 6　函数与模块	函数、变量的作用域、模块
单元 7 文件和数据组织	文件基本操作、CSV 文件操作、数据组织的维度
单元 8 Python 标准库	绘图工具——turtle 库、随机数工具——random 库、时间工具——time 库
单元 9　第三方库	了解第三方库、打包工具——PyInstaller 库、分词工具——jieba 库、数据计算工具——Numpy 库
单元 10　面向对象	Python 类基础、类的继承

本书由西华大学刘凡馨、夏帮贵主编。由于编者水平有限，书中难免存在不妥之处，敬请广大读者批评指正。联系邮箱：314757906@qq.com。

编者

2024 年 7 月

目 录 CONTENTS

单元 5

单元 6

单元 7

单元 10

附录 1

附录 2

单元 1
配置开发环境

Python 是一种面向对象的、解释型的高级程序设计语言。吉多·范罗苏姆（Guido van Rossum）于 1989 年开始开发 Python，并于 1991 年发布第一个 Python 公开发行版。现在，Python 由 Python 软件基金会（Python Software Foundation，PSF）负责开发和维护。Python 的语法简洁、易于学习、功能强大、可扩展性强、跨平台特性良好等诸多特点，使其成为最受欢迎的程序设计语言之一。

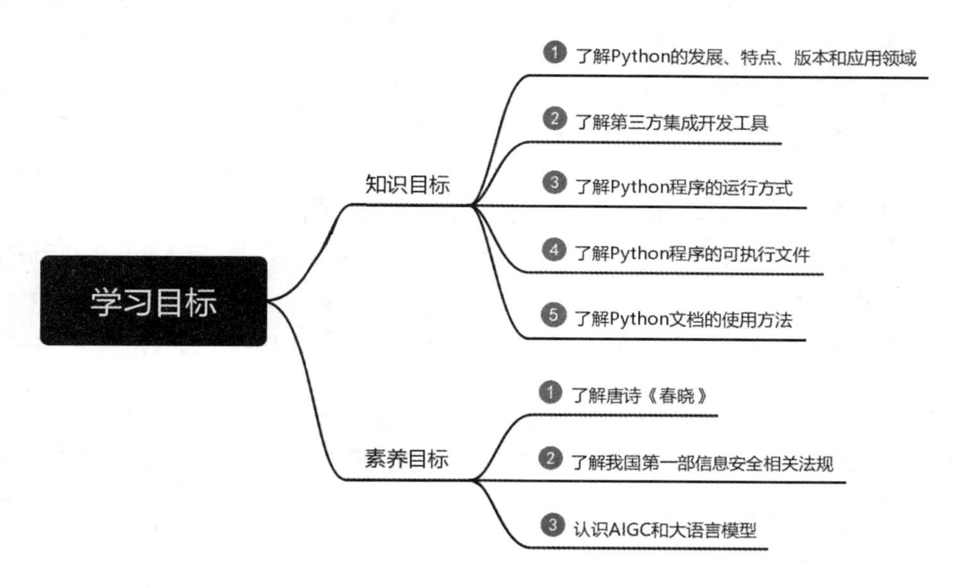

【任务 1-1】 在 Windows 操作系统中安装 Python

【任务目标】

任务 1-1

1. 下载 Python 安装包。
2. 安装 Python。

【任务实施】

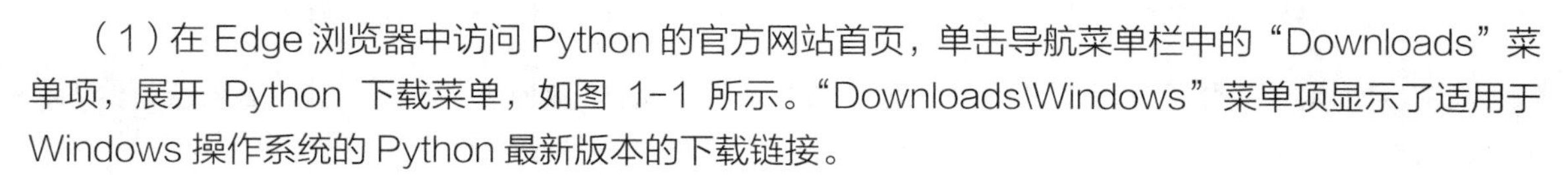

（1）在 Edge 浏览器中访问 Python 的官方网站首页，单击导航菜单栏中的“Downloads”菜单项，展开 Python 下载菜单，如图 1-1 所示。“Downloads\Windows”菜单项显示了适用于 Windows 操作系统的 Python 最新版本的下载链接。

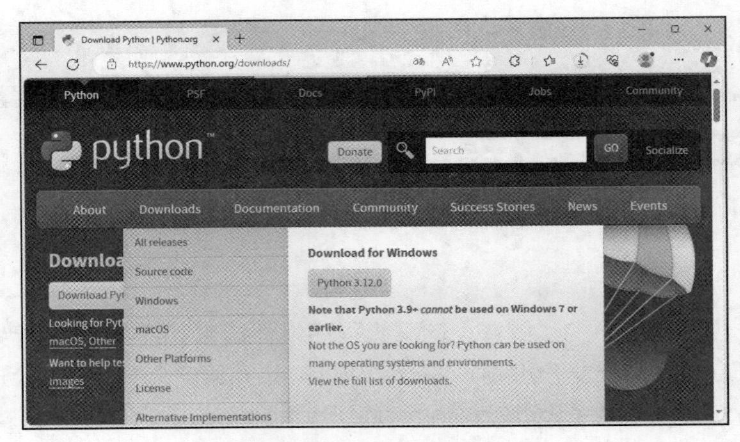

图 1-1　Python 下载菜单

（2）单击“Python 3.12.0”按钮，下载 Python 安装程序。Edge 浏览器在右上方有“下载”对话框显示下载进度，下载完成后如图 1-2 所示。

图 1-2　“下载”对话框

（3）下载完成后，在“下载”对话框中单击“打开文件”超链接，启动 Python 安装程序。Python 安装程序首先显示安装方式选择界面，如图 1-3 所示。

Python 安装程序提供了两种安装方式：“Install Now”和“Customize installation”。

“Install Now”安装方式：按默认设置安装 Python，建议记住默认的安装路径，在使用 Python 的过程中可能会访问该路径。

“Customize installation”安装方式：自定义安装方式，用户可设置 Python 安装路径和其他选项。

（4）勾选图 1-3 所示界面最下方的“Add python.exe to PATH”复选框，将 python.exe 添加到系统的环境变量 PATH 中，从而保证在系统命令提示符窗口中，可在任意目录下运行 python.exe 及相关命令（如 pip.exe）。单击“Customize installation”选项，进入可选功能界面，如图 1-4 所示。

图 1-3　安装方式选择界面

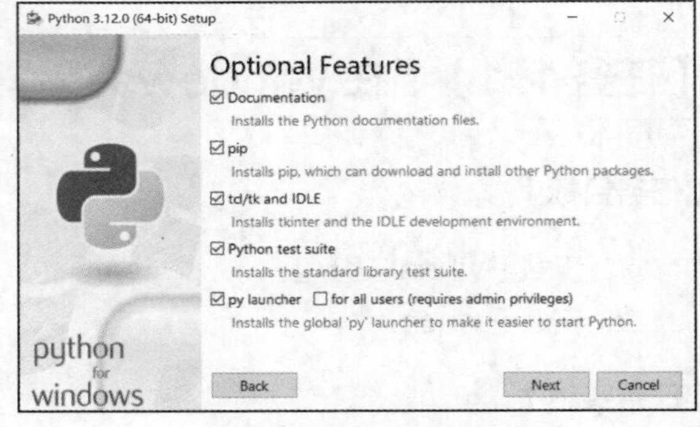

图 1-4　可选功能界面

（5）Python 安装程序默认选中部分可选功能。直接单击“Next”按钮，进入高级选项界面，如图 1-5 所示。

（6）在“Customize install location”输入框中输入安装路径，或者单击“Browse”按钮打开对话框选择安装路径。建议将 Python 安装到非系统磁盘，如设置安装路径为“d:\Python312”。最后单击“Install”按钮，按设置将 Python 安装到系统。安装完成后，进入安装完成界面，如图 1-6 所示。

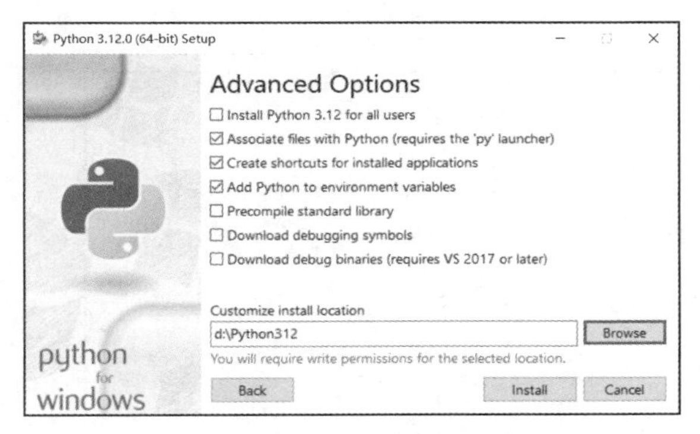

图 1-5 高级选项界面

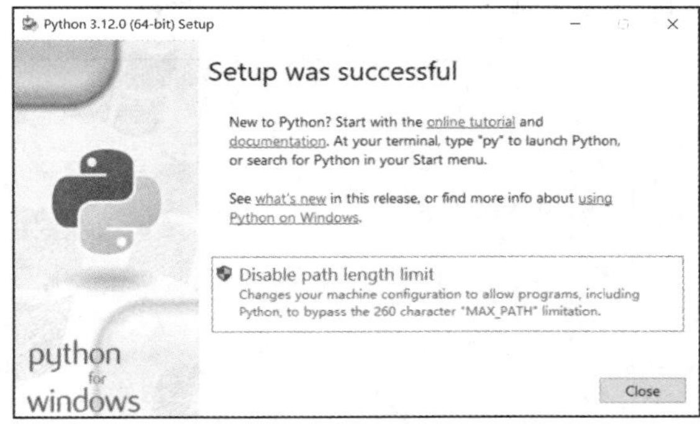

图 1-6 安装完成界面

（7）单击“Close”按钮，结束安装操作。

安装完成后，Windows 操作系统的“开始”菜单的“Python 3.12”文件夹中显示了 Python 的相关命令，如图 1-7 所示。单击其中的“Python 3.12 (64-bit)”命令，可打开 Python 交互环境窗口，如图 1-8 所示。

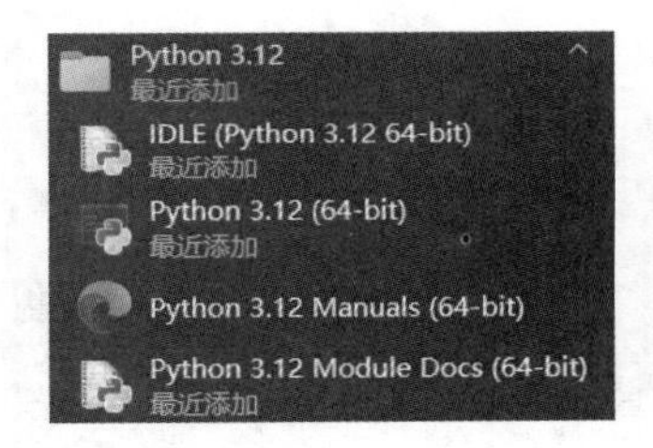

图 1-7 “开始”菜单中 Python 的相关命令

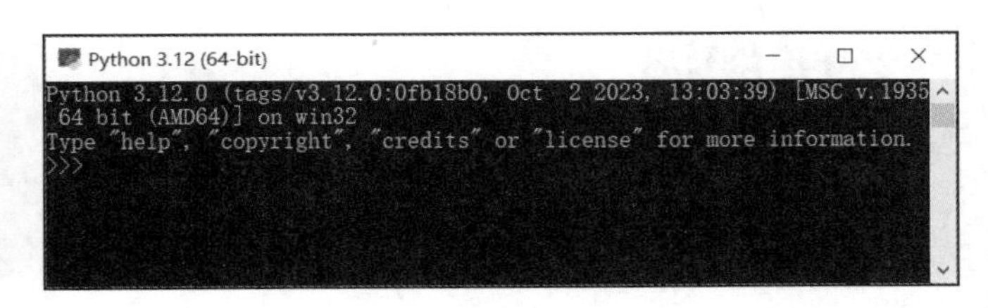

图 1-8 Python 交互环境窗口

Python 交互环境窗口显示了 Python 的版本信息。在 Python 交互环境窗口中，“>>>”符号为命令提示符，在其后输入 Python 命令，按【Enter】键即可运行命令。

【知识点】

1.1 Python 简介

1.1.1 Python 的发展

1.1.1 Python 的发展

1989 年，吉多 • 范罗苏姆在阿姆斯特丹开始开发一种新的程序设计语言。作为巨蟒剧团——Monty Python 喜剧团体的粉丝，吉多将这种新的程序设计语言命名为 Python。吉多开发 Python 的灵感来自 ABC 语言——吉多参与开发的一种适用于非专业程序开发人员的教学语言。吉多认为

ABC 语言优雅、功能强大，其未获得成功的主要原因是不开放。所以吉多一开始就将 Python 定位为开放式语言。Python 起源于 ABC 语言，并受到了 Modula-3 语言的影响，同时结合了 UNIX Shell 和 C 语言的特点。

经过多年的发展，Python 已经成为最受欢迎的程序设计语言之一。在 2024 年 6 月的 TIOBE 程序设计语言排行榜中，Python 在众多程序设计语言中位居第 1 位，如图 1-9 所示。

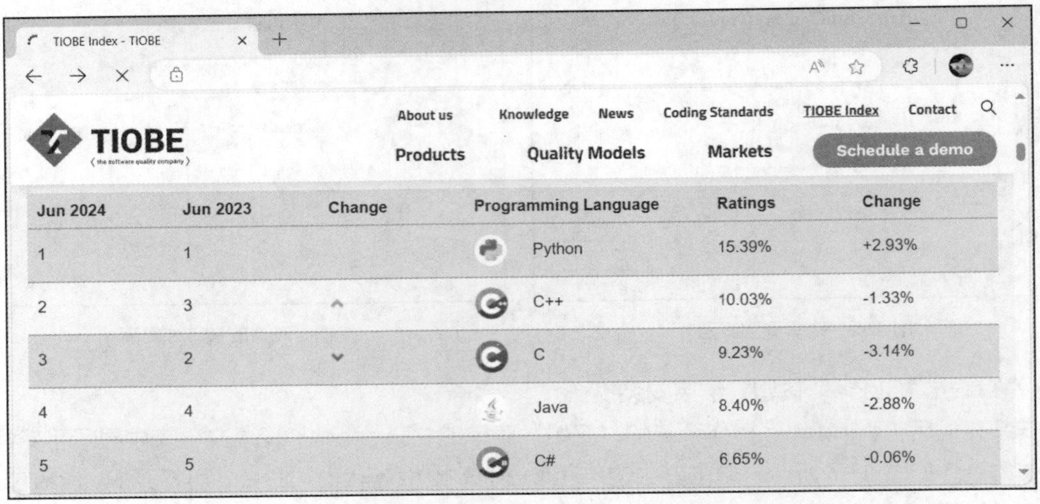

Jun 2024	Jun 2023	Change	Programming Language	Ratings	Change
1	1		Python	15.39%	+2.93%
2	3	^	C++	10.03%	-1.33%
3	2	˅	C	9.23%	-3.14%
4	4		Java	8.40%	-2.88%
5	5		C#	6.65%	-0.06%

图 1-9　TIOBE 程序设计语言排行榜（2024 年 6 月）

1.1.2　Python 的特点

Python 具有下列显著特点。

1.1.2　Python 的特点

1. Python 免费且开源

Python 是免费且开源的，我们不仅可免费使用 Python，还可了解 Python 的内部实现机制。

2. Python 是面向对象的

面向对象（Object-Oriented，OO）是现代高级程序设计语言的一个重要特征。Python 具有多态、运算符重载、继承和多重继承等面向对象程序设计（Object-Oriented Programming，OOP）的主要特征。

3. Python 具有良好的跨平台特性

Python 可在 Windows、Linux 和 macOS 等多种操作系统上运行。

4. Python 功能强大

Python 具有的一些强大功能如下。

- 支持动态数据类型：Python 可以在代码运行过程中跟踪变量的数据类型，因此无须声明变量的数据类型，也不要求在使用变量前对其进行类型声明。
- 自动内存管理：良好的内存管理机制意味着程序具有更高的性能。Python 程序开发人员无须关心内存的使用和管理，Python 会自动分配和回收内存。
- 支持大型程序开发：通过子模块、类和异常等工具，Python 可用于大型程序开发。

- 内置数据结构：Python 提供了对常用数据结构的支持。例如，集合、列表、字典、字符串等都属于 Python 内置类型，可实现相应的数据结构。同时，Python 也实现了各种数据结构的标准操作，如合并、分片、排序和映射等。
- 内置标准库：Python 提供了丰富的标准库，如绘图工具 turtle 库、随机数工具 random 库、时间处理工具 time 库等。
- 易于扩展：Python 通过安装第三方库，可以应用在不同领域。

5. Python 简单易学

Python 的设计理念是“优雅”“明确”“简单”，提倡“用一种方法，最好只用一种方法来做一件事”。所以 Python 语言语法简洁、代码易读。一些大学（如美国的卡内基梅隆大学、麻省理工学院等）开始将 Python 作为程序设计课程的编程语言。

1.1.3 Python 的版本

1.1.3 Python 的版本（1）

1.1.3 Python 的版本（2）

Python 发展至今，经历了多个版本，主要版本如下。

- Python 1.0：1994 年发布，已过时。
- Python 2.0：2000 年发布，2.x 版本已停止更新。
- Python 3.0：2008 年发布，本书再版时，Python 已更新至 3.12.0 版本。从 3.0 版本开始，Python 不再兼容 2.x 版本。

对初学者而言，推荐使用 Python 的最新版本。

1.1.4 Python 的应用领域

1.1.4 Python 的应用领域

Python 近乎全能，通过第三方库，Python 的应用领域几乎可扩展到所有可编程的领域，其主要应用领域如下。

- 网络爬虫：实现网络共享资源获取、网络监控、自动化测试等功能。例如，Requests、Scrapy 和 Pyspider 等都是常用的 Python 网络爬虫库。
- 数据分析：主要指对数据执行各种科学或工程计算。例如，NumPy、SciPy 和 Pandas 等都是常用的 Python 数据分析库。
- 文件处理：实现 PDF 文件、Microsoft Excel 文件、Microsoft Word 文件、HTML（Hypertext Markup Language，超文本标记语言）文件和 XML（eXtensible Markup Language，可扩展标记语言）文件等各种文件的处理。例如，PDFMiner 可用于处理 PDF 文件，Openpyxl 可用于处理 Microsoft Excel 文件，Python-docx 可用于处理 Microsoft Word 文件。
- 数据可视化：主要指使用易于理解的图形来展示数据。例如，Matplotlib、Seaborn 和 Mayavi 等都是常用的 Python 数据可视化库。
- 图形用户界面：用于实现应用程序的图形用户界面。例如，PyQt5、wxPython 和 PyGObject 等都是常用的 Python 图形用户界面库。
- 机器学习：为 Python 提供机器学习实现功能。Scikit-learn、MXNet 和 TensorFlow 等都是常用的 Python 机器学习库。
- Web 应用开发：为 Python 提供快速 Web 应用开发功能。Django、Flask 和 Web2py 等都是常用的 Python Web 应用开发库。

- 游戏开发：为 Python 提供各种游戏开发功能。Pygame、Panda3D 和 Cocos2d 等都是常用的 Python 游戏开发库。

1.1.5　第三方集成开发工具

1.1.5　第三方集成开发工具

集成开发工具有利于提高项目开发效率。常用的 Python 第三方集成开发工具包括 PyCharm、Visual Studio Code（简称 VS Code）等。

1. PyCharm 简介

PyCharm 是 JetBrains 公司开发的一款集成开发工具，它具有语法高亮、代码跳转、智能提示、自动补全、代码调试、单元测试、版本控制等诸多功能。PyCharm 支持 Python、JavaScript、CoffeeScript、TypeScript、HTML、CSS（Cascading Style Sheets，层叠样式表）等多种语言，以及 Django、Flask、Google App Engine、Pyramid、Web2py 等 Web 库。图 1-10 所示为 PyCharm 工作界面。

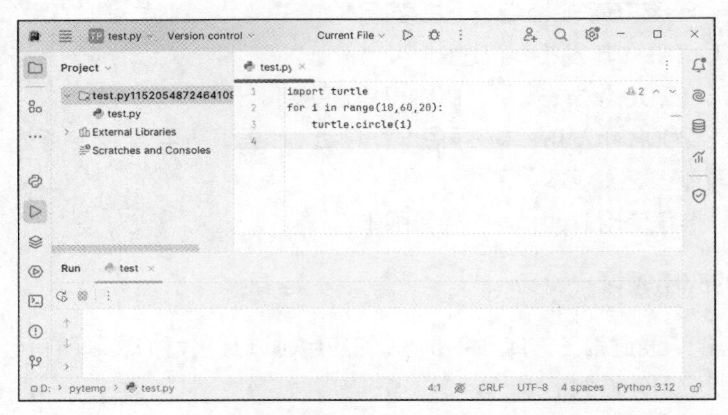

图 1-10　PyCharm 工作界面

2. VS Code 简介

VS Code 是 Microsoft 公司开发的一款集成开发工具，它具有语法高亮、代码跳转、智能提示、自动补全、代码调试、内置 Git 命令等诸多功能。VS Code 支持 Python、JavaScript、Java、C/C++、TypeScript、HTML、CSS 等多种语言。通过安装扩展组件，VS Code 几乎可支持编写所有语言代码。图 1-11 显示了 VS Code 的工作界面。

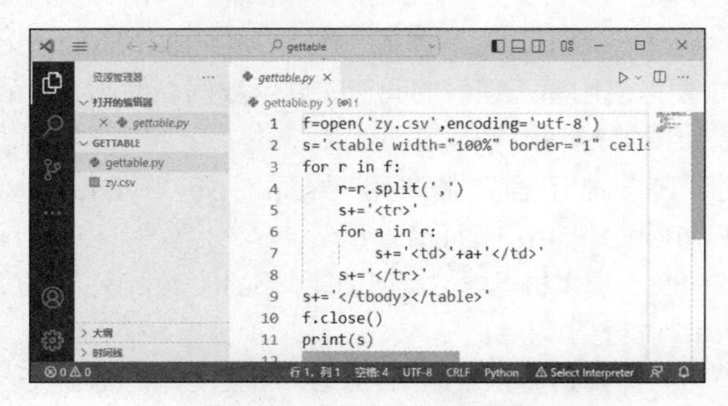

图 1-11　VS Code 工作界面

【任务 1-2】 运行 Python 命令和程序

【任务目标】

任务 1-2

1. 交互式运行 Python 命令。
2. 用程序输出唐诗《春晓》。

【任务实施】

（1）在系统的“开始”菜单中选择“Python 3.12\IDLE（Python 3.12 64-bit）”命令，启动 IDLE（Integrated Development and Learning Environment，集成开发和学习环境）。IDLE 启动后，显示 IDLE Shell（IDLE 交互环境）界面。在 IDLE 交互环境中，“>>>”为命令提示符，在“>>>”标识的行输入命令，然后按【Enter】键运行命令。命令如果有输出结果，则会在下一行中显示该结果。

（2）在 IDLE 交互环境中依次运行下面的命令，如图 1-12 所示。

```
2+3             //完成两个值的加法运算
a=10            //给变量赋值
a+5             //完成变量和值的加法运算
a-5             //完成变量和值的减法运算
a*2             //完成变量和值的乘法运算
a/2             //完成变量和值的除法运算
import os       //导入模块
os.getcwd()     //调用模块中的函数，获得当前工作目录信息
```

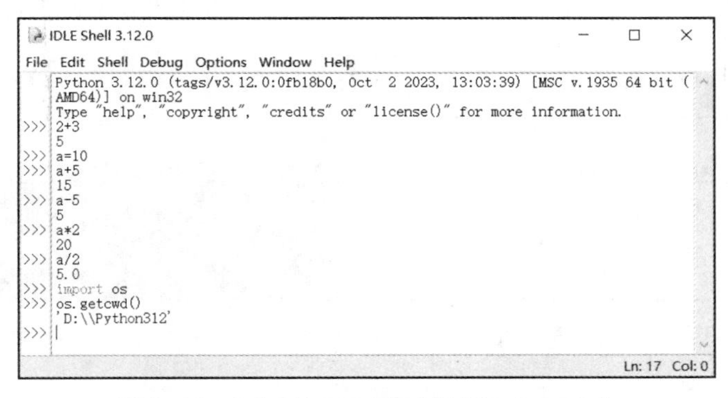

图 1-12 在 IDLE 交互环境中运行 Python 命令

（3）在系统的“开始”菜单中选择“Windows\命令提示符”命令，打开系统命令提示符窗口。

（4）输入“python”，按【Enter】键运行，进入系统命令提示符窗口的 Python 交互环境。

（5）依次运行第（2）步中所列命令，命令运行结果如图 1-13 所示。将该图与图 1-12 比较，发现仅“os.getcwd()”命令运行结果不同，这说明了 IDLE 交互环境和系统命令提示符窗口的 Python 交互环境的当前工作目录不同。

```
命令提示符 - python
(c) Microsoft Corporation。保留所有权利。

C:\Users\china>python
Python 3.12.0 (tags/v3.12.0:0fb18b0, Oct  2 2023, 13:03:39) [MSC v.1935 64 bit (AMD64
)] on win32
Type "help", "copyright", "credits" or "license" for more information.
>>> 2+3
5
>>> a=10
>>> a+5
15
>>> a-5
5
>>> a*2
20
>>> a/2
5.0
>>> import os
>>> os.getcwd()
'C:\\Users\\china'
>>>
```

图 1-13　在 Python 交互环境中运行 Python 命令

（6）返回 IDLE 交互环境。在 IDLE 交互环境中选择“File\New File”命令，打开代码编辑窗口，在其中输入下面的代码。

```
print("春晓")                                    //print()函数输出字符串
print("孟浩然")
print("春眠不觉晓，处处闻啼鸟。")
print("夜来风雨声，花落知多少。")
```

（7）按【Ctrl+S】组合键保存文件，将文件命名为“test1_01.py”。记住文件保存路径，后面将使用该文件。

（8）按【F5】键运行程序，程序输出结果显示在 IDLE 交互环境中，如图 1-14 所示。

（9）返回系统命令提示符窗口，按【Ctrl+Z】组合键后再按【Enter】键，退出 Python 交互环境。

（10）在系统命令提示符窗口中输入下面的命令运行“test1_01.py”文件。程序输出结果如图 1-15 所示。

```
python d:\test1_01.py
```

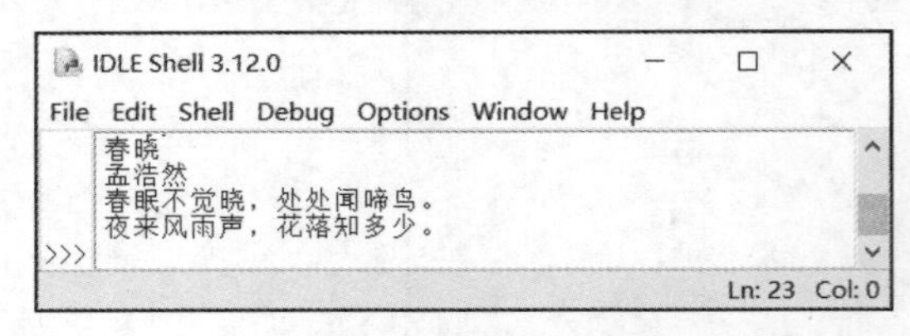

图 1-14　IDLE 交互环境中的程序输出结果

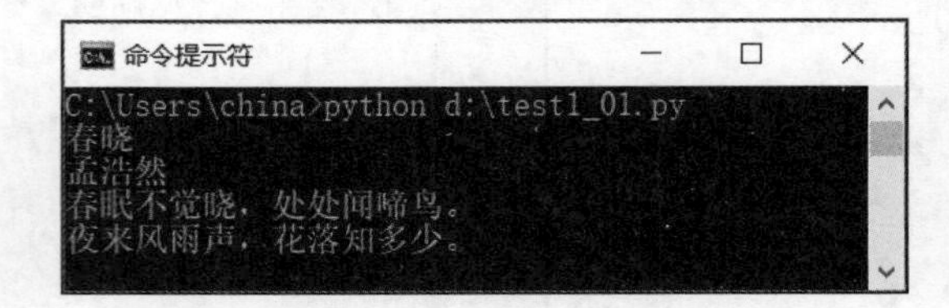

图 1-15　系统命令提示符窗口中的程序输出结果

【知识点】

1.2 运行 Python 程序

1.2.1　Python 程序的运行方式

1.2.1　Python 程序的运行方式

Python 程序有两种运行方式：程序文件运行和交互式运行。

程序文件是包含一系列 Python 命令的源代码文件，文件扩展名通常为.py。在系统命令提示符窗口中，可使用 python.exe（Python 解释器）来运行 Python 程序文件，示例如下。

```
D:\>python test.py
```

其运行过程是：首先由 python.exe 将 Python 程序文件翻译成字节码文件，再由 Python 虚拟机（Python Virtual Machine，PVM）逐条翻译、运行字节码文件中的 Python 命令。

Python 还允许通过交互方式运行命令。在系统命令提示符窗口中运行 python.exe，可进入 Python 交互环境。在其中输入 Python 命令后，按【Enter】键运行。

Python 交互环境中的常用快捷键如下。

- 【↑】：调出使用过的上一条命令。
- 【↓】：调出使用过的下一条命令。
- 【Page Up】：调出使用过的第一条命令。
- 【Page Down】：调出使用过的最后一条命令。

在 IDLE 交互环境中，也可交互式运行 Python 命令。IDLE 交互环境中的常用快捷键如下。

- 【F1】：打开 Python 帮助文档。
- 【Alt+P】：调出使用过的上一条命令。
- 【Alt+N】：调出使用过的下一条命令。
- 【Alt+/】：补全使用过的单词，连续按【Alt+/】组合键，可在多个单词中切换。
- 【Alt+3】：注释代码。
- 【Alt+4】：取消注释。
- 【Ctrl+]】或【Tab】：增加缩进量。
- 【Ctrl+[】：减少缩进量。

1.2.2 Python 程序的可执行文件

1.2.2 Python 程序的可执行文件

Python 程序可以打包为一个独立的可执行文件，即冻结二进制（Frozen Binary）文件。冻结二进制文件是将 Python 程序的字节码文件、PVM 以及程序所需的 Python 库等打包在一起形成的一个独立文件。在 Windows 操作系统中，冻结二进制文件是一个.exe 文件，运行该.exe 文件即可启动 Python 程序，而不需要安装 Python 环境。

常用 Python 程序打包工具有 py2exe 和 PyInstaller。

【任务 1-3】 运行示例代码

【任务目标】

任务 1-3

1. 运行 turtle 库绘制时钟的示例代码。
2. 运行 OpenCV 库分割图像的示例代码。

【任务实施】

（1）在系统的“开始”菜单中选择“Python 3.12\IDLE (Python 3.12 64-bit)”命令，启动 IDLE。

（2）在 IDLE 交互环境中选择“Help\Turtle Demo”命令，打开 turtle 库示例窗口。

（3）在 turtle 库示例窗口中选择“Examples\Clock”命令，在该窗口中载入绘制时钟的示例代码。

（4）单击“START”按钮，运行示例代码，在 turtle 库示例窗口的右侧窗格中会绘制正在运行的时钟，如图 1-16 所示。

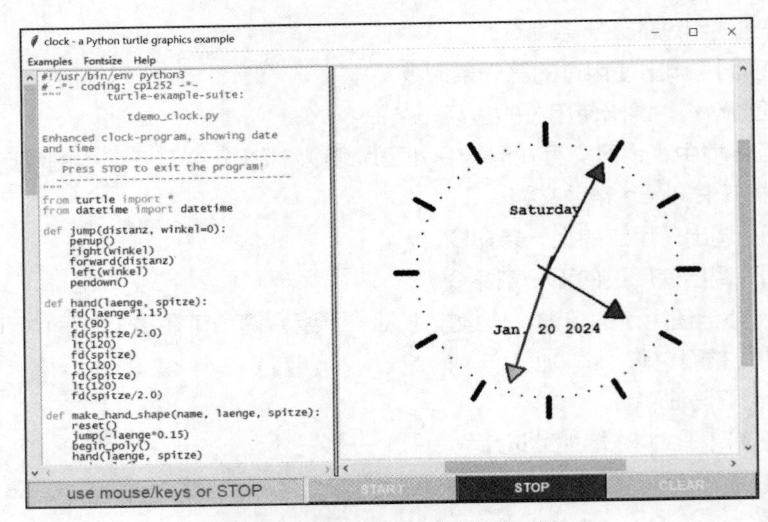

图 1-16　turtle 库之绘制时钟示例

（5）在系统的“开始”菜单中选择“Windows\命令提示符”命令，打开系统命令提示符窗口。

（6）在系统命令提示符窗口中运行下面的命令，安装图像分割示例需要用到的 NumPy 库和 OpenCV 库。

```
pip install -i https://pypi.tuna.tsinghua.edu.cn/simple numpy
pip install -i https://pypi.tuna.tsinghua.edu.cn/simple opencv-python
```

参数“-i https://pypi.tuna.tsinghua.edu.cn/simple”表示使用清华大学的 Python 库镜像服务器，从而节约下载时间。

（7）假设本书示例代码存放在系统的“d:\code”文件夹中，通过运行下面的命令，可使系统切换到存放示例代码文件夹中的“01”子文件夹，并运行图像分割示例文件“getimg.py”，运行结果如图 1-17 所示。

```
d:
cd code\01
python getimg.py
```

在图 1-17 中，左图为使用原图制作的蒙版图像，图中的黑色线条标注了背景、白色线条标注了前景。程序运行后将前景图像从原图中分割出来，右图为分割所得图像。

图 1-17　使用 OpenCV 库分割图像

【知识点】

1.3 使用 Python 文档

1.3.1　离线手册

Python 以多种方式提供帮助文档，包括离线手册、离线模块文档和在线文档。

1.3.1　离线手册

在系统的“开始”菜单中选择“Python 3.12\Python 3.12 Manuals (64-bit)”命令，可打开 Python 离线手册，如图 1-18 所示。离线手册与在线文档保持一致，都使用浏览器访问。

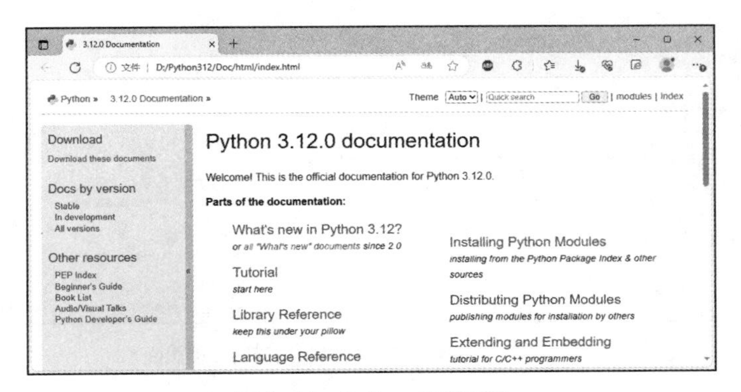

图 1-18　Python 离线手册

1.3.2　离线模块文档

1.3.2　离线模块文档

在系统的“开始”菜单中选择“Python 3.12\Python 3.12 Module Docs (64-bit)”命令，可打开 Python 离线模块文档，如图 1-19 所示。离线模块文档会创建一个本地 Web 服务器，以网页的方式展示文档内容。离线模块文档根据当前系统所安装的 Python 内置模块和第三方库，生成模块索引。在索引列表中单击模块名称，可打开该模块的文档展示页面。

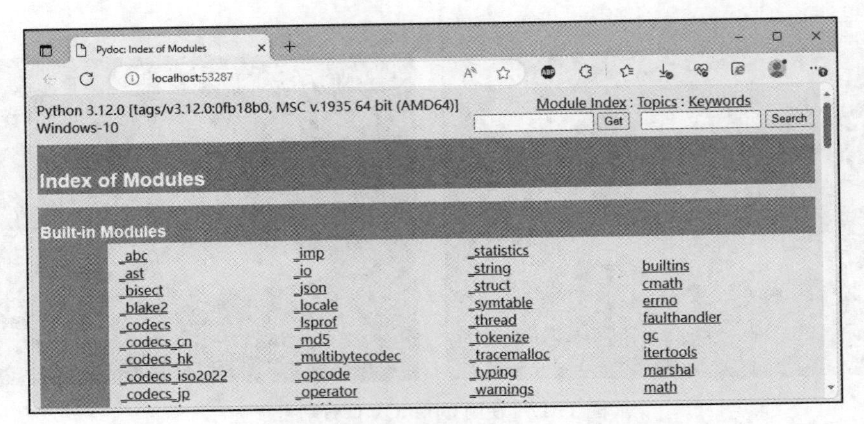

图 1-19　Python 离线模块文档

1.3.3　在线文档

1.3.3　在线文档

在线文档可提供更新、更全面的帮助内容。在浏览器中访问 Python 在线文档主页，可在左上角的语言下拉列表中选择“Simplified Chinese”，进入简体中文版的在线文档页面，如图 1-20 所示。在在线文档主页左上角的版本下拉列表中，可选择要查看的在线文档所对应的 Python 版本号。

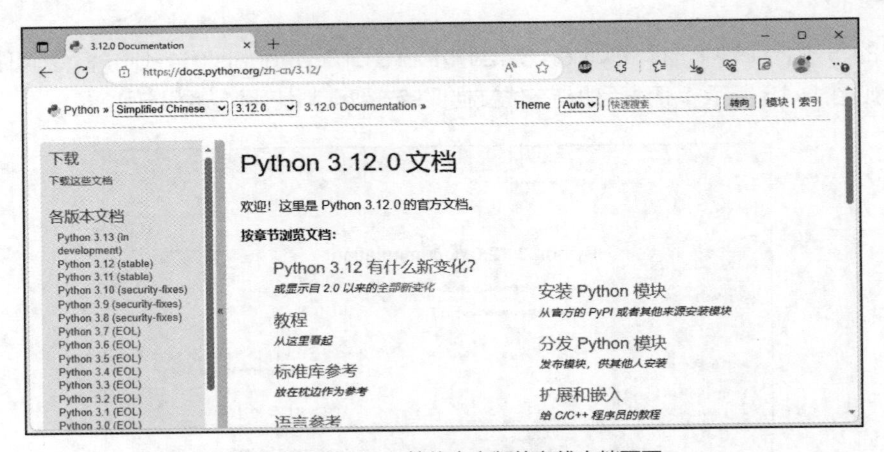

图 1-20　Python 简体中文版的在线文档页面

小　结

本单元通过 3 个任务，重点介绍了如何在 Windows 操作系统中安装 Python、如何在 IDLE 交互环境中运行 Python 命令、如何创建和运行 Python 程序，并通过运行示例代码，展示了 Python 标准库 turtle 的绘制时钟功能和第三方库 OpenCV 的图像分割功能。

通过任务关联的知识点，本单元介绍了 Python 的发展、特点、版本、应用领域和 Python 程序的运行方式、可执行文件以及 Python 离线手册、离线模块文档、在线文档等内容。

【拓展阅读】我国第一部信息安全相关法规

党的二十大报告提出："我们要坚持走中国特色社会主义法治道路，建设中国特色社会主义法治体系、建设社会主义法治国家，围绕保障和促进社会公平正义，坚持依法治国、依法执政、依法行政共同推进，坚持法治国家、法治政府、法治社会一体建设，全面推进科学立法、严格执法、公正司法、全民守法，全面推进国家各方面工作法治化。"尊法、学法、守法、用法是程序设计从业人员的基本素养之一。

我国第一部信息安全相关法规

1994 年 2 月 18 日，我国出台《中华人民共和国计算机信息系统安全保护条例》（国务院令第 147 号）。这是我国第一部信息安全相关法规。读者可扫描右侧二维码了解该条例详情。

【技能拓展】认识 AIGC 和大语言模型

人工智能生成内容（Artificial Intelligence Generated Content，AIGC）是指由 AI 技术生成的各种形式的内容，如文本、图像、视频、音频等。大语言模型（Large Language Model，LLM）是 AIGC 的一种典型应用。大语言模型是一种基于深度学习技术的人工智能模型，专门用于理解和生成自然语言文本。大语言模型的发展不仅有助于提升科技创新能力，还有利于数字经济和智慧社会建设，同时也关系到国家的信息安全与科技自立。大语言模型的作用广泛且多样，它们在自然语言处理领域发挥着关键作用，以下是一些主要的应用。

- 文本生成。大语言模型能够根据用户给定的输入或上下文自动生成连贯、有逻辑的文本，包括文章、故事、新闻报道、产品描述等。
- 问答系统。利用大语言模型构建的问答系统，能够理解用户的问题并提供准确的答案，适用于在线客服、智能助手等领域。
- 机器翻译。大语言模型能够实现高质量的自动翻译。
- 文本总结与摘要。大语言模型可以根据长篇文章或文档快速生成简洁明了的摘要，便于用户快速了解内容要点。
- 文本分类与标注。大语言模型可以对大量的文本快速进行自动分类、情感分析或者信息抽取。
- 代码生成。大语言模型可以根据自然语言描述生成相应的程序代码片段。
- 写作辅助。大语言模型可以为用户提供写作灵感或模板。
- 知识推理。大语言模型可以基于已学习的知识库进行一定程度上的推理和联想，为解决复杂问题提供决策支持。

习　题

一、单项选择题

1. Python 起源于（　　）。

A. ABC 语言　B. C 语言　C. Java 语言　D. Modula-3 语言

2. 下列说法错误的是（　　）。

A. Python 是免费且开源的

B. Python 是面向对象的程序设计语言

C. 与 C 语言类似，Python 中的变量必须先声明后使用

D. Python 具有跨平台特性

3. 下列关于 Python 交互环境的说法错误的是（　　）。

A. 运行 python.exe 可进入 Python 交互环境

B. 按【Enter】键可运行输入的命令

C. quit()函数可用于退出 Python 交互环境

D. 按【Ctrl+Z】组合键可退出 Python 交互环境

4. 下列关于 Python 程序运行方式的说法错误的是（　　）。

A. Python 程序在运行时，需要 Python 解释器

B. Python 命令可以在 Python 交互环境中运行

C. Python 的冻结二进制文件是一个可执行文件

D. 要运行冻结二进制文件，需要提前安装 Python 解释器

5. 下列关于 IDLE 的说法错误的是（　　）。

A. 在 IDLE 中可交互式运行 Python 命令

B. 在 IDLE 中可编写 Python 程序

C. 在 IDLE 中可运行 Python 程序

D. 在 IDLE 交互环境中，输入命令后按【F5】键运行

二、编程题

1. 在 IDLE 交互环境中，按顺序运行下面的命令。

```
a=12
b=9
c=a+b
print(c)
print('abc')
```

2. 利用 IDLE 创建一个 Python 程序，输出 10 个 10 以内的随机整数。程序代码如下，运行程序查看结果。

```
import random
print('输出 10 个 10 以内的随机整数：')
for i in range(10):
    print(random.randrange(10),end=' ')
```

3. 利用 IDLE 创建一个 Python 程序，输出九九乘法表。程序代码如下，运行程序查看结果。

```
for i in range(1,10):
    for j in range(1,i+1):
        print('%s*%s=%-2s' %(i,j,i*j),end=' ')
    print()
```

4. 利用 IDLE 创建一个 Python 程序，计算输入整数的阶乘。程序代码如下，运行程序查看结果。

```
def fac(n):
    if n==0:
        return 1
    else:
        return n*fac(n-1)
a=eval(input('请输入一个整数：'))
print(a,'!=',fac(a))
```

5. 利用 IDLE 创建一个 Python 程序，绘制图形。程序代码如下，运行程序查看结果。

```
from turtle import *
color('red', 'yellow')
begin_fill()
while True:
    forward(200)
    left(170)
    if abs(pos()) < 1:
        break
end_fill()
done()
```

单元 2

Python 基本语法

本单元主要讲解 Python 基本语法，包括 Python 基本语法元素、数据输入方法、数据输出方法、赋值语句、变量与对象的关系等内容。

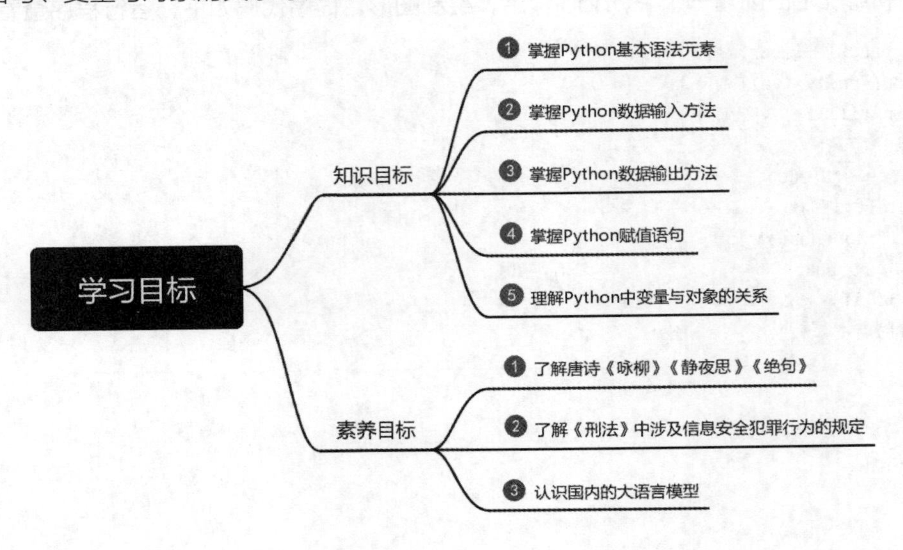

【任务 2-1】 运行诗词输出程序

【任务目标】

编写 Python 程序，输出诗词《咏柳》或《静夜思》。待运行程序代码如下。

任务 2-1

```
a=input('请输入一个数：')
if a=='1':
    print('咏柳')
    print('贺知章')
    print('碧玉妆成一树高，万条垂下绿丝绦。')
    print('不知细叶谁裁出，二月春风似剪刀。')
else:
    print('静夜思')
    print('李白')
    print('床前明月光，疑是地上霜。')
    print('举头望明月，低头思故乡。')
```

程序运行结果如下。

```
请输入一个数：1
咏柳
贺知章
碧玉妆成一树高，万条垂下绿丝绦。
不知细叶谁裁出，二月春风似剪刀。
```

或者：

```
请输入一个数：2
静夜思
李白
床前明月光，疑是地上霜。
举头望明月，低头思故乡。
```

【任务实施】

（1）启动 IDLE。

（2）在 IDLE 交互环境中选择“File\Open”命令，在 IDLE 代码编辑窗口中打开示例代码程序文件“test2_01.py”。

（3）在 IDLE 代码编辑窗口中选择“Run\Run Module”命令，运行程序。

（4）在 IDLE 交互环境中输入“1”，按【Enter】键确认输入，观察程序输出结果。

（5）返回 IDLE 代码编辑窗口，按【F5】键再次运行程序。

（6）在 IDLE 交互环境中输入“2”，按【Enter】键确认输入，观察程序输出结果。

【知识点】

2.1 Python 基本语法元素

Python 基本语法元素包括缩进、注释、语句续行符号、语句分隔符号、关键字和标识符等内容。

2.1.1 缩进

2.1.1 缩进

Python 默认从程序的第一条语句开始，按顺序依次执行各条语句。代码块可视为复合语句。在 Java、C/C++等语言中，用花括号“{}”表示代码块，示例代码如下。

```
if ( x > 0 ) {
    y = 1;
}else{
    y = -1 ;
}
```

Python 使用缩进来表示代码块（Python 允许使用空格或制表符来添加缩进）。连续的多条具有相同缩进量的语句为一个代码块。例如 if、for、while、def、class 等语句都会用到代码块。通常语句末尾的冒号表示代码块的开始，示例代码如下。

```
if x > 0:
    y = 1
else:
    y = -1
```

应注意同一个代码块中的语句，其缩进量应相同，否则会发生缩进异常（IndentationError），示例代码如下。

```
>>> x=1
>>> if x>0:
...     y=1
...    print(y)
  File "<stdin>", line 3
    print(y)
           ^
IndentationError: unindent does not match any outer indentation level
```

上述代码中的“print(y)”语句与其上一行的“y=1”语句没有对齐，也没有与 if 语句对齐，因此，Python 无法判断它所属的代码块，于是发生缩进异常。

2.1.2 注释

2.1.2 注释

注释用于为程序添加说明性文字，帮助程序员阅读和理解代码。Python 解释器会忽略注释内容。Python 注释分单行注释和多行注释。

单行注释以符号“#”开始，当前行中符号“#”及其后的内容为注释内容。单行注释可以单独占一行，也可以放在语句末尾。

多行注释用 3 个英文单引号“'''”或 3 个英文双引号“"""”作为注释的开始和结束符号，示例代码如下。

```
""" 多行注释开始
下面的代码根据变量 x 的值计算变量 y 的值
注意代码中使用缩进表示代码块
多行注释结束
"""
x=5
if x > 100:
    y = x *5 - 1       #单行注释：x>100 时执行该语句
else:
    y = 0              #x<=100 时执行该语句
print(y)               #输出 y
```

Python 提供一种表示程序文件字符编码的特殊注释——编码声明，其基本格式如下。

```
# -*- coding: <encoding-name> -*-
```

其中，“-*-”可以省略。例如，下面的注释声明程序文件字符编码为“gb2312”（简体中文编码）。

```
# -*- coding: gb2312 -*-
# coding: gb2312
```

Python 3 默认程序文件字符编码为“UTF-8”，该编码可支持世界上大多数语言的字符，包括中文字符。如果需要，可在程序文件的第一行或者第二行添加编码声明。编码声明必须单独占一行，如果放在程序文件的第二行，则第一行必须是注释，否则视为普通注释。

2.1.3 语句续行符号

2.1.3 语句续行符号

通常 Python 中的一条语句占一个逻辑行。一个逻辑行由一个或多个物理行组成，物理行以行尾符号结束。在不同类型的操作系统中，行尾符号略有不同，Windows 操作系统以回车换行符作为行尾符号。Python 允许使用语句续行符号“\”将多个物理行连接成一个逻辑行，示例代码如下。

```
if x < 100 \
   and x>10:
    y = x *5 - 1
else:
    y = 0
```

注意，在语句续行符号“\”之后不能有任何其他符号，包括空格和注释。

圆括号、方括号、花括号内的表达式可以分成多个物理行，示例代码如下。

```
if (x < 100                  #这是续行语句中的注释
   and x>10):
    y = x *5 - 1
else:
y = 0
```

只包含空格、制表符、换页符、注释的逻辑行可称为空白行，Python 会忽略所有的空白行。

2.1.4 语句分隔符号

2.1.4 语句分隔符号

Python 使用英文分号“;”作为语句分隔符号，从而将多条语句写在一行，示例代码如下。

```
print(100) ; print(2+3)
```

使用语句分隔符号分隔的多条语句可视为一条复合语句，Python 允许将单独的语句或复合语句写在冒号之后，示例代码如下。

```
if x < 100 and x>10 : y = x *5 - 1
else: y = 0;print('x >= 100 或 x<=10')
```

2.1.5 关键字

2.1.5 关键字

关键字也称保留字，用于表示程序设计语言的命令或常量，不允许作为标识符使用。

Python 的关键字如下。

```
False        await        else         import       pass
None         break        except       in           raise
True         class        finally      is           return
```

```
and        continue    for       lambda      try
as         def         from      nonlocal    while
assert     del         global    not         with
async      elif        if        or          yield
```

注意，Python 区分标识符的大小写，因此关键字必须严格区分大小写。keyword 模块中的 kwlist 变量保存了 Python 的关键字列表。可在交互环境中输出 keyword.kwlist 变量的值以查看 Python 的关键字列表，示例代码如下。

```
>>> import keyword
>>> keyword.kwlist
['False', 'None', 'True', 'and', 'as', 'assert', 'async', 'await', 'break', 'class', 'continue', 'def',
'del', 'elif', 'else', 'except', 'finally', 'for', 'from', 'global', 'if', 'import', 'in', 'is', 'lambda',
'nonlocal', 'not', 'or', 'pass', 'raise', 'return', 'try', 'while', 'with', 'yield']
```

Python 3.10 增加了软关键字，用于特定上下文。例如，match、case 和_等标识符是模式匹配（match…case）语句中的软关键字。

2.1.6 标识符

标识符也称名称，Python 中的变量、函数、模块、类或其他对象，均通过标识符来引用。在 Python 3 中，标识符的命名规则如下。

2.1.6 标识符

- 由字母、下画线“_”和数字组成，首字符不能是数字。字母可以是各种 Unicode 字符（空格、@、%、$等各种特殊符号除外）。
- 不能使用关键字作为标识符。
- 标识符区分大小写。例如，_abc、速度、r_1 都是合法的标识符，而 2abc、price$是非法的标识符，Abc 和 abc 是两个不同的标识符。

除了命名规则，Python 还有一些标识符使用惯例。

- 首尾各有两个下画线（双下画线）的标识符通常为系统标识符，具有特殊作用。例如，__init__、__doc__都是系统标识符。
- 默认情况下，以一个或两个下画线开头的标识符（如_abc 或__abc）不能使用“from...import *”语句从模块导入。
- 以两个下画线开头的标识符（如__abc）是类的私有标识符。

【任务 2-2】 输入两个数比较大小

【任务目标】

使用 input()函数输入两个数，比较其大小后，先输出较大数，再输出较小数。程序运行结果如下。

任务 2-2

```
请输入第一个数：5
请输入第二个数：3
5 3
```

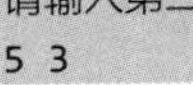

或者：

```
请输入第一个数：3
请输入第二个数：5
5 3
```

【任务实施】

（1）启动 IDLE。

（2）在 IDLE 交互环境中选择“File\New File”命令，打开 IDLE 代码编辑窗口。

（3）在 IDLE 代码编辑窗口中输入下面的代码。

```
a=eval(input('请输入第一个数：'))
b=eval(input('请输入第二个数：'))
if a>b:
    print(a,b)
else:
    print(b,a)
```

（4）按【Ctrl+S】组合键保存程序文件，将文件命名为“test2_02.py”。

（5）按【F5】键运行程序，依次输入“5”“3”，观察输出结果。

（6）返回 IDLE 代码编辑窗口，按【F5】键再次运行程序。

（7）在 IDLE 交互环境中依次输入“3”“5”，观察输出结果。

【知识点】

2.2 数据输入方法

2.2.1 input()函数

2.2.1 input()函数

input()函数用于从键盘输入数据，其基本语法格式如下。

```
变量 = input('提示字符串')
```

其中，变量和提示字符串均可省略。input()函数将用户输入的内容作为字符串返回。用户按【Enter】键结束输入，【Enter】键之前的全部字符均作为输入内容。在指定变量时，可以用变量引用返回的字符串，示例代码如下。

```
>>> a=input('请输入数据：')
请输入数据：'abc' 123,456 "python"
>>> a
'\'abc\' 123,456 "python"'
```

2.2.2 输入数值

2.2.2 输入数值

input()函数返回一个字符串，如果需要输入整数或小数等数值，则应使用 int()或 float()函数转换数据类型，示例代码如下。

```
>>> a=input('请输入一个整数：')
请输入一个整数：5
>>> a                              #输出 a 的值，可看到输出的是一个字符串
'5'
>>> a+1                            #因为 a 的值是一个字符串，所以试图对 a 执行加法运算会出错
Traceback (most recent call last):
  File "<stdin>", line 1, in <module>
TypeError: Can't convert 'int' object to str implicitly
>>> int(a)+1                       #将字符串转换为整数再执行加法运算，执行成功
6
>>> b=float(input('请输入一个小数：'))
请输入一个小数：2.6
>>> b
2.6
```

2.2.3 eval()函数

2.2.3 eval()函数

eval()函数可返回字符串的内容，相当于删除字符串的引号，示例代码如下。

```
>>> a=eval('123')                  #等同于 a=123
>>> a
123
>>> type(a)
<class 'int'>
>>> x=10
>>> a=eval('x+20')                 #等同于 a=x+20
>>> a
30
```

在输入整数或小数时，可使用 eval()函数来转换数据类型，示例代码如下。

```
>>> a=eval(input('请输入一个整数或小数：'))
请输入一个整数或小数：12
>>> a
12
>>> type(a)
<class 'int'>
>>> a=eval(input('请输入一个整数或小数：'))
请输入一个整数或小数：12.34
>>> a
12.34
>>> type(a)
<class 'float'>
```

2.2.4 中断输入

2.2.4 中断输入

在输入数据时，可按【Ctrl+Z】组合键中断输入。如果输入了数据，此时【Ctrl+Z】组合键（对应符号为“^Z”）和输入数据将作为字符串返回；如果没有输入任何数据，则会产生 EOFError 异常，示例代码如下。

```
>>> a=input('请输入数据:')            #有数据时^Z 作为输入数据，不会出错
请输入数据:1231abc^Z
>>> a
'1231abc\x1a'
>>> a=input('请输入数据:')
请输入数据:^Z
Traceback (most recent call last):
  File "<stdin>", line 1, in <module>
EOFError
```

【任务 2-3】 将诗词输出到文件

【任务目标】

编写一个程序，将下面的诗词输出到文件。

```
绝句
杜甫
两个黄鹂鸣翠柳，一行白鹭上青天。
窗含西岭千秋雪，门泊东吴万里船。
```

任务 2-3

图 2-1 显示了记事本中打开的文件内容。

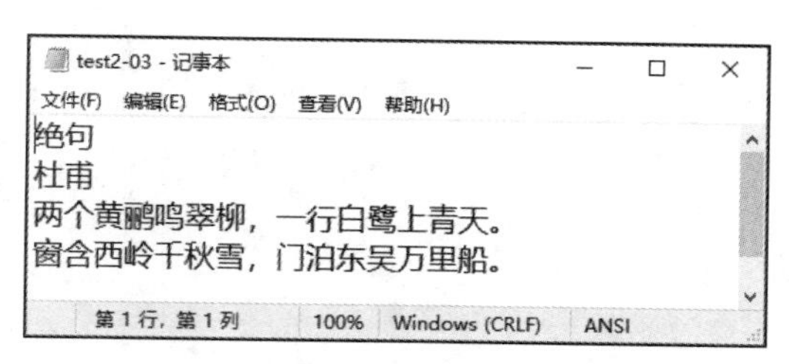

图 2-1 记事本中打开的文件内容

【任务实施】

（1）启动 IDLE。

（2）在 IDLE 交互环境中选择“File\New File”命令，打开 IDLE 代码编辑窗口。

（3）在 IDLE 代码编辑窗口中输入下面的代码。

```
f=open('test2_03.txt','w')
print('绝句',file=f)
print('杜甫',file=f)
print('两个黄鹂鸣翠柳，一行白鹭上青天。',file=f)
print('窗含西岭千秋雪，门泊东吴万里船。',file=f)
f.close()
```

（4）按【Ctrl+S】组合键保存程序文件，将文件命名为“test2_03.py”。

（5）按【F5】键运行程序。

（6）程序中的 print()函数将诗词输出到文件“test2_03.txt”中，该文件与程序文件保存在相同的文件夹中。在 Windows 资源管理器中双击文件“test2_03.txt”，用记事本打开该文件，查看输出内容。

【知识点】

2.3 数据输出方法

Python 使用 print()函数来输出数据。

2.3.1 print()函数

print()函数基本语法格式如下。

```
print([obj1,…][,sep=' '][,end='\n'][,file=sys.stdout])
```

2.3.1 print()函数

1. 输出一个空行

print()函数的所有参数均可省略。无参数时，print()函数输出一个空行，示例代码如下。

```
>>> print()
```

2. 输出一个或多个数据

print()函数可同时输出一个或多个数据，示例代码如下。

```
>>> print(123)                          #输出一个数据
123
>>> print(123,'abc',45,'book')          #输出多个数据
123 abc 45 book
```

在输出多个数据时，默认使用空格作为输出分隔符。

3. 指定输出分隔符

print()函数可用 sep 参数指定输出分隔符，示例代码如下。

```
>>> print(123,'abc',45,'book',sep='#')  #指定符号“#”作为输出分隔符
123#abc#45#book
```

4. 指定输出结尾符号

print()函数默认以回车换行符作为输出结尾符号，即在输出所有数据后会换行。后续的 print()函数在新行中继续输出。可以用 end 参数指定输出结尾符号，示例代码如下。

```
>>> print('price');print(100)           #默认输出结尾符号，两个数据输出在两行
price
100
>>> print('price',end='_');print(100)   #指定下画线为输出结尾符号，两个数据输出在一行
price_100
```

2.3.2 输出到文件

print()函数默认输出数据到标准输出流。在交互环境中执行命令时，print()函数将数据输出到交互环境。在系统命令提示符窗口中运行 Python 程序时，程序中的 print()函数将数据输出到系统命令提示符窗口；在 IDLE 中运行 Python 程序时，程序中的 print()函数数据输出到 IDLE 交互环境。

2.3.2 输出到文件

可用 file 参数指定数据的输出文件，示例代码如下。

```
>>> f=open(r'd:\data.txt','w')                #打开文件
>>> print(123,'abc',45,'book',file=f)         #用 file 参数指定数据的输出文件
>>> file1.close()                             #关闭文件
```

上述代码创建了一个“data.txt”文件，print()函数将数据输出到该文件。输出到文件和输出到系统命令提示符窗口的代码语法格式相同。

【任务 2-4】 输入 3 个数排序

【任务目标】

编写程序，使用 input()函数提示用户输入 3 个数，比较其大小后，按从小到大的顺序输出，程序运行结果如下。

任务 2-4

```
请输入第一个数：9
请输入第二个数：3
请输入第三个数：5
3 5 9
```

【任务实施】

（1）启动 IDLE。

（2）在 IDLE 交互环境中选择“File\New File”命令，打开 IDLE 代码编辑窗口。

（3）在 IDLE 代码编辑窗口中输入下面的代码。

```
a=eval(input('请输入第一个数：'))
b=eval(input('请输入第二个数：'))
c=eval(input('请输入第三个数：'))
if a>b:
    a,b=b,a    #交换 a、b 的值
if a>c:
    a,c=c,a    #交换 a、c 的值
if b>c:
    b,c=c,b    #交换 b、c 的值
print(a,b,c)
```

（4）按【Ctrl+S】组合键保存程序文件，将文件命名为“test2_04.py”。

（5）按【F5】键运行程序，依次输入 3 个数，观察输出结果。

【知识点】

2.4 赋值语句

赋值语句用于将数据赋值给变量。Python 支持多种格式的赋值语句：简单赋值、序列赋值、多目标赋值和增强赋值等。

2.4.1 简单赋值

2.4.1 简单赋值

简单赋值用于为一个变量赋值，示例代码如下。

```
x = 100
```

2.4.2 序列赋值

2.4.2 序列赋值

序列赋值可以一次性为多个变量赋值。在序列赋值语句中，可用逗号分隔多个变量和值，也可用元组、列表表示多个变量和值。Python 按先后顺序依次将数据赋值给变量，示例代码如下。

```
>>> x,y=1,2                  #直接为多个变量赋值，x,y 可表示为(x,y)或[x,y]，1,2 可表示为(1,2)或[1,2]
>>> x
1
>>> y
2
>>> (x,y)=10,20              #为元组中的多个变量赋值
>>> x
10
>>> y
20
>>> [x,y]=30,'abc'           #为列表中的多个变量赋值
>>> x
30
>>> y
'abc'
```

当值为字符串时，Python 会将字符串分解为单个字符，依次赋值给各个变量。此时变量个数与字符个数必须相等，否则会出错，示例代码如下。

```
>>> x,y='ab'                 #用字符串为元组中的变量赋值
>>> x
'a'
>>> y
'b'
>>> ((x,y),z)='ab','cd'      #用嵌套的元组为变量赋值
>>> x
'a'
>>> y
'b'
```

```
>>> z
'cd'
>>> x,y='abc'              #变量个数与字符个数不相等，出错
Traceback (most recent call last):
  File "<stdin>", line 1, in <module>
ValueError: too many values to unpack (expected 2)
```

序列赋值时，可以在变量名之前使用“*”，不带“*”的变量仅赋一个值，剩余的值作为列表赋值给带“*”的变量，示例代码如下。

```
>>> x,*y='abcd'                #将第一个字符赋值给 x，剩余字符作为列表赋值给 y
>>> x
'a'
>>> y
['b', 'c', 'd']
>>> *x,y='abcd'                #将最后一个字符赋值给 y，剩余字符作为列表赋值给 x
>>> x
['a', 'b', 'c']
>>> y
'd'
>>> x,*y,z='abcde'             #将第一个字符赋值给 x，最后一个字符赋值给 z，剩余字符作为列表赋值给 y
>>> x
'a'
>>> y
['b', 'c', 'd']
>>> z
'e'
>>> x,*y=[1,2,'abc','汉字']     #将第一个值赋值给 x，剩余值作为列表赋值给 y
>>> x
1
>>> y
[2, 'abc', '汉字']
```

2.4.3 多目标赋值

2.4.3 多目标赋值

多目标赋值指用连续的多个等号将同一个数据赋值给多个变量，示例代码如下。

```
>>> a=b=c=10                   #将 10 赋值给变量 a、b、c
>>> a,b,c
(10, 10, 10)
```

等价于：

```
>>> a=10
>>> b=10
>>> c=10
```

2.4.4 增强赋值

2.4.4 增强赋值

增强赋值是指将运算符与赋值相结合，示例代码如下。

```
>>> a=5
>>> a+=10                       #增强赋值，等价于 a = a + 10
>>> a
15
```

Python 中的增强赋值运算符如表 2-1 所示。

表 2-1　增强赋值运算符

增强赋值运算符			
+=	-=	*=	**=
//=	&=	|=	^=
>>=	<<=	/=	%=

【任务 2-5】　使用共享列表存储诗人姓名

【任务目标】

在列表中预存多个诗人姓名，然后输入列表项序号和姓名，修改列表中列表项序号对应的诗人姓名，并输出修改后的列表。程序运行结果如下。

任务 2-5

```
当前列表： ['李白', '杜甫', '苏轼']
请输入列表项序号[0,1,2]：1
请输入新的姓名：王维
修改后的列表： ['李白', '王维', '苏轼']
```

【任务实施】

（1）启动 IDLE。

（2）在 IDLE 交互环境中选择“File\New File”命令，打开 IDLE 代码编辑窗口。

（3）在 IDLE 代码编辑窗口中输入下面的代码。

```
a=['李白','杜甫','苏轼']
b=a                             #令 a、b 引用同一个列表
print('当前列表：',a)
n=eval(input('请输入列表项序号[0,1,2]：'))
nn=input('请输入新的姓名：')
if nn!='':                      #输入的姓名不是空字符串时修改列表项
    b[n]=nn                     #修改列表项
    print('修改后的列表：',a)
```

（4）按【Ctrl+S】组合键保存程序文件，将文件命名为“test2_05.py”。

（5）按【F5】键运行程序，输入正确的列表项序号、姓名，观察输出结果。

（6）按【F5】键再次运行程序，输入正确的列表项序号，在提示输入姓名时直接按【Enter】键。此时输入姓名为空字符串，不执行修改操作，无输出。

（7）按【F5】键再次运行程序，输入“5”作为列表项序号，在提示输入姓名时任意输入一个字符串。此时，因为列表项序号超出了范围，Python 在尝试修改列表项时会产生错误，错误信息如下。

```
Traceback (most recent call last):
  File "D:\code\02\test2_05.py", line 7, in <module>
    b[n]=nn              #修改列表项
IndexError: list assignment index out of range
```

【知识点】

2.5 变量与对象的关系

2.5.1 变量与对象

在 Python 中，所有的数据都是对象。赋值语句会在内存中创建对象和变量，以下面的赋值语句为例。

2.5.1 变量与对象

```
x = 5
```

Python 在执行该语句时，会按顺序执行 3 个步骤：首先，创建表示整数 5 的对象；然后，检查变量 x 是否存在，若不存在则创建变量 x；最后，建立变量 x 与整数对象 5 的引用关系。

图 2-2 说明了变量 x 和对象 5 的关系。

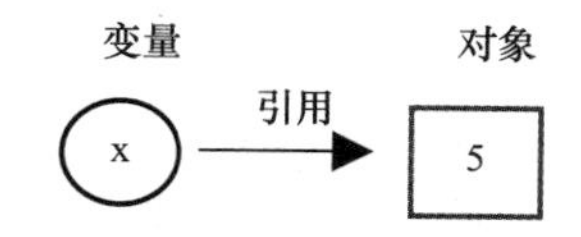

图 2-2 变量 x 和对象 5 的关系

在 Python 中使用变量时，必须理解下面 3 点。

- 变量在第一次赋值时被创建，再次出现时就直接使用。
- 变量没有数据类型的概念。数据类型属于对象，数据类型决定了对象在内存中的存储方式。
- 变量引用对象。在表达式中使用变量时，变量立即被其引用的对象替代。所以在使用变量之前必须为其赋值。

示例代码如下。

```
>>> x=5                    #第一次赋值，创建变量 x，引用对象 5
>>> print(x+3)             #变量 x 被对象 5 替代，该语句实际上等价于 print(5+3)
8
```

每个对象都有各自的标识号、数据类型和值。一个对象被创建后，其标识号就绝不会改变。可将标识号理解为对象在内存中的地址。可用“is”运算符比较两个对象的标识号是否相同，id()函数可返回代表标识号的整数，示例代码如下。

```
>>> x=10
>>> y=10                    #x 和 y 引用同一个对象 10
>>> x is y
True
>>> id(10),id(x),id(y)      #查看 x 和 y 的标识号，实际上查看的都是 10 的标识号，所以返回的整数相同
(2349234979344, 2349234979344, 2349234979344)
```

2.5.2 对象回收机制

2.5.2 对象回收机制

当对象没有被引用时，其占用的内存空间会自动被回收——称为自动垃圾回收。Python 为每一个对象创建一个计数器，以记录对象的引用次数。当计数器为 0 时，对象被删除，其占用的内存被回收，示例代码如下。

```
>>> x=5                     #第一次赋值，创建变量 x，引用整数对象 5
>>> type(x)                 #实际上执行的是 type(5)，所以输出整数对象 5 的数据类型
<class 'int'>
>>> x=1.5                   #使变量 x 引用浮点数对象 1.5，整数对象 5 被回收
>>> type(x)                 #实际上执行的是 type(1.5)
<class 'float'>
>>> x='abc'                 #使变量 x 引用字符串对象“abc”，浮点数对象 1.5 被回收
>>> type(x)                 #实际上执行的是 type('abc')
<class 'str'>
```

Python 会自动完成对象的回收，因此在编写程序时不需要考虑对象的回收问题。

可以使用 del 语句删除变量，释放其占用的内存资源，示例代码如下。

```
>>> a=[1,2,3]
>>> del a                   #删除变量
```

2.5.3 变量的共享引用

2.5.3 变量的共享引用

共享引用指多个变量引用了同一个对象，示例代码如下。

```
>>> x=5
>>> y=x                     #实际上执行的是 y=5，变量 y 与变量 x 同时引用整数对象 5
>>> print(x,y)              #实际上执行的是 print(5,5)
5 5
>>> x=6                     #变量 x 引用新的对象 6，这不影响变量 y 对对象 5 的引用
>>> print(x,y)              #实际上执行的是 print(6,5)
6 5
```

在上面的代码执行过程中，赋值语句引起的对象引用变化如图 2-3 所示。

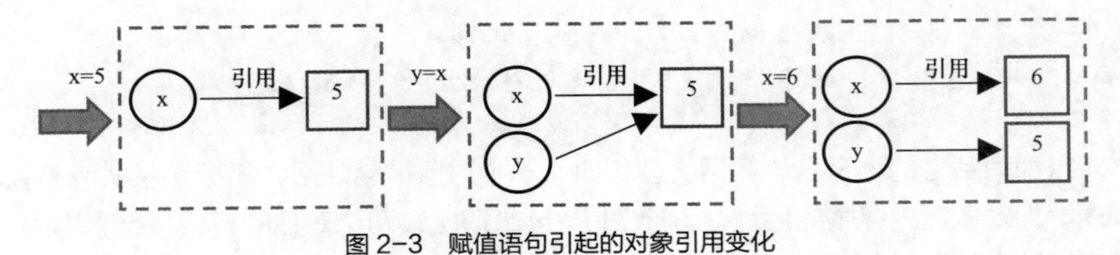

图 2-3 赋值语句引起的对象引用变化

将变量赋值给另一个变量，会使两个变量引用同一个对象。为变量赋予新的值，会使变量引用新的对象，原来的引用被删除。

当变量共享引用的对象是列表、字典或类的实例对象时，如果修改了被引用对象的值，那么所有引用该对象的变量获得的将是改变之后的对象值，示例代码如下。

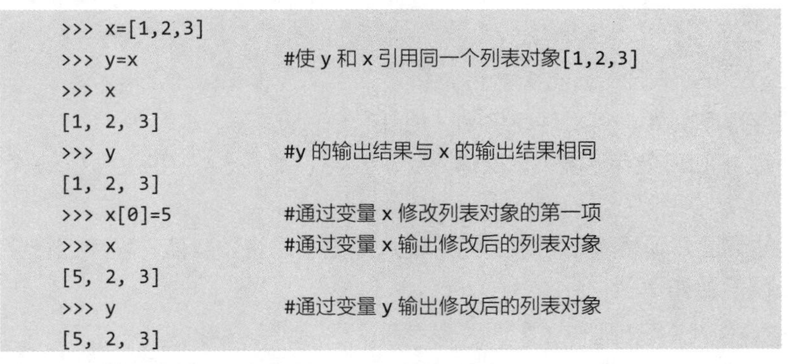

```
>>> x=[1,2,3]
>>> y=x              #使 y 和 x 引用同一个列表对象[1,2,3]
>>> x
[1, 2, 3]
>>> y                #y 的输出结果与 x 的输出结果相同
[1, 2, 3]
>>> x[0]=5           #通过变量 x 修改列表对象的第一项
>>> x                #通过变量 x 输出修改后的列表对象
[5, 2, 3]
>>> y                #通过变量 y 输出修改后的列表对象
[5, 2, 3]
```

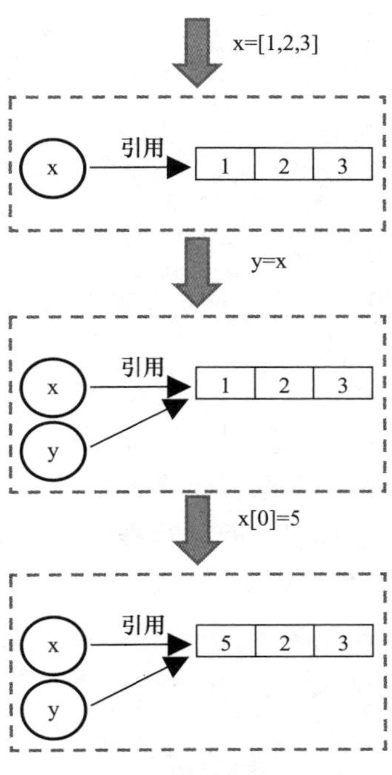

图 2-4　列表对象共享引用变化

在上面的代码执行过程中，列表对象共享引用变化如图 2-4 所示。

可以用“is”运算符来判断两个变量是否引用同一个对象。示例代码如下。

```
>>> x=5
>>> a=5
>>> a is x           #变量 a 和 x 是否引用同一个对象，结果为 True
True
>>> b=a
>>> c=3
>>> a is b           #变量 a 和 b 是否引用同一个对象，结果为 True
True
>>> a is c           #变量 a 和 c 是否引用同一个对象，结果为 False
False
```

【综合实例】自动累加器

编写一个程序，完成输入数值的自动累加操作，当输入数值为-99999 时，结束程序运行。程序运行结果如下。

综合实例 自动累加器

```
请输入有效数值：1
请输入有效数值：2
请输入有效数值：3
请输入有效数值：4
请输入有效数值：-5
请输入有效数值：-99999
和： 5
```

具体操作步骤如下。

（1）启动 IDLE。

（2）在 IDLE 交互环境中选择“File\New File”命令，打开 IDLE 代码编辑窗口。

（3）在 IDLE 代码编辑窗口中输入下面的代码。

```
n=0
s=0
while n!=-99999:
    n=eval(input('请输入有效数值: '))
    if n!=-99999:                  #判断输入
        s+=n                       #执行累加
print('和: ',s)
```

（4）按【Ctrl+S】组合键保存程序文件，将文件命名为“test2_06.py”。

（5）按【F5】键运行程序，在 IDLE 交互环境中依次输入 1、2、3、4、-5、-99999 这 6 个数值，观察输出结果。

（6）再次运行程序，输入其他数值，观察输出结果。如果输入数据不是有效数值，程序运行会出错。例如，输入“ab”时，错误信息如下。

```
Traceback (most recent call last):
  File "D:\code\02\test2_06.py", line 4, in <module>
    n=eval(input('请输入有效数值: '))
  File "<string>", line 1, in <module>
NameError: name 'ab' is not defined. Did you mean: 'abs'?
```

这是因为输入“ab”时，语句“n=eval(input('请输入有效数值: '))”等价于“n=eval('ab')”，也等价于“n=ab”。“ab”在程序中没有定义，所以程序出错。

小　　结

本单元主要介绍了 Python 基本语法元素、数据输入输出方法、赋值语句，以及变量与对象的关系等内容。Python 基本语法元素包括缩进、注释、语句续行符号、语句分隔符号、关键字和标识符等内容。Python 使用 input()函数输入数据，使用 print()函数输出数据。input()函数获得的输入数据为字符串，如果要从输入数据中获得数值，需要进一步使用 eval()、int()或者 float()等函数进行转换。

在 Python 中，应注意理解变量和数据对象之间的引用关系，数据对象保存在内存之中，程序通过变量引用数据对象。理解了变量和数据对象之间的引用关系，就可以更好地理解列表、字典和类的实例对象等对象的共享引用。

【拓展阅读】《刑法》中涉及信息安全犯罪行为的规定

《中华人民共和国刑法》（简称《刑法》）的第二百八十五条、第二百八十六条、第二百八十六条之一、第二百八十七条、第二百八十七条之一和第二百八十七条之二对涉及信息安全的犯罪行为做了规定，读者可扫描右侧二维码了解详情。

《刑法》中涉及信息安全犯罪行为的规定

【技能拓展】认识国内的大语言模型

在人工智能不断发展的浪潮下，我国许多企业和研究机构也纷纷投入大语言模型研究领域，致力于打造自主可控、适合中文环境及我国市场的大语言模型。截至 2024 年 3 月，国内主流的大语言模型有文心一言、通义千问、混元大模型、360 智脑等，如图 2-5 所示。

- 文心一言。文心一言是由百度开发的大语言模型。2023 年 8 月 31 日，文心一言正式向公众开放。2023 年 12 月 28 日，文心一言用户已突破 1 亿。
- 通义千问。通义千问是由阿里云推出的大语言模型。2023 年 9 月 13 日，通义千问正式向公众开放。
- 混元大模型。混元大模型是由腾讯自主研发的大语言模型，于 2023 年 9 月 7 日正式发布。
- 360 智脑。360 智脑是由 360 自主研发的大语言模型。2023 年 3 月 29 日，360 智脑大模型 1.0 版本发布。

（a）文心一言

通义

（b）通义千问

（c）混元大模型

（d）360 智脑

图 2-5　国内部分大语言模型

习　　题

一、单项选择题

1. Python 中用于定义代码块的符号是（　　）。
   A. #　　B. 空格　　C. \　　D. {}
2. 下列说法错误的是（　　）。
   A. 使用语句续行符号可以将一条语句书写为多行
   B. 使用语句分隔符号可以将多条语句写在一行
   C. 以“#”开头的一句话可以写在多行中
   D. 圆括号中的表达式可以分行书写
3. 下列选项中可作为变量名的是（　　）。
   A. true　　B. 2_ab　　C. False　　D. with
4. 下列说法错误的是（　　）。
   A. input()函数只能用于输入字符串
   B. 任何情况下均可按【Enter】键结束输入
   C.【Ctrl+Z】组合键可作为输入内容
   D. input()函数不能用于输入整数
5. 下列赋值语句中错误的是（　　）。
   A. x,y=10　　B. x,y=1,2　　C. (x,y)=1,2　　D. [x,y]='ab'

二、编程题

1. 输入两个整数 m 和 n，计算 m 的 n 次幂（幂运算符号为“**”）。

2. 输入一个四则运算表达式，输出运算结果。

3. 输入两个数，交换它们的顺序后输出。

4. 输入 3 个数，用一个 print()函数输出这 3 个数，数之间用逗号分隔。

5. 下面程序的作用是输入两个整数，输出这两个整数的和。程序存在多处错误，请指出错误并纠正。

```
a=input('请输入一个整数：');
   b=input('请输入一个整数：')
c=a+;
   b
print(a,'+',
      b,'=',c)
```

单元 3
基本数据类型

数据类型决定 Python 如何存储和处理数据。Python 的基本数据类型可分为数字类型和字符串类型。数字类型包括整数类型、浮点数类型、复数类型、小数类型和分数类型等。

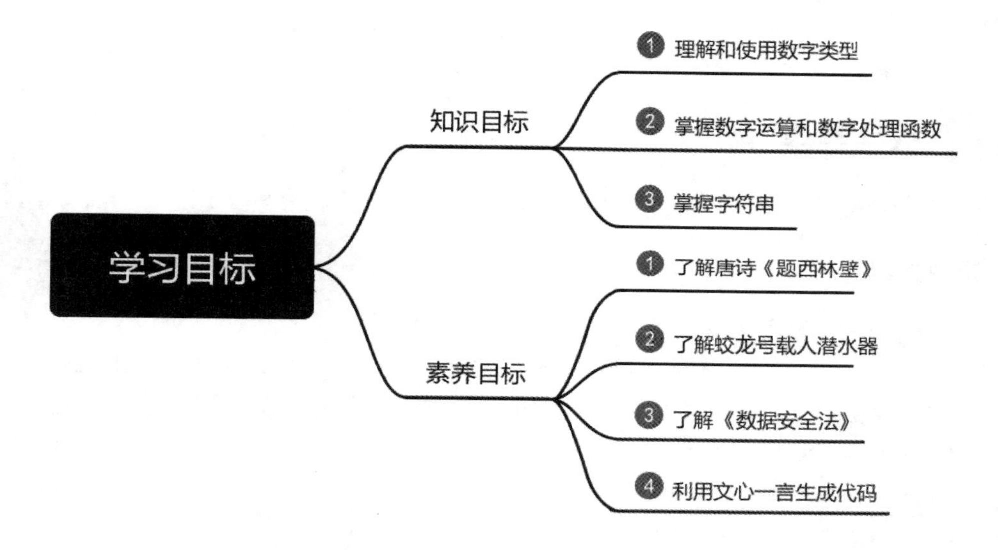

【任务 3-1】 测试数字的类型和取值范围

【任务目标】

在 Python 交互环境中测试整数、浮点数等数字的类型和取值范围，示例代码如下。

任务 3-1

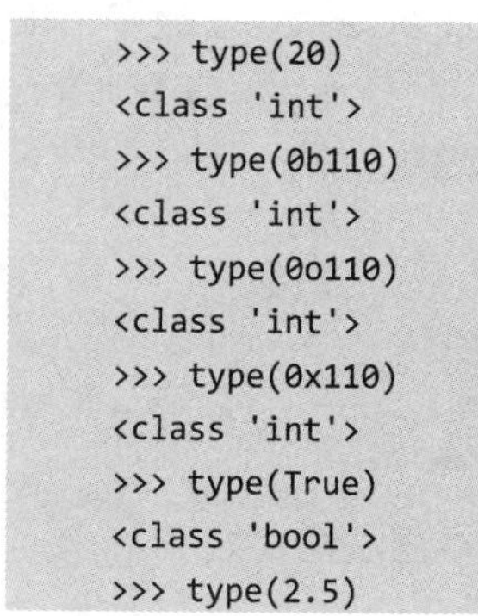

```
>>> type(20)
<class 'int'>
>>> type(0b110)
<class 'int'>
>>> type(0o110)
<class 'int'>
>>> type(0x110)
<class 'int'>
>>> type(True)
<class 'bool'>
>>> type(2.5)
```

```
<class 'float'>
>>> type(2+3j)
<class 'complex'>
```

【任务实施】

（1）启动 IDLE。

（2）在 IDLE 交互环境中，输入“type(20)”，按【Enter】键执行，观察输出结果。

（3）按相同操作，依次执行“type(0b110)”“type(0o110)”“type(0x110)”“type(True)”“type(2.5)”“type(2+3j)”，观察输出结果。

【知识点】

3.1 数字类型

数字类型包括整数类型、浮点数类型、复数类型、小数类型和分数类型。

3.1.1 整数类型

3.1.1 整数类型

整数类型可细分为整型（int）数和布尔型（bool）数。

整型数（简称“整数”）是不带小数点的数。例如，123、-12、0、9999999999999999 等。在 Python 中，整数可表示任意大小的数字（受计算机内存限制）。例如，下面的代码分别输出 2 的 100 次方和 9 的 100 次方。

```
>>> 2**100
1267650600228229401496703205376
>>> 9**100
265613988875874769338781322035779626829233452653394495974574961739092490901302182994384699044001
```

整数通常表示为十进制。Python 还允许将整数表示为二进制、八进制和十六进制。

- 二进制：以“0b”或“0B”开头，数码包括 0 和 1。例如 0b101、0B11。
- 八进制：以“0o”或“0O”开头，数码包括 0～7。例如 0o15、0O123。
- 十六进制：以“0x”或“0X”开头，数码包括 0～9、A～F 或 a～f。例如 0x12AB、0x12ab。

不同进制只是整数的不同书写形式，Python 程序运行时会将整数处理为十进制数。

布尔型数（也称布尔值或逻辑值）只有 True 和 False 两种取值。True 和 False 类似于数字 1 和 0，例外的情况是将布尔值转换为字符串时，True 转换为“True”，False 转换为“False”。在 Python 中，因为布尔型是整数类型的子类型，所以逻辑运算和比较运算均可归入数字运算的范畴。

可以使用 type()函数查看数据类型，示例代码如下。

```
>>> type(123)
<class 'int'>
>>> type(123.0)
<class 'float'>
```

可以使用 int()函数将一个字符串按指定进制转换为整数。int()函数的基本语法格式如下。

```
int('整数字符串',n)
```

int()函数按指定进制将整数字符串转换为对应的整数，示例代码如下。

```
>>> int('111')                          #默认按十进制转换
111
>>> int('111',2)                        #按二进制转换
7
>>> int('111',8)                        #按八进制转换
73
>>> int('111',10)                       #按十进制转换
111
>>> int('111',16)                       #按十六进制转换
273
>>> int('111',5)                        #按五进制转换
31
```

int()函数的第一个参数只能是整数字符串，即字符串中应该是一个有效的整数（包括正负号），不能包含小数点或其他字符（字符串开头的空格可以忽略），否则会出错，示例代码如下。

```
>>> int('+12')
12
>>> int('-12')
-12
>>> int('   123')
123
>>> int('12.3')                         #字符串中包含小数点，出错
Traceback (most recent call last):
  File "<stdin>", line 1, in <module>
ValueError: invalid literal for int() with base 10: '12.3'
>>> int('123abc')                       #字符串中包含字母，出错
Traceback (most recent call last):
  File "<stdin>", line 1, in <module>
ValueError: invalid literal for int() with base 10: '123abc'
```

3.1.2 浮点数类型

3.1.2 浮点数类型

浮点数类型的名称为 float。12.5、2.、.5、3.0、1.23e+10、1.23E-10 等都是合法的浮点数。浮点数存在取值范围，浮点数的取值范围为-10^{308} ~ 10^{308}。超出取值范围会产生溢出错误（OverflowError）。示例代码如下。

```
>>> 2.                                  #小数点后的 0 可以省略
2.0
>>> .5                                  #小数点前的 0 可以省略
0.5
>>> 10.0**308
1e+308
>>> 10.0**309                           #超出浮点数的取值范围
Traceback (most recent call last):
  File "<stdin>", line 1, in <module>
```

```
OverflowError: (34, 'Result too large')
>>> -10.0**308
-1e+308
>>> -10.0**309                                   #超出浮点数的取值范围
Traceback (most recent call last):
  File "<stdin>", line 1, in <module>
OverflowError: (34, 'Result too large')
```

float()函数可将整数和字符串转换为浮点数，示例代码如下。

```
>>> float(12)
12.0
>>> float('12')
12.0
>>> float('+12')
12.0
>>> float('-12')
-12.0
```

3.1.3 复数类型

3.1.3 复数类型

复数类型的名称为 complex。

复数常量表示为“实部+虚部”形式，虚部以 j 或 J 结尾。例如，2+3j、2-3J、2j。可用 complex()函数来创建复数常量，其基本语法格式如下。

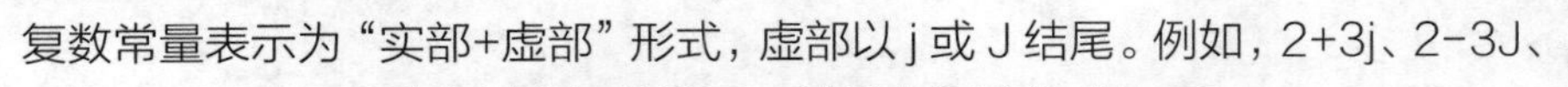

```
complex(实部,虚部)
```

示例代码如下。

```
>>> complex(2,3)
(2+3j)
```

3.1.4 小数类型

3.1.4 小数类型

因为计算机的硬件特点，计算机不能对浮点数执行精确运算，示例代码如下。

```
>>> 0.3+0.3+0.3+0.1                        #计算结果并不是 1.0
0.9999999999999999
>>> 0.3-0.1-0.1-0.1                        #计算结果并不是 0
-2.7755575615628914e-17
```

Python 2.4 引入了一种新的数字类型——小数类型。小数可以看作固定精度的浮点数，它有固定的位数和小数点，可以满足指定精度的计算。

1. 创建和使用小数对象

小数对象使用 decimal 模块中的 Decimal()函数来创建，示例代码如下。

```
>>> from decimal import Decimal            #从模块中导入函数
>>> Decimal('0.3')+Decimal('0.3')+Decimal('0.3')+Decimal('0.1')
Decimal('1.0')
>>> Decimal('0.3')-Decimal('0.1')-Decimal('0.1')-Decimal('0.1')
```

```
Decimal('0.0')
>>> type(Decimal('1.0'))
<class 'decimal.Decimal'>
```

2. 小数的全局精度

小数的全局精度指作用于当前程序的小数的有效位数，默认的小数全局精度为 28（即 28 位有效数字）。可使用 decimal 模块中的上下文对象来设置小数的全局精度。首先，调用 decimal 模块的 getcontext()函数获得当前模块中的上下文对象，再通过上下文对象的 prec 属性设置小数的全局精度，示例代码如下。

```
>>> from decimal import *                    #导入模块
>>> Decimal('1')/Decimal('3')                #用默认精度计算小数
Decimal('0.3333333333333333333333333333')
>>> context=getcontext()                     #获得上下文对象
>>> context.prec=5                           #设置小数的全局精度为 5
>>> Decimal('1')/Decimal('3')
Decimal('0.33333')
>>> Decimal('10')/Decimal('3')
Decimal('3.3333')
```

3. 小数的临时精度

临时精度在 with 模块中使用。首先，调用 decimal 模块的 localcontext ()函数返回本地上下文对象，再通过本地上下文对象的 prec 属性设置小数的临时精度，示例代码如下。

```
>>> with localcontext() as local:
...    local.prec=3
...    Decimal('1')/Decimal('3')
...    Decimal('10')/Decimal('3')
...
Decimal('0.333')
Decimal('3.33')
```

3.1.5 分数类型

分数类型是 Python 2.6 和 Python 3.0 引入的新数字类型。使用分数可以避免浮点数的不精确性。

分数使用 fractions 模块中的 Fraction()函数来创建，其基本语法格式如下。

3.1.5 分数类型

```
x = Fraction(a,b)
```

其中 a 为分子，b 为分母，Python 会自动将分数计算为最简分数，示例代码如下。

```
>>> from fractions import Fraction           #从模块中导入函数
>>> x=Fraction(2,8)                          #创建分数
>>> x
Fraction(1, 4)
>>> x+2                                      #计算 1/4+2
Fraction(9, 4)
>>> x-2                                      #计算 1/4-2
Fraction(-7, 4)
```

```
>>> x*2                                   #计算1/4×2
Fraction(1, 2)
>>> x/2                                   #计算1/4÷2
Fraction(1, 8)
```

分数的输出格式与其在交互环境中直接显示的样式有所不同，示例代码如下。

```
>>> x=Fraction(2,8)
>>> x                                     #交互环境中直接显示分数
Fraction(1, 4)
>>> print(x)                              #输出分数
1/4
```

可以使用 Fraction.from_float()函数将浮点数转换为分数，示例代码如下。

```
>>> Fraction.from_float(1.25)
Fraction(5, 4)
```

【任务 3-2】 计算“奋斗者”号下潜速度

【任务目标】

任务 3-2

“奋斗者”号是我国自主研发的全海深载人潜水器。2023 年 3 月 11 日，“探索一号”科考船携“奋斗者”号全海深载人潜水器抵达三亚，圆满完成国际首次环大洋洲载人深潜科考航次任务。该次航行历时 157 天，环大洋洲航行 22000 余海里。航次期间，科考队在西南太平洋克马德克海沟区域开展了国际首次大范围、系统性的载人深潜调查，并在人类历史上首次抵达东南印度洋蒂阿曼蒂那深渊和瓦莱比-热恩斯深渊底部开展实地观察和取样。

“奋斗者”号全海深载人潜水器这一科技创新成果全面体现了党的二十大报告提出的：“加快实施创新驱动发展战略。坚持面向世界科技前沿、面向经济主战场、面向国家重大需求、面向人民生命健康，加快实现高水平科技自立自强。”

2020 年 11 月 10 日，“奋斗者”号首次海试直接挑战万米并一举成功。“奋斗者”号当日 4 时 50 分开始下潜，到 7 时 42 分突破万米大关，用时 2 小时 52 分。试着编写一个程序计算“奋斗者”号首次海试突破万米的平均下潜速度。程序运行结果如下。

```
“奋斗者”号首次海试突破万米的平均下潜速度： 0.9689922480620154 米/秒
```

【任务实施】

（1）启动 IDLE。

（2）在 IDLE 交互环境中选择“File\New File”命令，打开 IDLE 代码编辑窗口。

（3）在 IDLE 代码编辑窗口中输入下面的代码。

```
v = 10000 / (2 * 60 * 60 + 52 * 60)
print("“奋斗者”号首次海试突破万米的平均下潜速度：", v, "米/秒")
```

（4）按【Ctrl+S】组合键保存程序文件，将文件命名为“test3_01.py”。

（5）按【F5】键运行程序，观察输出结果。

【知识点】

3.2 数字运算和数字处理函数

3.2.1 数字运算

3.2.1 数字运算

常用的数字运算符如表 3-1 所示。

表 3-1 常用的数字运算符

操作符	说明	举例
**	幂运算	2**3
~	按位取反	~5
-	负号	-5
*、%、/、//	乘法、求余数、真除法、floor 除法	2*3、3%2、5/2、5//2
+、-	加法、减法	2+3、2-3
<<、>>	向左移位、向右移位	3<<2、12>>2
&	按位与	5&2
^	按位异或	5^2
|	按位或	5|2
<、<=、>、>=、==、!=	小于、小于等于、大于、大于等于、相等、不等	2<3、2<=3、2>3、2>=3、2==3、2!=3
not	逻辑非	not True、not 2<3
and	逻辑与	x>5 and x<100
or	逻辑或	x<5 or x>100

1. 运算优先级

表 3-1 中运算符的运算优先级按从上到下的顺序依次降低。可以用括号（括号的运算优先级最高）改变运算顺序，示例代码如下。

```
>>> 2+3*5
17
>>> (2+3)*5
25
```

2. 运算过程中的自动数字类型转换

在运算过程中遇到不同数字类型的数字时，Python 总是将简单的数字类型转换为复杂的数字类型，示例代码如下。

```
>>> 2+3.5,type(2+3.5)
(5.5, <class 'float'>)
>>> 2+3.5+(2+3j),type(2+3.5+(2+3j))
((7.5+3j), <class 'complex'>)
```

Python 中的数字类型复杂度从低到高依次为：布尔型、整型、浮点数类型、复数类型。

3. 求余数

“x%y”计算 x 除以 y 的余数，余数符号与 y 一致。若存在一个操作数为浮点数，则求余数的结果为浮点数，否则为整数，示例代码如下。

```
>>> 5%2,5%-2,-5%2,-5%-2
(1, -1, 1, -1)
>>> 5%2.0,5%-2.0,-5%2.0,-5%-2.0
(1.0, -1.0, 1.0, -1.0)
```

4. 真除法和 floor 除法

“/”运算称为真除法，这是为了与传统除法进行区分。在 Python 3.0 之前的版本中，“/”运算在两个操作数都是整数时，计算结果只保留整数部分（称为截断除法）；如果有一个操作数是浮点数，则计算结果为浮点数，保留小数部分。自 Python 3.0 起，“/”运算计算结果为浮点数，保留小数部分，示例代码如下。

```
>>> 4/2,5/2
(2.0, 2.5)
```

“//”运算称为 floor 除法。“x//y”运算的结果为不大于“x/y”结果的最大整数。当两个操作数都是整型时，结果为整型，否则为浮点数类型，示例代码如下。

```
>>> 5//2,5//-2,-5//2,-5//-2                #操作数都是整型，结果为整型
(2, -3, -3, 2)
>>> 5//2.0,5//-2.0,-5//2.0,-5//-2.0        #操作数中有一个是浮点数类型，结果为浮点数类型
(2.0, -3.0, -3.0, 2.0)
```

5. 位运算

“~”“&”“^”“|”“<<”“>>”都是位运算符，按操作数的二进制位进行运算。

（1）按位取反运算符“~”。

操作数的二进制位中，1 取反为 0，0 取反为 1，符号位也取反，示例代码如下。

```
>>> ~5          #5 的 8 位二进制形式为 00000101，按位取反为 11111010，即-6
-6
>>> ~-5         #-5 的 8 位二进制形式为 11111011，按位取反为 00000100，即 4
4
```

提示 在计算机内部，数的位数与计算机字长一致。这里为了方便，用 8 位进行说明。计算机内部的数都使用补码表示。正数的补码与原码一致，负数的补码等于原码按位取反再加 1（符号位不变）。例如，6 的原码和补码均为 00000110，−6 的原码为 10000110，补码为 11111010。

（2）按位与运算符“&”。

将两个操作数的二进制形式的相同位执行“与”操作，两个位都是 1 时，结果为 1，否则为 0，示例代码如下。

```
>>> 4 & 5        #4 的二进制形式为 00000100，5 的二进制形式为 00000101，所以结果为 00000100
4
>>> -4 & 5       #-4 的二进制形式为 11111100，5 的二进制形式为 00000101，所以结果为 00000100
4
```

（3）按位异或运算符“^”。

执行“按位异或”操作，两个操作数的二进制形式的相同位相同时结果为 0，否则为 1，示例代码如下。

```
>>> 4 ^ 5
1
>>> -4 ^ 5
-7
```

（4）按位或运算符“|”。

执行“按位或”操作，两个操作数的二进制形式的相同位有一个为 1 时结果为 1，否则为 0，示例代码如下。

```
>>> 4 | 5
5
>>> -4 | 5
-3
```

（5）向左移位运算符“<<”。

“x << y”表示将 x 按二进制形式向左移动 y 位，末尾补 0，符号位保持不变。向左移动 1 位等同于乘 2，示例代码如下。

```
>>> 1<<2
4
>>> -1<<2
-4
```

（6）向右移位运算符“>>”。

“x >> y”表示将 x 按二进制形式向右移动 y 位，符号位保持不变。向右移动 1 位等同于除以 2，示例代码如下。

```
>>> 8>>2
2
>>> -8>>2
-2
```

6. 比较运算

比较运算的结果为布尔值（True 或 False），示例代码如下。

```
>>> 2 > 3
False
>>> 2 < 3.0
True
```

Python 允许将连续的多个比较运算符进行缩写，示例代码如下。

```
>>> a=1
>>> b=3
>>> c=5
>>> a < b < c                    #等价于 a<b and b<c
True
>>> a == b < c                   #等价于 a==b and b<c
False
>>> a < b > c                    #等价于 a<b and b>c
False
```

7. 逻辑运算

逻辑运算（也称布尔运算）指布尔值（True 或 False）执行“not”“and”或“or”运算。在判断 True 或 False 之外的数据是否为布尔值时，Python 将属于下列情况的值都视为 False。

- None。
- 各种数字类型的 0，如 0、0.0、(0+0j)等。
- 空的序列，如''、()、[]等。
- 空的字典，如{}。
- 满足条件的自定义类的实例对象：自定义类包含__bool__()方法或__len__()方法，且类的实例对象的__bool__()方法返回 False 或__len__()方法返回 0。

上述情况之外的值则视为 True。

（1）逻辑非运算符“not”。

“not True”结果为 False，“not False”结果为 True，示例代码如下。

```
>>> not True , not False
(False, True)
>>> not None , not 0 , not '' , not {}
(True, True, True, True)
```

（2）逻辑与运算符“and”。

“x and y”在两个操作数都为 True 时，结果才为 True，否则为 False。当 x 为 False 时，“x and y”的运算结果为 False，Python 不会再计算 y，示例代码如下。

```
>>> True and True , True and False , False and True , False and False
(True, False, False, False)
```

（3）逻辑或运算符“or”。

“x or y”在两个操作数都为 False 时，结果才为 False，否则为 True。当 x 为 True 时，“x or y”的运算结果为 True，Python 不会再计算 y，示例代码如下。

```
>>> True or True , True or False , False or True , False or False
(True, True, True, False)
```

3.2.2 数字处理函数

3.2.2 数字处理函数

Python 提供了用于数字处理的内置函数和内置模块。

1. 常用的内置数字处理函数

下面通过实际例子说明部分常用的内置数字处理函数。

```
>>> abs(-5)                           #返回绝对值
5
>>> divmod(9,4)                       #返回商和余数
(2, 1)
>>> a=5
>>> eval('a*a+1')                     #返回字符串中的表达式，等价于 a*a+1
26
>>> max(1,2,3,4)                      #返回最大值
4
>>> min(1,2,3,4)                      #返回最小值
1
>>> pow(2,3)                          #pow(x,y)返回 x 的 y 次方，等价于 x**y
8
>>> round(1.56)                       #四舍五入：只有一个参数时四舍五入结果为整数
2
>>> round(1.567,2)                    #四舍五入：保留指定位数的小数
1.57
>>> round(1.5),round(-1.5)            #四舍五入：舍入部分为 5 时，向偶数舍入
(2, -2)
>>> sum({1,2,3,4})                    #求和
10
```

2. math 模块

Python 在 math 模块中提供了常用的数学常量和数字处理函数，要使用这些常量和函数需要先导入 math 模块，示例代码如下。

```
>>> import math                       #导入 math 模块
>>> math.pi                           #数学常量π
3.141592653589793
>>> math.e                            #数学常量 e
2.718281828459045
>>> math.inf                          #浮点数的正无穷大，-math.inf 表示负无穷大
inf
>>> math.ceil(2.3)                    #math.ceil(x)返回不小于 x 的最小整数
3
>>> math.fabs(-5)                     #math.fabs(x)返回 x 的绝对值
5.0
>>> math.factorial(0),math.factorial(5) #math.factorial(x)返回非负数 x 的阶乘
(1, 120)
>>> math.floor(2.3)                   #math.floor(x)返回不大于 x 的最大整数
2
>>> math.fmod(9,4)                    #math.fmod(x,y)返回 x 除以 y 的余数
1.0
>>> x=[0.1,0.1,0.1,0.1,0.1,0.1,0.1,0.1,0.1,0.1]
>>> sum(x)                            #求和，sum()函数由于浮点数的原因存在不精确性
0.9999999999999999
>>> math.fsum(x)                      #求和，math.fsum()函数比 sum()函数更精确
1.0
```

```
>>> math.gcd(12,8)                          #math.gcd(x,y)返回 x 和 y 的最大公约数
4
>>> math.trunc(15.67)                       #math.trunc(x)返回 x 的整数部分
15
>>> math.exp(2)                             #math.exp(x)返回 e 的 x 次方
7.38905609893065
>>> math.expm1(2)                           #math.expm1(x)返回 e 的 x 次方减 1
6.38905609893065
```

【任务 3-3】 格式化输出《题西林壁》

【任务目标】

编写一个程序，格式化输出《题西林壁》，程序运行结果如下。

任务 3-3

```
            题西林壁
              苏轼
横看成岭侧成峰，远近高低各不同。
不识庐山真面目，只缘身在此山中。
```

【任务实施】

（1）启动 IDLE。
（2）在 IDLE 交互环境中选择“File\New File”命令，打开 IDLE 代码编辑窗口。
（3）在 IDLE 代码编辑窗口中输入下面的代码。

```
print('''
            题西林壁
              苏轼
横看成岭侧成峰，远近高低各不同。
不识庐山真面目，只缘身在此山中。''')      #使用三重单引号字符串，在字符串中对齐输出内容
```

（4）按【Ctrl+S】组合键保存程序文件，将文件命名为“test3_02.py”。
（5）按【F5】键运行程序，观察输出结果。

【知识点】

3.3 字符串类型

字符串是一种有序的字符集合，用于表示文本数据。字符串中的字符可以是各种 Unicode 字符。字符串属于不可变序列，即不能修改字符串。字符串中的字符从左到右，具有位置顺序，支持索引、分片等操作。

3.3.1 字符串常量

3.3.1 字符串常量

Python 字符串常量可用下列多种方法表示。

- 单引号字符串：'a'、'123'、'abc'。
- 双引号字符串："a"、"123"、"abc"。
- 三重单引号或双引号字符串：'''Python code'''、"""Python string"""。三重引号字符串可以包含多行字符。
- 带“r”或“R”前缀的 Raw 字符串：r'abc\n123'、R'abc\n123'。
- 带“u”或“U”前缀的 Unicode 字符串：u'asdf'、U'asdf'。Python 3 中字符串默认为 Unicode 字符串，“u”或“U”前缀可以省略。

字符串都是 str 类型的对象，可用 Python 内置的 str()函数来创建字符串对象，示例代码如下。

```
>>> x=str(123)                  #用数字创建字符串对象
>>> x
'123'
>>> type(x)                     #测试字符串对象类型
<class 'str'>
>>> x=str('abc12')              #用字符串常量创建字符串对象
>>> x
'abc12'
```

1. 单引号与双引号

在表示字符串常量时，单引号与双引号没有区别。在单引号字符串中可包含双引号，在双引号字符串中可包含单引号，示例代码如下。

```
>>> '123"abc'
'123"abc'
>>> "123'abc"
"123'abc"
>>> print('123"abc',"123'abc")
123"abc 123'abc
```

在交互环境中直接显示字符串时，默认用单引号表示。如果字符串中有单引号，则用双引号表示。注意，在字符串输出时，不会显示表示字符串的单引号或双引号。

2. 三重引号

三重引号通常用于表示多行字符串（也称块字符串），示例代码如下。

```
>>> x="""This is
   a Python
   multiline string."""
>>> x
'This is\n\ta Python\n\tmultiline string.'
>>> print(x)
This is
   a Python
   multiline string.
```

注意在交互环境中直接显示字符串时，字符串中的各种控制字符以转义字符的形式显示，与使用 print()函数输出时有所区别。

三重引号的另一种作用是定义文档注释。放在文档开头的三重引号字符串可作为文档注释，在程序运行时被忽略，示例代码如下。

```
""" 这是三重引号字符串注释
if x>0:
    print(x,'是正数')
else:
    print(x,'不是正数')
注释结束 """
x='123'
print(type(x))
```

3. 转义字符

转义字符用于表示不能直接表示的特殊字符。Python 常用转义字符如表 3-2 所示。

表 3-2　常用转义字符

转义字符	说明
\\	反斜线
\'	单引号
\"	双引号
\a	响铃符
\b	退格符
\f	换页符
\n	换行符
\r	回车符
\t	水平制表符
\v	垂直制表符
\0	Null，空字符
\ooo	3 位八进制数表示的 Unicode 值对应字符
\xhh	2 位十六进制数表示的 Unicode 值对应字符

在 C 语言中，字符串以空字符作为结束符号，Python 将空字符作为一个字符处理，示例代码如下。

```
>>> x='\0\101\102'          #字符串包含一个空字符和用两个八进制数表示的 Unicode 字符
>>> x                        #直接显示字符串，其中的空字符用十六进制表示
'\x00AB'
>>> print(x)                 #输出字符串
AB
>>> len(x)                   #求字符串长度
3
```

4. Raw 字符串

Python 不会解析 Raw 字符串中的转义字符。Raw 字符串的典型应用是表示 Windows 系统中的文件路径，示例代码如下。

```
mf=open('D:\temp\newpy.py')
```

open 语句试图打开“D:\temp”目录中的“newpy.py”文件，Python 会将文件路径中的“\t”和“\n”处理为转义字符，这会导致错误。为避免这种情况，可将文件路径中的反斜线用转义字符表示，示例代码如下。

```
mf=open('D:\\temp\\newpy.py')
```

更简单的办法是用 Raw 字符串来表示文件路径，示例代码如下。

```
mf=open(r'D:\temp\newpy.py')
```

另一种表示办法是用正斜线表示文件路径中的路径分隔符，示例代码如下。

```
mf=open('D:/temp/newpy.py')
```

3.3.2 字符串操作符

3.3.2 字符串操作符

Python 提供了 5 个字符串操作符：in、空格、加号、星号和逗号。

1. in

字符串是字符的有序集合，可用 in 操作符判断字符串包含关系，示例代码如下。

```
>>> x='abcdef'
>>> 'a' in x
True
>>> 'cde' in x
True
>>> '12' in x
False
```

2. 空格

以空格分隔（或者没有分隔符号）的多个字符串可自动合并，示例代码如下。

```
>>> '12' '34' '56'
'123456'
```

3. 加号

加号可将多个字符串合并，示例代码如下。

```
>>> '12'+'34'+'56'
'123456'
```

4. 星号

星号用于将字符串复制多次以构成新的字符串，示例代码如下。

```
>>> '12' * 3
'121212'
```

5. 逗号

在使用逗号分隔字符串时，Python 会创建字符串组成的元组，示例代码如下。

```
>>> x='abc','def'
>>> x
('abc', 'def')
```

```
>>> type(x)
<class 'tuple'>
```

3.3.3 字符串的索引

3.3.3 字符串的索引

字符串中的各个字符可通过位置进行索引。字符串中的字符按从左到右的顺序，索引值依次为 0,1,2,…,len-1（最后一个字符的索引值为字符串长度减 1）；或者为-len,…,-2,-1。

索引指通过索引值来定位字符串中的单个字符，示例代码如下。

```
>>> x='abcdef'
>>> x[0]            #索引第 1 个字符
'a'
>>> x[-1]           #索引最后 1 个字符
'f'
>>> x[3]            #索引第 4 个字符
'd'
```

通过索引可获得指定位置的单个字符，但不能通过索引来修改字符串。因为字符串对象不允许被修改，示例代码如下。

```
>>> x='abcd'
>>> x[0]='1'         #试图修改字符串中的指定字符，出错
Traceback (most recent call last):
  File "<pyshell#54>", line 1, in <module>
    x[0]='1'
TypeError: 'str' object does not support item assignment
```

3.3.4 字符串的切片

3.3.4 字符串的切片

字符串的切片指利用索引值范围从字符串中获得连续的多个字符（子字符串）。字符串的切片基本语法格式如下。

```
x[ start : end ]
```

上述格式表示返回字符串 x 中从索引值 start 开始，到索引值 end 之前的子字符串。start 和 end 参数均可省略，start 默认为 0，end 默认为字符串长度，示例代码如下。

```
>>> x='abcdef'
>>> x[1:4]           #返回索引值为 1 到 3 的字符
'bcd'
>>> x[1:]            #返回从索引值 1 到字符串末尾的字符
'bcdef'
>>> x[:4]            #返回从字符串开头到索引值 3 的字符
'abcd'
>>> x[:-1]           #除最后一个字符外，其他字符全部返回
'abcde'
>>> x[:]             #返回全部字符
'abcdef'
```

默认情况下，切片用于返回字符串中的多个连续字符，可以通过 step 参数来跳过中间的字符，其基本语法格式如下。

```
x[ start : end : step]
```

用这种格式切片时，会依次跳过中间 step-1 个字符，step 默认为 1，示例代码如下。

```
>>> x='0123456789'
>>> x[1:7:2]          #返回索引值为 1、3、5 的字符
'135'
>>> x[::2]            #返回索引值为偶数的全部字符
'02468'
>>> x[7:1:-2]         #返回索引值为 7、5、3 的字符
'753'
>>> x[::-1]           #将字符串逆序返回
'9876543210'
```

3.3.5 迭代字符串

3.3.5 迭代字符串

字符串是有序的字符集合，可用 for 循环迭代处理字符串，示例代码如下。

```
>>> for a in 'abc':       #变量 a 依次表示字符串中的每个字符
...   print(a)
...
a
b
c
```

3.3.6 字符串处理函数

常用的字符串处理函数包括 len()、str()、repr()、ord()和 chr()等。

3.3.6 字符串处理函数

1. 求字符串长度

字符串长度指字符串包含的字符个数，可用 len()函数获得字符串长度，示例代码如下。

```
>>> len('abcdef')
6
```

2. 字符串转换

可以用 str()函数将非字符串数据转换为字符串，示例代码如下。

```
>>> str(123)              #将整数转换为字符串
'123'
>>> str(1.23)             #将浮点数转换为字符串
'1.23'
>>> str(2+4j)             #将复数转换为字符串
'(2+4j)'
>>> str([1,2,3])          #将列表转换为字符串
'[1, 2, 3]'
>>> str(True)             #将布尔值转换为字符串
'True'
```

还可使用 repr()函数来转换字符串。在将数字转换为字符串时，repr()和 str()的效果相同。在处理字符串时，repr()会将一对表示字符串的单引号添加到转换后的字符串中，示例代码如下。

```
>>> str(123),repr(123)
('123', '123')
>>> str('123'),repr('123')
('123', "'123'")
>>> str("123"),repr("123")
('123', "'123'")
```

3. 求字符 Unicode 值

ord()函数返回字符的 Unicode 值，示例代码如下。

```
>>> ord('A')
65
>>> ord('中')
20013
```

4. 求 Unicode 值对应的字符

chr()函数返回 Unicode 值对应的字符，示例代码如下。

```
>>> chr(65)
'A'
>>> chr(20013)
'中'
```

bin()、oct()和 hex()函数用于将整数转换为对应进制的字符串，示例代码如下。

```
>>> bin(50)                #转换为二进制字符串
'0b110010'
>>> oct(50)                #转换为八进制字符串
'0o62'
>>> hex(50)                #转换为十六进制字符串
'0x32'
```

3.3.7 字符串处理方法

字符串是 str 类型的对象，Python 提供了一系列方法用于字符串处理。常用的字符串处理方法如下。

3.3.7 字符串处理方法

1. capitalize()

该方法将字符串的第一个字母大写，其余字母小写，返回新的字符串，示例代码如下。

```
>>> 'this is Python'.capitalize()
'This is python'
```

2. count(sub[, start[, end]])

该方法用于返回字符串 sub 在当前字符串的[start, end]范围内出现的次数，省略范围时会查找整个字符串，示例代码如下。

```
>>> 'abcabcabc'.count('ab')           #统计在整个字符串中 ab 出现的次数
3
```

```
>>> 'abcabcabc'.count('ab',2)        #统计从第 3 个字符开始到字符串末尾 ab 出现的次数
2
```

3. endswith(sub[, start[, end]])

该方法用于判断当前字符串的[start, end]范围内的子字符串是否以 sub 字符串结尾，示例代码如下。

```
>>> 'abcabcabc'.endswith('bc')
True
>>> 'abcabcabc'.endswith('b')
False
```

4. startswith(sub[, start[, end]])

该方法判断当前字符串[start, end]的范围内的子字符串是否以 sub 字符串开头，示例代码如下。

```
>>> 'abcd'.startswith('ab')
True
>>> 'abcd'.startswith('ac')
False
```

5. expandtabs(tabsize=8)

该方法将字符串中的水平制表符替换为空格，参数默认为 8，即将一个水平制表符替换为 8 个空格，示例代码如下。

```
>>> x='12\t34\t56'
>>> x
'12\t34\t56'
>>> x.expandtabs()              #默认将每个水平制表符替换为 8 个空格
'12      34      56'
>>> x.expandtabs(0)             #参数为 0 时删除全部水平制表符
'123456'
>>> x.expandtabs(4)             #将每个水平制表符替换为 4 个空格
'12  34  56'
```

6. find(sub[, start[, end]])

该方法在当前字符串的[start, end]范围内查找子字符串 sub，找到时返回 sub 第一次出现的位置，没有找到时返回-1，示例代码如下。

```
>>> x='abcdabcd'
>>> x.find('ab')
0
>>> x.find('ab',2)
4
>>> x.find('ba')
-1
```

7. index(sub[, start[, end]])

该方法与 find()方法相同，只是在没有找到子字符串 sub 时产生 ValueError 异常，示例代码如下。

```
>>> x='abcdabcd'
>>> x.index('ab')
0
>>> x.index('ab',2)
4
>>> x.index('ba')
Traceback (most recent call last):
  File "<pyshell#7>", line 1, in <module>
    x.index('ba')
ValueError: substring not found
```

8. rfind(sub[, start[, end]])

该方法在当前字符串的[start, end]范围内查找子字符串 sub，并返回 sub 最后一次出现的位置，没有找到时返回-1，示例代码如下。

```
>>> 'abcdabcd'.rfind('ab')
4
```

9. rindex(sub[, start[, end]])

该方法与 rfind()方法相同，只是在没有找到子字符串 sub 时产生 ValueError 异常，示例代码如下。

```
>>> 'abcdabcd'.rindex('ab')
4
```

10. format(args)

该方法用于字符串格式化，将字符串中用“{}”定义的替换域依次用参数 args 中的数据替换，示例代码如下。

```
>>> 'My name is {0},age is {1}'.format('Tome',23)
'My name is Tome,age is 23'
>>> '{0},{1},{0}'.format(1,2)        #重复使用替换域
'1,2,1'
```

11. format_map(map)

该方法使用字典完成字符串格式化，示例代码如下。

```
>>> 'My name is {name},age is {age}'.format_map({'name':'Tome','age':23})
'My name is Tome,age is 23'
```

12. isalnum()

该方法在字符串中所有字符都是数字或字母（包括 Unicode 中的各国文字）且至少有一个字符时返回 True，否则返回 False，示例代码如下。

```
>>> '123'.isalnum()
True
>>> '123a'.isalnum()
True
>>> '123#asd'.isalnum()              #包含了不是数字或字母的字符
False
>>> ''.isalnum()                     #空字符串，返回 False
False
```

```
>>> '中国'.isalnum()
True
```

13. isalpha()

该方法在字符串中所有字符都是字母（包括 Unicode 中的各国文字）且至少有一个字符时返回 True，否则返回 False，示例代码如下。

```
>>> 'abc'.isalpha()
True
>>> 'abc@#'.isalpha()
False
>>> ''.isalpha()
False
>>> 'ab13'.isalpha()
False
>>> '中国'.isalpha()
True
>>> '中国！'.isalpha()
False
```

14. isdecimal()

该方法在字符串中所有字符都是十进制数码且至少有一个字符时返回 True，否则返回 False，示例代码如下。

```
>>> '123'.isdecimal()
True
>>> '+123'.isdecimal()          #+不是十进制数码
False
>>> '12.3'.isdecimal()          #.不是十进制数码
False
```

15. islower()

该方法在字符串中的字母全部是小写字母时返回 True，否则返回 False，示例代码如下。

```
>>> 'abc123'.islower()
True
>>> 'Abc123'.islower()
False
```

16. isupper()

该方法在字符串中的字母全部是大写字母时返回 True，否则返回 False，示例代码如下。

```
>>> 'ABC123'.isupper()
True
>>> 'aBC123'.isupper()
False
```

17. isspace()

该方法在字符串中的字符全部是空格时返回 True，否则返回 False，示例代码如下。

```
>>> '   '.isspace()
True
```

```
>>> 'ab cd'.isspace()
False
>>> ''.isspace()
False
```

18. ljust(width[, fillchar])

该方法当字符串长度小于 width 时，在字符串末尾填充 fillchar，使其长度等于 width。默认填充字符为空格，示例代码如下。

```
>>> 'abc'.ljust(8)
'abc     '
>>> 'abc'.ljust(8,'=')
'abc====='
```

19. rjust(width[, fillchar])

该方法与 ljust()方法类似，只是当字符串长度小于 width 时在字符串开头填充 fillchar，示例代码如下。

```
>>> 'abc'.rjust(8)
'     abc'
>>> 'abc'.rjust(8,'0')
'00000abc'
```

20. lower()

该方法将字符串中的字母全部转换成小写字母，示例代码如下。

```
>>> 'This is ABC'.lower()
'this is abc'
```

21. upper()

该方法将字符串中的字母全部转换成大写字母，示例代码如下。

```
>>> 'This is ABC'.upper()
'THIS IS ABC'
```

22. lstrip([chars])

该方法在未指定参数 chars 时，会删除字符串开头的空格、回车符以及换行符，否则会删除字符串开头包含在 chars 中的字符，示例代码如下。

```
>>> '\n \r  abc  '.lstrip()
'abc'
>>> 'abc123abc'.lstrip('ab')
'c123abc'
>>> 'abc123abc'.lstrip('ba')
'c123abc'
```

23. rstrip([chars])

该方法在未指定参数 chars 时，会删除字符串末尾的空格、回车符以及换行符，否则会删除字符串末尾包含在 chars 中的字符，示例代码如下。

```
>>> ' \n abc  \r\n'.rstrip()
' \n abc'
```

```
>>> 'abc123abc'.rstrip('abc')
'abc123'
>>> 'abc123abc'.rstrip('cab')
'abc123'
```

24. strip([chars])

该方法在未指定参数 chars 时，删除字符串首尾的空格、回车符以及换行符，否则删除字符串首尾包含在 chars 中的字符，示例代码如下。

```
>>> '\n \r  abc \r\n '.strip()
'abc'
>>> 'www.xhu.edu.cn'.strip('wcn')
'.xhu.edu.'
```

25. partition(sep)

参数 sep 是一个字符串，该方法将当前字符串从 sep 第一次出现的位置分成 3 部分：sep 之前、sep 和 sep 之后，返回一个三元组。没有找到 sep 时，返回由字符串本身和两个空字符串组成的三元组，示例代码如下。

```
>>> 'abc123abc123abc123'.partition('12')
('abc', '12', '3abc123abc123')
>>> 'abc123abc123abc123'.partition('13')
('abc123abc123abc123', '', '')
```

26. rpartition(sep)

该方法与 partition()方法类似，只是从当前字符串末尾开始查找 sep 第一次出现的位置，示例代码如下。

```
>>> 'abc123abc123abc123'.rpartition('12')
('abc123abc123abc', '12', '3')
>>> 'abc123abc123abc123'.rpartition('13')
('abc123abc123abc123', '', '')
```

27. replace(old, new[, count])

该方法将当前字符串包含的 old 字符串替换为 new 字符串，当省略 count 时会替换全部 old 字符串；指定 count 时，最多替换 count 次，示例代码如下。

```
>>> x='ab12'*4
>>> x
'ab12ab12ab12ab12'
>>> x.replace('12','000')                    #全部替换
'ab000ab000ab000ab000'
>>> x.replace('12','00',2)                   #替换 2 次
'ab00ab00ab12ab12'
```

28. split([sep],[maxsplit])

该方法将字符串按照 sep 指定的分隔符拆分字符串，返回包含拆分结果的列表。省略 sep 时，以空格作为分隔符。maxsplit 指定拆分次数，示例代码如下。

```
>>> 'ab cd ef'.split()                       #按默认的空格拆分
['ab', 'cd', 'ef']
```

```
>>> 'ab,cd,ef'.split(',')                    #按指定分隔符拆分
['ab', 'cd', 'ef']
>>> 'ab,cd,ef'.split(',',maxsplit=1)         #指定拆分次数
['ab', 'cd,ef']
```

29. swapcase()

该方法将字符串中的字母大小写互换，示例代码如下。

```
>>> 'abcDEF'.swapcase()
'ABCdef'
```

30. zfill(width)

如果字符串长度小于 width，则该方法在字符串开头填充 0，使其长度等于 width。如果第一个字符为加号或减号，则该方法在加号或减号之后填充 0，示例代码如下。

```
>>> 'abc'.zfill(8)
'00000abc'
>>> '+12'.zfill(8)
'+0000012'
>>> '-12'.zfill(8)
'-0000012'
>>> '+ab'.zfill(8)
'+00000ab'
```

3.3.8 字符串的格式化

3.3.8 字符串的格式化

可使用格式化运算符“%”、format()方法和 f 字符串对字符串进行格式化。

1. 使用格式化运算符“%”格式化字符串

“%”表示的字符串格式化表达式的基本语法格式如下。

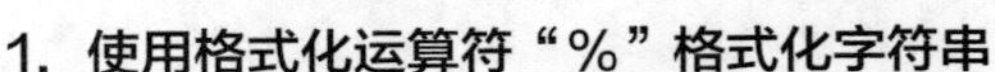

```
格式字符串 % (参数1,参数2,…)
```

“%”之前为格式字符串，“%”之后为需要填入格式字符串中的参数。多个参数之间用逗号分隔。只有一个参数时，可省略圆括号。在格式字符串中，用格式标记符代表要填入参数的格式，示例代码如下。

```
>>> 'float(%s)' % 5
'float(5)'
>>> "The %s's price is %4.2f" % ('apple',2.5)
"The apple's price is 2.50"
```

在格式字符串“The %s's price is %4.2f”中，“%s”和“%4.2f”是格式标记符，参数“apple”对应“%s”，参数 2.5 对应“%4.2f”。

格式标记符中常用的转换符号如表 3-3 所示。

表 3-3 格式标记符中常用的转换符号

转换符号	说明
s	用 str()函数将参数转换为字符串
r	用 repr()函数将参数转换为字符串

续表

转换符号	说明
a	用 ascii()函数将参数转换为字符串
c	转换为单个字符，参数为单个字符（包括各国文字）或字符的 Unicode 值
d、i	参数为数字，转换为带符号的十进制整数字符串
o	参数为数字，转换为带符号的八进制整数字符串
x	参数为数字，转换为带符号的十六进制整数字符串，字母小写
X	参数为数字，转换为带符号的十六进制整数字符串，字母大写
e	将数字转换为科学记数法格式（小写）字符串
E	将数字转换为科学记数法格式（大写）字符串
f、F	将数字转换为定点小数字符串，小数点后默认 6 位数码
g	浮点格式字符串。如果指数小于-4 或不小于精度则使用小写指数格式，否则使用十进制格式
G	浮点格式字符串。如果指数小于-4 或不小于精度则使用大写指数格式，否则使用十进制格式
%	不转换参数，在结果中输出一个“%”字符

格式标记符的基本语法格式如下。

```
%[name][flags][width[.precision]]转换符号
```

其中，name 为用圆括号表示的字典对象的键，width 指定数字宽度，precision 指定数字小数位数，flags 为转换旗标，可使用下列符号。

- “+”：在数字前面添加正号（+）或负号（-）。
- “-”：在指定数字宽度时，数字位数小于宽度，将数字左对齐，末尾填充空格。
- “0”：在指定数字宽度时，数字位数小于宽度，在数字前填充 0。与“+”或“-”同时使用时，旗标“0”不起作用。
- “ ”：空格，在正数前添加一个空格表示符号位。

（1）转换符号“s”与“r”。

转换符号“s”用于将参数用 str()函数转换为字符串，转换符号“r”用于将参数用 repr()函数转换为字符串，示例代码如下。

```
>>> '%s %s %s' % (123,1.23,'abc')        #用“s”格式化整数、浮点数和字符串
'123 1.23 abc'
>>> '%r %r %r' % (123,1.23,'abc')        #用“r”格式化整数、浮点数和字符串，注意格式化字符串的不同结果
"123 1.23 'abc'"
```

（2）转换单个字符。

转换符号“c”用于转换单个字符，参数可以是单个字符或字符的 Unicode 值，示例代码如下。

```
>>> '123%c %c' % ('a',65)
'123a A'
```

（3）整数的左对齐与宽度。

在用 width 指定数字宽度时，若数字位数小于指定宽度，默认在数字左侧填充空格。可用旗标

“0”表示填充 0 而不填充空格。若使用了左对齐旗标，则数字靠左对齐，并在数字后填充空格保证宽度，示例代码如下。

```
>>> '%d %d' % (123,1.56)            #未指定宽度时，数字原样转换，“%d”将浮点数转换为整数
'123 1'
>>> '%6d' % 123                     #指定宽度时，默认填充空格
'   123'
>>> '%-6d' % 123                    #指定宽度，同时左对齐
'123   '
>>> '%06d' % 123                    #指定宽度并填充 0
'000123'
>>> '%-06d' % 123                   #使用左对齐并填充 0，此时填充 0 无效，改为填充空格
'123   '
>>> '%+6d %+6d' % (123,-123)        #用加号表示显示正负号，默认填充空格
'  +123   -123'
>>> '%+06d %+06d' % (123,-123)      #用加号表示显示正负号，填充 0
'+00123 -00123'
```

（4）将整数转换为八进制或十六进制数。

转换符号“o”表示将整数转换为八进制数，“x”和“X”表示将整数转换为十六进制数，示例代码如下。

```
>>> '%o %o' % (100,-100)            #按默认格式将整数转换为八进制数
'144 -144'
>>> '%8o %8o' % (100,-100)          #指定宽度
'     144     -144'
>>> '%08o %08o' % (100,-100)        #指定宽度并填充 0
'00000144 -0000144'
>>> '%x %X' % (445,-445)            #按默认格式将整数转换为十六进制数
'1bd -1BD'
>>> '%8x %8X' % (445,-445)          #指定宽度
'     1bd     -1BD'
>>> '%08x %08X' % (445,-445)        #指定宽度并填充 0
'000001bd -00001BD'
```

（5）转换浮点数。

在转换浮点数时，“%e”和“%E”、“%f”和“%F”、“%g”和“%G”的使用略有不同，示例代码如下。

```
>>> x=12.3456789
>>> '%e %f %g' % (x,x,x)
'1.234568e+01 12.345679 12.3457'
>>> '%E %F %G' % (x,x,x)            #注意“%e”和“%E”、“%g”和“%G”的大小写区别
'1.234568E+01 12.345679 12.3457'
>>> x=1.234e10
>>> '%e %f %g' % (x,x,x)
'1.234000e+10 12340000000.000000 1.234e+10'
>>> '%E %F %G' % (x,x,x)
'1.234000E+10 12340000000.000000 1.234E+10'
```

可以为浮点数指定左对齐、填充 0、添加正负号、指定宽度和小数位数等，示例代码如下。

```
>>> x=12.3456789
>>> '%8.2f %-8.2f %+8.2f %08.2f' % (x,x,x,x)
'   12.35 12.35      +12.35 00012.35'
```

（6）转换字典对象。

在格式化字典对象时，在格式标记符中用键指定对应的字典项，示例代码如下。

```
>>> '%(name)s is %(age)d years old' % {'name':'Tome','age':25}
'Tome is 25 years old'
```

2. 使用 format()方法格式化字符串

format()方法基本语法格式如下。

```
格式字符串.format(*args, **kwargs)
```

格式字符串包含以花括号{}括起来的“替换字段”，不在花括号内的内容不做替换。替换字段被各个参数替换。*args 表示常量、变量或表达式等参数，这些参数按位置插入替换字段，参数的位置依次为 0、1、2……。**kwargs 表示关键字参数，如 fill='*'、key=100 等。

（1）替换字段的基本格式。

替换字段有以下 3 种基本格式。

- {}：按位置顺序依次替换。
- {n}：用指定位置的参数替换。
- {key}：用指定关键字的值替换。

示例代码如下。

```
>>> 'a={} b={} c={}'.format(1,2,3)                    #按位置顺序依次替换
'a=1 b=2 c=3'
>>> 'a={1} b={2} c={0}'.format(1,2,3)                 #用指定位置的参数替换
'a=2 b=3 c=1'
>>> 'a={ka} b={kb} c={kc}'.format(kb=1,ka=2,kc=3) #指定关键字的值替换
'a=2 b=1 c=3'
```

（2）格式字符串语法。

在替换字段中，格式字符串语法可以用来定义转换格式。格式字符串语法基本语法格式如下。

```
"{" [field_name] ["!" conversion] [":" format_spec] "}"
```

其中，field_name 为字段名，conversion 为强制类型转换方式，format_spec 为格式规格。

① 关于字段名。

field_name 表示字段名的基本语法格式如下。

```
arg_name ("." attribute_name | "[" element_index "]")
```

其中，arg_name 是参数中的参数位置或者关键字参数的名称。如果参数是一个对象，可用“arg_name.attribute_name”格式访问对象的属性。支持索引操作的对象，则可用“arg_name.[element_index]”格式访问对象成员。示例代码如下。

```
>>> a=5-4j
>>> '复数{0}的实部为{0.real}，虚部为{0.imag}'.format(a)        #访问对象的属性
'复数(5-4j)的实部为 5.0，虚部为-4.0'
```

```
>>> a=(10,20)
>>> '坐标{0}的 X 轴坐标为:{0[0]}，Y 轴坐标为：{0[1]}'.format(a)  #索引对象的成员
'坐标(10, 20)的 X 轴坐标为:10，Y 轴坐标为：20'
```

② 关于强制类型转换方式。

conversion 表示的强制类型转换方式可以是“s”“r”和“a”，用于指定在格式化之前执行的强制转换。转换方式“!s”表示用 str()函数转换，“!r”表示用 repr()函数转换，“!a”表示用 ascii()函数转换。示例代码如下。

```
>>> 'str()转换的字符串不包含引号：{0!s}，repr()转换的字符串包含引号：{0!r}'.format('abc')
"str()转换的字符串不包含引号：abc，repr()转换的字符串包含引号：'abc'"
>>> '“{0}”的 Unicode 编码为：{0!a}'.format('中国')
"“中国”的 Unicode 编码为：'\\u4e2d\\u56fd'"
```

③ 关于格式规格。

format_spec 表示的格式规格的基本语法格式如下。

```
[[fill]align][sign]["z"]["#"][width][grouping_option]["." precision][type]
```

其中的各个选项含义如下。

- fill：填充字符，可以是任意字符，默认为空格。
- align：对齐方式。“<”表示强制字段在可用空间内左对齐（这是大多数对象的默认对齐方式）；“>”表示强制字段在可用空间内右对齐（这是数字的默认对齐方式）；“=”表示强制在符号（如果有）之后数码之前放置填充；“^”表示强制字段在可用空间内居中。
- sign：仅对数字类型有效。“+”表示在数字前添加正数符号“+”或负数符号“-”；“-”表示仅在负数前添加负数符号“-”；“ ”表示在正数上添加空格代替正数符号，在负数前添加负数符号“-”。
- z：用于浮点数类型，将负 0 归一化为正 0。
- #：用于整数、浮点数和复数类型。对于整数类型，当使用二进制、八进制或十六进制输出时，此选项会为输出值分别添加相应的“0b”“0o”“0x”或“0X”前缀。
- width：定义字段的最小宽度，省略时字段宽度由具体内容决定。
- grouping_option：千位分隔符，可以是“_”或“,”。“,”表示使用逗号作为整数的千位分隔符。“_”表示使用下画线作为浮点数或整数的千分位分隔符。对于整数的二进制、八进制和十六进制表示，将为每 4 个数位插入一个下画线。
- "." precision：precision 为一个十进制整数，指定“f”“F”“g”和“G”格式化的数值在小数点后的有效数位。
- type：指定数据转换的类型，可用的转换类型符号如表 3-4 所示。

表 3-4　format()方法的转换类型符号

转换类型符号	说明
s	将参数转换为字符串，默认类型，可以省略
b	将整数转换为二进制格式
c	转换为字符。参数为整数时，将其作为字符的 Unicode 值

续表

转换类型符号	说明
d	将整数转换为十进制格式
o	将整数转换为八进制格式
x	将整数转换为十六进制格式，使用小写字母表示大于 9 的数码，前缀为小写的'0x'
X	将整数转换为十六进制格式，使用大写字母表示大于 9 的数码，前缀为小写的'0X'
n	数字。与“d”类似，不同之处在于它会插入本地化的数字分隔字符
e	科学计数法，默认精度为 6，符号为“e”
E	科学计数法，默认精度为 6，符号为“E”
f	定点小数，默认精度为 6。正负无穷和 nan 都格式化为小写：inf、-inf、nan
F	定点小数，默认精度为 6。正负无穷和 nan 都格式化为大写：NF、-INF、NAN
g	常规格式。对于给定精度 p（p>=1），这会将数值舍入到 p 个有效数位，再将结果以定点表示法或科学计数法进行格式化，具体取决于其值的大小。正负无穷、正负零和 nan 会分别被格式化为 inf、-inf、0、-0 和 nan
G	常规格式。类似于“g”，不同之处在于当数值非常大时会切换为“E”。正负无穷和 nan 会格式化为大写形式
%	按百分比格式显示

示例代码如下。

```
>>> '{:<10}'.format('神舟飞船')                    #左对齐，宽度为 10
'神舟飞船      '
>>> '{:>10}'.format('神舟飞船')                    #右对齐，宽度为 10
'      神舟飞船'
>>> '{:^10}'.format('神舟飞船')                    #居中对齐，宽度为 10
'   神舟飞船   '
>>> '{:*^10}'.format('神舟飞船')                   #居中对齐，宽度为 10，填充星号
'***神舟飞船***'

>>> '{:+d} , {:+d}'.format(123,-123)              #显示数字的符号
'+123 , -123'
>>> '{:-d} , {:-d}'.format(123,-123)              #仅显示负数的符号
'123 , -123'
>>> '{: d} , {: d}'.format(123,-123)              #正数符号用空格代替
' 123 , -123'

>>> '{:.2f} , {:z.2f}'.format(-0.00012,-0.00012)  #负 0 归一化为正 0
'-0.00 , 0.00'

>>> '十进制: {:d}'.format(123)                    #十进制格式
'十进制: 123'
>>> '二进制: {0:b} {0:#b}'.format(123)            #二进制格式
'二进制: 1111011 0b1111011'
>>> '八进制: {0:o} {0:#o}'.format(123)            #八进制格式
```

```
'八进制：173 0o173'
>>> '十六进制：{0:x} {0:#x}'.format(123)              #十六进制格式
'十六进制：7b 0x7b'
>>> '十六进制：{0:X} {0:#X}'.format(123)              #十六进制格式
'十六进制：7B 0X7B'

>>> '{:,}  {:,}'.format(1234567890,1234.56789)     #使用逗号作为整数的千位分隔符
'1,234,567,890  1,234.56789'
>>> '{:_}  {:_}'.format(1234567890,1234.56789)     #使用下画线作为千位分隔符
'1_234_567_890  1_234.56789'

>>> '{0:e} {0:E} {0:.2e} {0:.2E}'.format(12.456)   #科学计数法格式
'1.245600e+01 1.245600E+01 1.25e+01 1.25E+01'
>>> '{0:f} {0:F} {0:.2f} {0:.2F}'.format(123.456)  #定点小数格式
'123.456000 123.456000 123.46 123.46'
>>> '{0:g} {0:G} {0:.2g} {0:.2G}'.format(123.456)  #定点小数或者指数格式
'123.456 123.456 1.2e+02 1.2E+02'

>>> '{:%} {:.2%} '.format(0.12,0.12)                #百分比格式
'12.000000% 12.00% '
```

3. 使用 f 字符串格式化字符串

Python 3.6 引入了“格式化字符串字面量”，简称为“f 字符串”。在字符串的前面使用前缀“f”或“F”表示 f 字符串。

与 format()方法类似，f 字符串用花括号{}定义“替换字段”。f 字符串比 format()方法更简洁，而且可以使用表达式。示例代码如下。

```
>>> a,b=1,2
>>> f'a={a},b={b},a+b={a+b}'
'a=1,b=2,a+b=3'
```

在 f 字符串的替换字段中，可以在变量或表达式之后添加“:format_spec”形式的格式规格，其用法和 format()方法基本相同。

示例代码如下。

```
>>> a='神舟飞船'
>>> f'{a:<10}'                              #左对齐，宽度为 10
'神舟飞船      '
>>> f'{a:>10}'                              #右对齐，宽度为 10
'      神舟飞船'
>>> f'{a:^10}'                              #居中对齐，宽度为 10
'   神舟飞船   '
>>> f'{a:*^10}'                             #居中对齐，宽度为 10，填充星号
'***神舟飞船***'

>>> a,b=123,-123
>>> f'{a:+d} , {b:+d}'                      #显示数字的符号
'+123 , -123'
>>> f'{a:-d} , {b:-d}'                      #仅显示负数的符号
'123 , -123'
```

```
>>> f'{a: d} , {b: d}'                               #正数符号用空格代替
' 123 , -123'

>>> a=-0.00012
>>> f'{a:.2f} , {a:z.2f}'                            #负 0 归一化为正 0
'-0.00 , 0.00'

>>> a=123
>>> f'十进制: {a:d}'                                  #十进制格式
'十进制: 123'
>>> f'二进制: {a:b} {a:#b}'                           #二进制格式
'二进制: 1111011 0b1111011'
>>> f'八进制: {a:o} {a:#o}                            '#八进制格式
'八进制: 173 0o173'
>>> f'十六进制: {a:x} {a:#x}'                         #十六进制格式
'十六进制: 7b 0x7b'
>>> f'十六进制: {a:X} {a:#X}'                         #十六进制格式
'十六进制: 7B 0X7B'

>>> a,b=1234567890,1234.56789
>>> f'{a:,}  {b:,}'                                  #使用逗号作为整数的千位分隔符
'1,234,567,890  1,234.56789'
>>> f'{a:_}  {b:_}'                                  #使用下画线作为千位分隔符
'1_234_567_890  1_234.56789'

>>> a=123.456
>>> f'{a:e} {a:E} {a:.2e} {a:.2E}'                   #科学计数法格式
'1.234560e+02 1.234560E+02 1.23e+02 1.23E+02'
>>> f'{a:f} {a:F} {a:.2f} {a:.2F}'                   #定点小数格式
'123.456000 123.456000 123.46 123.46'
>>> f'{a:g} {a:G} {a:.2g} {a:.2G}'                   #定点小数或者指数格式
'123.456 123.456 1.2e+02 1.2E+02'

>>> a=.12
>>> f'{a:%} {a:.2%} '                                #百分比格式
'12.000000% 12.00% '
```

3.3.9 字节串

3.3.9 字节串

bytes 对象是一个不可变的字节对象序列，是一种特殊的字符串——称为 bytes 字符串或字节串。字节串用前缀“b”或“B”表示，示例代码如下。

- 单引号：b'a'、b'123'、B'abc'。
- 双引号：b"a"、b"123"、B"abc"。
- 三重单引号或双引号：b'''Python code'''、B"""Python string"""。

字节串只能包含 ASCII（American Standard Code for Information Interchange，美国信息交换标准代码）字符，示例代码如下。

```
>>> x=b'abc'
>>> x
```

```
b'abc'
>>> type(x)                    #查看字节串类型
<class 'bytes'>
>>> b'汉字 anc'                #在字节串中使用非 ASCII 字符时出错
SyntaxError: bytes can only contain ASCII literal characters.
```

字节串支持本单元介绍的各种字符串操作。字节串操作与字符串操作的不同之处在于，当使用索引时，字节串返回对应字符的 ASCII 码，示例代码如下。

```
>>> x=b'abc'
>>> x[0]                       #返回字符 a 的 ASCII 值：97
97
```

可将字节串转换为十六进制表示的 ASCII 字符串，示例代码如下。

```
>>> b'abc'.hex()
'616263'
```

【综合实例】测试各种数字运算

综合实例 测试各种数字运算

创建一个 Python 程序，输入两个整数，执行各种数字运算，具体操作步骤如下。

（1）启动 IDLE。

（2）在 IDLE 交互环境中选择“File\New File”命令，打开 IDLE 代码编辑窗口。

（3）在 IDLE 代码编辑窗口中输入下面的代码。

```
#输入两个整数，用不同的转换方法
a=eval(input('请输入第 1 个整数：'))
b=int(input('请输入第 2 个整数：'))
#将 a 格式化为浮点数输出
print('float(%s)=' % a,float(a))
print('格式化为浮点数：%e，%f' % (a,b))
print('complex(%s,%s)=' % (a,b),complex(a,b))          #创建复数输出
from fractions import Fraction                          #导入分数构造函数
print('Fraction(%s,%s)=' % (a,b),Fraction(a,b))        #创建分数输出

#执行各种数字运算
print('幂运算：%s**%s=' % (a,b),a**b)
print('按位取反：~%s=%s  ~%s=%s' % (a,~a,b,~b))
print('加法运算：%s+%s=' % (a,b),a+b)
print('减法运算：%s-%s=' % (a,b),a-b)
print('乘法运算：%s*%s=' % (a,b),a*b)
print('/除法运算：%s/%s=' % (a,b),a/b)
print('/除法运算：%s/%s=' % (float(a),b),float(a)/b)
print('//除法运算：%s//%s=' % (a,b),a//b)
print('//除法运算：%s//%s=' % (float(a),b),float(a)//b)

#将 a 转换为二进制数、八进制数和十六进制数
print('转换为二进制：bin(%s)=' % a,bin(a))
```

```
print('转换为八进制：oct(%s)=' % a,oct(a))
print('转换为十六进制：hex(%s)=' % a,hex(a))
#构造字符串
print('str(%s)*%s='%(a,b),str(a)*b)
```

（4）按【Ctrl+S】组合键保存程序文件，将文件命名为“test3_3.py”。

（5）按【F5】键运行程序，程序运行结果如下。

```
请输入第 1 个整数：10
请输入第 2 个整数：5
float(10)= 10.0
格式化为浮点数：1.000000e+01，5.000000
complex(10,5)= (10+5j)
Fraction(10,5)= 2
幂运算：10**5= 100000
按位取反：~10=-11  ~5=-6
加法运算：10+5= 15
减法运算：10-5= 5
乘法运算：10*5= 50
/除法运算：10/5= 2.0
/除法运算：10.0/5= 2.0
//除法运算：10//5= 2
//除法运算：10.0//5= 2.0
转换为二进制：bin(10)= 0b1010
转换为八进制：oct(10)= 0o12
转换为十六进制：hex(10)= 0xa
str(10)*5= 1010101010
```

小　结

本单元主要介绍了 Python 的基本数据类型：数字类型和字符串类型。数字类型包括整数类型、浮点数类型、复数类型、小数类型和分数类型。数字类型支持各种数字运算，如加法、减法、乘法、除法等。在执行数字运算时，应注意运算符的优先级以及数字间的类型转换。字符串类型主要介绍了字符串操作符、索引、切片、迭代、处理函数、处理方法和格式化等内容。

在 Python 3 中，所有的数据类型均采用类（Class）来实现，所有数据都是对象。int()、float()和 str()等函数都通过调用类对象来创建相应的实例对象。

【拓展阅读】了解《数据安全法》

数据处理（包括数据的收集、存储、使用、加工、传输、提供、公开等）是计算机程序的主要功能之一。为了规范数据处理，保障数据安全，促进数据开发、利用，保护个人、组织的合法权益，维护国家主权、安全和发展利益，我国制定了《中华人民共和国数据安全法》（简称《数据安全法》），该法规自 2021 年 9 月 1 日起施行。读者可扫描右侧二维码了解该法规详情。

了解《数据安全法》

【技能拓展】利用文心一言生成代码

大语言模型可以根据用户需要生成代码。可以尝试使用要求文心一言生成一段 Python 代码：生成 10 个 2 位的随机整数，并按照从小到大的顺序输出。文心一言的生成结果如图 3-1 所示。

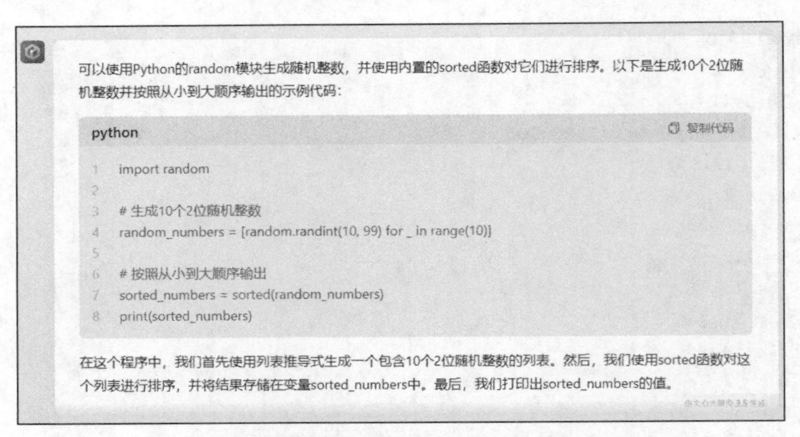

图 3-1　使用文心一言生成 Python 代码

实测生成的代码，程序运行结果如下。

```
[24, 39, 41, 63, 63, 71, 71, 80, 83, 89]
```

可以看到，文心一言不仅生成了满足要求的代码，还为代码添加了详细的注释，解释了程序实现的基本步骤。

习　题

一、单项选择题

1. 下列选项中不是有效整数的是（　　）。

   A. 123　　B. 0b123　　C. 0O123　　D. 0X123

2. 下列选项中不是有效常量的是（　　）。

   A. 0xabc　　B. true　　C. 2−3j　　D. 1.2E−5

3. 表达式“5%−2.0”的计算结果为（　　）。

   A. 1　　B. −1　　C. 1.0　　D. −1.0

4. 执行下面的语句后，输出结果为（　　）。

```
x='abcdef'
print(x[2:3])
```

   A. b　　B. c　　C. bc　　D. cd

5. 表达式“2+6/3+True”的计算结果的数据类型为（　　）。

   A. int　　B. bool　　C. float　　D. Decimal

二、编程题

1. 摄氏温度和华氏温度的转换公式为：摄氏温度=(华氏温度−32)/1.8。输入一个华氏温度，将其转换为摄氏温度并输出。

2. 计算图 3-2 所示的圆环面积。半径 R_1 和 R_2 从键盘输入。

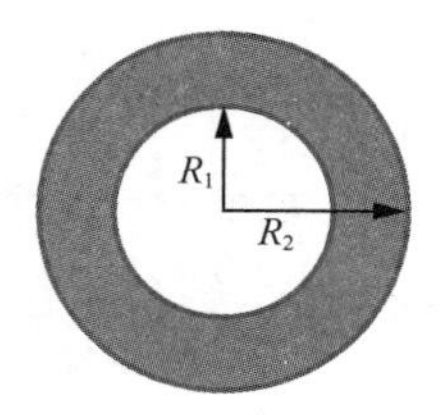

图 3-2　计算圆环面积

3. 输入梯形的上底、下底和高，计算梯形面积。

4. 输入某个字符，输出其 Unicode 值，同时输出与该字符相邻的两个字符。

5. 输入一个 3 位整数，分别输出其个位、十位和百位数字。

单元 4 组合数据类型

在 Python 中，数字类型和字符串类型属于简单数据类型。集合（set）、列表（list）、元组（tuple）、字典（dict）等均属于组合数据类型。组合数据类型的对象是一个数据的容器，可以包含多个有序或无序的数据项。

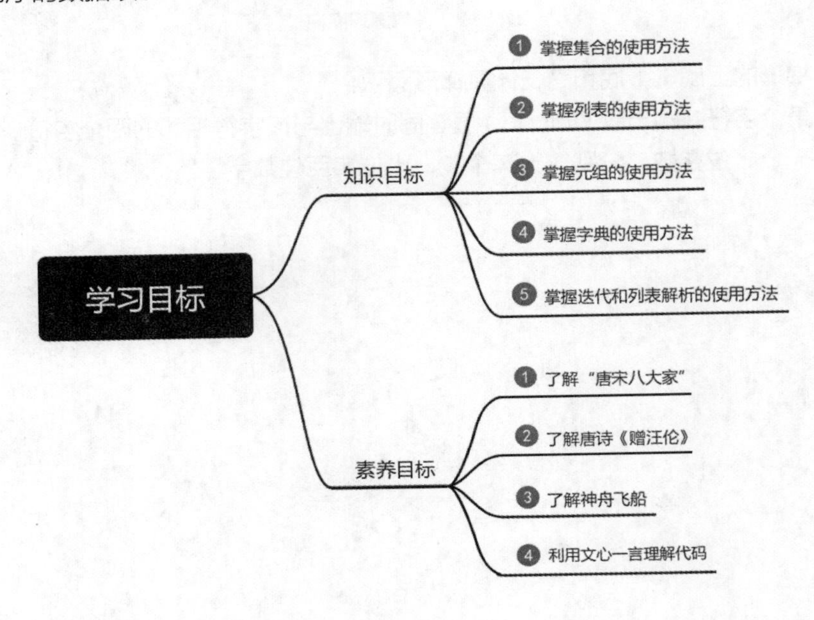

【任务 4-1】 利用集合删除重复值

【任务目标】

从键盘输入多个数，删除重复值后输出，程序运行结果如下。

```
请输入多个数(用英文逗号分隔): 1,1,2,2,3,3,4,4,5,5
无重复的数据: 1 2 3 4 5
```

任务 4-1

【任务实施】

（1）启动 IDLE。

（2）在 IDLE 交互环境中选择"File\New File"命令，打开 IDLE 代码编辑窗口。

（3）在 IDLE 代码编辑窗口中输入下面的代码。

```
a=input('请输入多个数(用英文逗号分隔): ')
b=eval('{'+a+'}')                              #将输入数据转换为集合
print('无重复的数据: ',end='')
for c in b:
    print(c,end=' ')
```

（4）按【Ctrl+S】组合键保存程序文件，将文件命名为“test4_01.py”。

（5）按【F5】键运行程序，观察输出结果。

【知识点】

4.1 集合

Python 中的集合主要用于保存不重复的元素。Python 中有 set（集合）和 frozenset（冻结集合）两种集合类型，后者在本书中不做介绍。本书中提及的“集合”主要指 set 类型的集合。

集合中的元素具有唯一、无序和不可改变等特点。集合支持数学理论中的各种集合运算。

4.1.1　创建集合对象

4.1.1 创建集合对象

集合对象可用花括号{}表示，其中的元素使用逗号分隔。也可以用内置的 set()函数创建集合对象。示例代码如下。

```
>>> x={1,2,3}                          #直接使用集合常量
>>> x
{1, 2, 3}
>>> type(x)                            #获取集合对象的类型名称
<class 'set'>
>>> set({1,2,3})                       #用集合常量作参数创建集合对象
{1, 2, 3}
>>> set([1,2,3])                       #用列表常量作参数创建集合对象
{1, 2, 3}
>>> set('123abc')                      #用字符串常量作参数创建集合对象
{'a', '3', 'b', 'c', '2', '1'}
>>> set()                              #创建空集合
set()
>>> type({})                           #{}表示空字典对象
<class 'dict'>
```

set()函数的参数为可迭代对象，如列表、字符串等。无参数时，set()函数创建一个空集合对象。空集合对象用 set()表示，空字典对象用{}表示。

集合中的元素不允许有重复值，在创建集合对象时，Python 会自动删除重复值，示例代码如下。

```
>>> {1,1,2,2}
{1, 2}
>>> set([1,1,2,2])
{1, 2}
```

Python 3.0 还引入了集合解析构造方法，示例代码如下。

```
>>> {x for x in [1,2,3,4]}      #用 for 循环迭代可迭代对象来创建集合
{1, 2, 3, 4}
>>> {x for x in 'abcd'}
{'c', 'a', 'b', 'd'}
>>> {x ** 2 for x in [1,2,3,4]}
{16, 1, 4, 9}
>>> {x * 2 for x in 'abcd'}
{'aa', 'bb', 'cc', 'dd'}
```

4.1.2 集合运算

4.1.2 集合运算

集合对象支持求长度、判断包含、求差集、求并集、求交集、求对称差和比较等运算，示例代码如下。

```
>>> x={1,2,'a','bc'}
>>> y={1,'a',5}
>>> len(x)                  #求长度：计算集合中元素的个数
4
>>> 'a' in x                #判断包含：判断集合是否包含数据
True
>>> x - y                   #求差集：用属于 x 但不属于 y 的元素创建新集合
{2, 'bc'}
>>> x | y                   #求并集：用 x、y 两个集合中的所有元素创建新集合
{1, 2, 'a', 'bc', 5}
>>> x & y                   #求交集：用同时属于 x 和 y 的元素创建新集合
{1, 'a'}
>>> x ^ y                   #求对称差：用属于 x 但不属于 y 以及属于 y 但不属于 x 的元素创建新集合
{2, 5, 'bc'}
>>> x < y                   #比较：判断子集和超集的关系，当 x 是 y 的子集时返回 True，否则返回 False
False
>>> {1,2}<x
True
```

4.1.3 集合基本操作

4.1.3 集合基本操作

集合对象支持复制、添加和删除操作，集合元素不支持索引和修改操作，示例代码如下。

```
>>> x={1,2}
>>> y=x.copy()              #复制集合对象
>>> y
{1, 2}
>>> x.add('abc')            #为集合添加一个元素
>>> x
{1, 2, 'abc'}
>>> x.update({10,20})       #为集合添加多个元素
>>> x
{1, 2, 10, 20, 'abc'}
```

```
>>> x.remove(10)                #从集合中删除指定元素
>>> x
{1, 2, 20, 'abc'}
>>> x.remove(50)                #删除集合中不存在的元素时会发生异常
Traceback (most recent call last):
  File "<stdin>", line 1, in <module>
KeyError: 50
>>> x.discard(20)               #从集合中删除指定元素
>>> x
{1, 2, 'abc'}
>>> x.discard(50)               #删除集合中不存在的元素时不发生异常
>>> x.pop()                     #从集合中随机删除一个元素，并返回该元素
1
>>> x
{2, 'abc'}
>>> x.clear()                   #删除集合中的全部元素
>>> x
set()
>>> x={1,2}
>>> x[1]                        #试图索引集合元素，发生异常
Traceback (most recent call last):
  File "<stdin>", line 1, in <module>
TypeError: 'set' object is not subscriptable
```

集合可用 for 循环执行迭代操作，示例代码如下。

```
>>> x={1,2,3}
>>> for a in x:print(a)
…
1
2
3
```

集合中的元素是不可改变的，因此不能将可变对象加入集合。集合对象、列表对象和字典对象均是可变对象，所以不能加入集合。元组是不可变对象，可以作为一个元素加入集合，示例代码如下。

```
>>> x={1,2}
>>> x
{1, 2}
>>> x.add({1})                  #不能将集合对象加入集合
Traceback (most recent call last):
  File "<pyshell#25>", line 1, in <module>
    x.add({1})
TypeError: unhashable type: 'set'

>>> x.add([1,2,3])              #不能将列表对象加入集合
Traceback (most recent call last):
  File "<pyshell#28>", line 1, in <module>
    x.add([1,2,3]
TypeError: unhashable type: 'list'
```

```
>>> x.add({'Mon':1})                    #不能将字典对象加入集合
Traceback (most recent call last):
  File "<pyshell#29>", line 1, in <module>
    x.add({'Mon':1})
TypeError: unhashable type: 'dict'

>>> x.add((1,2,3))                      #可以将元组加入集合
>>> x
{1, 2, (1, 2, 3)}
```

【任务 4-2】 “唐宋八大家”人名排序

【任务目标】

唐代的韩愈、柳宗元和宋代的苏洵、苏轼、苏辙、欧阳修、王安石、曾巩并称“唐宋八大家”，将这 8 人姓名按汉语拼音排序，并分别按从前到后和从后到前的顺序输出，程序运行结果如下。

任务 4-2

```
排序前：韩愈	柳宗元	苏洵	苏轼	苏辙	欧阳修	王安石	曾巩
从前到后：韩愈	柳宗元	欧阳修	苏轼	苏洵	苏辙	王安石	曾巩
从后到前：曾巩	王安石	苏辙	苏洵	苏轼	欧阳修	柳宗元	韩愈
```

【任务实施】

（1）启动 IDLE。

（2）在 IDLE 交互环境中选择“File\New File”命令，打开 IDLE 代码编辑窗口。

（3）在 IDLE 代码编辑窗口中输入下面的代码。

```
a=[['韩愈', 'hanyu'], ['柳宗元', 'liuzongyuan'], ['苏洵', 'suxun'],
   ['苏轼', 'sushi'], ['苏辙', 'suzhe'], ['欧阳修', 'ouyangxiu'],
   ['王安石', 'wanganshi'], ['曾巩', 'zenggong']]
def getv(item):
    return item[1]      #返回子列表项中的拼音用于排序
print('  排序前：',end='')
for c in a:
    print(c[0],end='\t')
a.sort(key=getv)
print('\n 从前到后：',end='')
for c in a:
    print(c[0],end='\t')
a.sort(key=getv,reverse=True)
print('\n 从后到前：',end='')
for c in a:
    print(c[0],end='\t')
```

（4）按【Ctrl+S】组合键保存程序文件，将文件命名为“test4_02.py”。

（5）按【F5】键运行程序，观察输出结果。

【知识点】

4.2 列表

Python 将可通过位置进行索引的有限有序集称为序列。序列可分为可变序列和不可变序列。可变序列对象在创建后可以改变，不可变序列在对象创建后不能改变。字符串、字节串和元组属于不可变序列，列表和字节数组属于可变序列。序列支持索引、切片和合并等操作。

列表常量用方括号表示，例如[1,2,'abc']。列表的主要特点如下。

- 列表可以包含任意类型的对象：数字、字符串、列表、元组或其他对象。
- 列表是一个有序序列。与字符串类似，列表可通过位置执行索引和切片操作。
- 列表是可变的。列表长度可变，即可添加或删除列表元素。列表元素的值也可以改变。
- 每个列表元素存储的都是对象的引用，而不是对象本身，类似于 C/C++ 的指针数组。

4.2.1 列表基本操作

4.2.1 列表基本操作

列表基本操作包括：创建列表、求列表长度、合并列表、创建包含重复元素的列表、迭代列表、关系判断、列表索引和列表切片等。

1. 创建列表

列表对象可以用列表常量或 list()函数来创建，示例代码如下。

```
>>> []                                  #创建空列表对象
[]
>>> list()                              #创建空列表对象
[]
>>> [1,2,3]                             #用同类型的数据创建列表对象
[1, 2, 3]
>>> [1,2,('a','abc'),[12,34]]           #用不同类型的数据创建列表对象
[1, 2, ('a', 'abc'), [12, 34]]
>>> list('abcd')                        #用可迭代对象创建列表对象
['a', 'b', 'c', 'd']
>>> list(range(-2,3))                   #用连续整数创建列表对象
[-2, -1, 0, 1, 2]
>>> list((1,2,3))                       #用元组创建列表对象
[1, 2, 3]
>>> [x+10 for x in range(5)]            #用解析结构创建列表对象
[10, 11, 12, 13, 14]
```

2. 求列表长度

可用 len()函数获得列表长度，示例代码如下。

```
>>> len([])
0
```

```
>>> len( [ 1, 2, ('a', 'abc'), [3, 4] ])
4
```

3. 合并列表

加法运算可用于合并列表，示例代码如下。

```
>>> [1,2]+['abc',20]
[1, 2, 'abc', 20]
```

4. 创建包含重复元素的列表

乘法运算可用于创建包含重复元素的列表，示例代码如下。

```
>>> [1,2]*3
[1, 2, 1, 2, 1, 2]
>>> [None]*5                    #创建一个长度为 5 的列表，各个元素值为 None
[None, None, None, None, None]
```

5. 迭代列表

迭代操作可用于遍历列表元素，示例代码如下。

```
>>> x=[1,2,('a','abc'),[12,34]]
>>> for a in x:print(a)
…
1
2
('a', 'abc')
[12, 34]
```

6. 关系判断

可用 in 操作符判断对象是否属于列表，示例代码如下。

```
>>> 2 in [1,2,3]
True
>>> 'a' in [1,2,3]
False
```

7. 列表索引

与字符串类似，可通过位置来索引列表元素，也可通过索引来修改列表元素，示例代码如下。

```
>>> x=[1,2,['a','b']]
>>> x[0]                    #输出列表的第 1 个元素
1
>>> x[2]                    #输出列表的第 3 个元素
['a', 'b']
>>> x[-1]                   #输出列表最后一个元素
['a', 'b']
>>> x[2]=100                #修改列表的第 3 个元素
>>> x
[1, 2, 100]
```

8. 列表切片

与字符串类似，可以通过切片来获得列表中的连续多个元素，也可以通过切片将连续多个元素替换成新的元素，示例代码如下。

```
>>> x=list(range(10))          #创建列表对象
>>> x
[0, 1, 2, 3, 4, 5, 6, 7, 8, 9]

>>> x[2:5]                     #依次返回列表中位置为 2、3、4 的元素
[2, 3, 4]

>>> x[2:]                      #依次返回列表中位置 2 开始到列表末尾的元素
[2, 3, 4, 5, 6, 7, 8, 9]

>>> x[:5]                      #依次返回列表开头到位置为 4 的元素
[0, 1, 2, 3, 4]

>>> x[3:8:2]                   #步长为 2，依次返回列表中位置为 3、5、7 的元素
[3, 5, 7]

>>> x[3:8:-2]                  #步长为-2，一开始 3 就小于 10，切片操作结束，返回一个空列表
[]
>>> x[8:3:-2]                  #步长为-2，依次返回位置为 8、6、4 的元素
[8, 6, 4]

>>> x[2:5]='abc'               #依次用字符串中的 3 个字符替换位置为 2、3、4 的元素
>>> x
[0, 1, 'a', 'b', 'c', 5, 6, 7, 8, 9]

>>> x[2:5]=[10,20]             #将列表中位置为 2、3、4 的 3 个元素替换为提供的 2 个元素
>>> x
[0, 1, 10, 20, 5, 6, 7, 8, 9]
```

4.2.2 常用列表方法

4.2.2 常用列表方法

Python 为列表对象提供了一系列处理方法，如添加元素、删除元素和排序等。

1. 添加一个元素

append()方法用于在列表末尾添加一个元素，示例代码如下。

```
>>> x=[1,2]
>>> x.append('abc')
>>> x
[1, 2, 'abc']
```

2. 添加多个元素

extend()方法用于在列表末尾添加多个元素，参数为可迭代对象，示例代码如下。

```
>>> x=[1,2]
>>> x.extend(['a','b'])        #用列表对象作参数
>>> x
[1, 2, 'a', 'b']
>>> x.extend('abc')            #用字符串作参数时，将每个字符作为一个元素
```

```
>>> x
[1, 2, 'a', 'b', 'a', 'b', 'c']
```

3. 插入元素

insert()方法用于在指定位置插入元素，示例代码如下。

```
>>> x=[1,2,3]
>>> x.insert(1,'abc')             #在位置 1 插入字符串“abc”，原来的元素依次后移
>>> x
[1, 'abc', 2, 3]
```

4. 按值删除元素

remove()方法用于按值删除列表中的指定元素。如果有重复元素，则删除第 1 个，示例代码如下。

```
>>> x=[1,2,2,3]
>>> x.remove(2)
>>> x
[1, 2, 3]
```

5. 按位置删除元素

pop()方法用于删除列表中指定位置的元素，省略位置时删除列表的最后一个元素，同时返回被删除的元素，示例代码如下。

```
>>> x=[1,2,3,4]
>>> x.pop()                        #删除并返回最后一个元素
4
>>> x
[1, 2, 3]
>>> x.pop(1)                       #删除并返回位置为 1 的元素
2
>>> x
[1, 3]
```

6. 用 del 语句删除元素或切片

可用 del 语句删除列表中的指定元素或切片，示例代码如下。

```
>>> x=[1,2,3,4,5,6]
>>> del x[0]                       #删除第 1 个元素
>>> x
[2, 3, 4, 5, 6]
>>> del x[2:4]                     #删除位置为 2、3 的元素
>>> x
[2, 3, 6]
```

7. 删除全部元素

clear()方法可删除列表中的全部元素，示例代码如下。

```
>>> x=[1,2,3]
>>> x.clear()
>>> x
[]
```

8. 复制列表

copy()方法可以通过复制列表对象来创建一个新的列表，示例代码如下。

```
>>> x=[1,2,3]
>>> y=x.copy()
>>> y
[1, 2, 3]
>>> >>> x is y                          #结果为 False，说明 x 和 y 引用的是不同的对象
False
```

9. 列表排序

sort()方法可将列表排序。若列表对象全部是数字，则将数字从小到大排序；若列表对象全部是字符串，则将字符串按字典顺序排序；若列表对象包含多种类型，则排序会发生异常，示例代码如下。

```
>>> x=[10,2,30,5]
>>> x.sort()                            #对数字列表排序
>>> x
[2, 5, 10, 30]

>>> x=['bbc', 'abc', 'BBC', 'Abc']
>>> x.sort()                            #对字符串列表排序
>>> x
['Abc', 'BBC', 'abc', 'bbc']

>>> x=[1,5,3,'bbc','abc','BBC']
>>> x.sort()                            #对混合类型列表排序时发生异常
Traceback (most recent call last):
  File "<pyshell#115>", line 1, in <module>
    x.sort()
TypeError: unorderable types: str() < int()
```

sort()方法通过按顺序使用“<”运算符比较列表元素实现排序，它还支持自定义排序。可用 key 参数指定一个函数，sort()方法将列表元素作为参数调用该函数，用函数的返回值代替列表元素完成排序，示例代码如下。

```
>>> def getv(a):                        #返回参数中位置为 1 的项用于排序
...   return a[1]
...
>>> x=[['张三',20],['李四',18],['王五',30]]
>>> x.sort(key=getv)                    #按年龄从小到大排序
>>> x
[['李四', 18], ['张三', 20], ['王五', 30]]
```

sort()方法默认从小到大排序，将 reverse 参数设置为 True 可按从大到小排序，示例代码如下。

```
>>> b=[12,5,9,8]
>>> b.sort(reverse=True)                #从大到小排序
>>> b
[12, 9, 8, 5]
>>> x.sort(key=getv,reverse=True)       #按年龄从大到小排序
>>> x
[['王五', 30], ['张三', 20], ['李四', 18]]
```

10. 反转顺序

可用 reverse()方法反转列表元素的顺序，示例代码如下。

```
>>> x=[1,2,3]
>>> x.reverse()
>>> x
[3, 2, 1]
```

【任务 4-3】 使用元组保存“蛟龙号”深潜纪录

【任务目标】

任务 4-3

2012 年，蛟龙号载人潜水器进行 7000 米级海试，刷新了多个“中国深度”新纪录：6 月 15 日，6671 米；6 月 19 日，6965 米；6 月 22 日，6963 米；6 月 24 日，7020 米；6 月 27 日，7062 米（摘自百度百科：蛟龙号载人潜水器）。

使用元组保存“蛟龙号”深潜纪录并输出，程序运行结果如下。

```
“蛟龙号”深潜纪录:
2012-06-15 6671 米
2012-06-19 6965 米
2012-06-22 6963 米
2012-06-24 7020 米
2012-06-27 7062 米
```

【任务实施】

（1）启动 IDLE。

（2）在 IDLE 交互环境中选择“File\New File”命令，打开 IDLE 代码编辑窗口。

（3）在 IDLE 代码编辑窗口中输入下面的代码。

```
a=(('2012-06-15', 6671), ('2012-06-19', 6965), ('2012-06-22',6963),
   ('2012-06-24', 7020), ('2012-06-27', 7062))
print('“蛟龙号”深潜纪录：')
for c in a:
    print(c[0],c[1],'米')
```

（4）按【Ctrl+S】组合键保存程序文件，将文件命名为“test4_03.py”。

（5）按【F5】键运行程序，观察输出结果。

【知识点】

4.3 元组

元组可以看作不可变的列表，它具有列表的大多数特点。元组常量用圆括号表示，例如(1,2)、

('a','b','abc')。

元组的主要特点如下。

- 元组可包含任意类型的对象。
- 元组是有序的。元组中的对象可通过位置进行索引和切片。
- 元组长度不能改变，既不能为元组添加对象，也不能删除元组中的对象。
- 元组只能包含不可变对象。
- 元组中存储的是对象的引用，而不是对象本身。

4.3.1 元组基本操作

4.3.1 元组基本操作

元组基本操作包括：创建元组、求元组长度、合并元组、创建包含重复元素的元组、迭代元组、关系判断、索引和切片等。

1. 创建元组

可用元组常量或 tuple()方法来创建元组对象，示例代码如下。

```
>>> ()                                  #创建空元组对象
()
>>> tuple()                             #创建空元组对象
()
>>> (2,)                                #包含一个对象的元组，不能缺少逗号
(2,)
>>> (1,2.5,'abc',[1,2])                 #包含不同类型对象的元组
(1, 2.5, 'abc', [1, 2])
>>> 1,2.5,'abc',[1,2]                   #元组常量可以省略括号
(1, 2.5, 'abc', [1, 2])
>>> (1,2,('a','b'))                     #元组可以嵌套
(1, 2, ('a', 'b'))
>>> tuple('abcd')                       #用字符串创建元组，可迭代对象也可用于创建元组
('a', 'b', 'c', 'd')
>>> tuple([1,2,3])                      #用列表创建元组
(1, 2, 3)
>>> tuple(x*2 for x in range(5))        #用解析结构创建元组
(0, 2, 4, 6, 8)
```

2. 求元组长度

len()函数可用于获取元组长度，示例代码如下。

```
>>> len((1,2,3,4))
4
```

3. 合并元组

加法运算可用于合并多个元组，示例代码如下。

```
>>> (1,2)+('ab','cd')+(2.45,)
(1, 2, 'ab', 'cd', 2.45)
```

4. 创建包含重复元素的元组

乘法运算可用于创建包含重复元素的元组，示例代码如下。

```
>>> (1,2)*3
(1, 2, 1, 2, 1, 2)
```

5. 迭代元组

可用迭代方法遍历元组中的各个对象，示例代码如下。

```
>>> for x in (1,2.5,'abc',[1,2]):print(x)
…
1
2.5
abc
[1, 2]
```

6. 关系判断

in 操作符可用于判断对象是否属于元组，示例代码如下。

```
>>> 2 in (1,2)
True
>>> 5 in (1,2)
False
```

7. 索引和切片

可通过位置对元组对象进行索引和切片，示例代码如下。

```
>>> x=tuple(range(10))
>>> x
(0, 1, 2, 3, 4, 5, 6, 7, 8, 9)
>>> x[1]
1
>>> x[-1]
9
>>> a[1]=10                                    #试图修改元素值，发生异常
Traceback (most recent call last):
  File "<stdin>", line 1, in <module>
TypeError: 'tuple' object does not support item assignment
>>> x[2:5]
(2, 3, 4)
>>> x[2:]
(2, 3, 4, 5, 6, 7, 8, 9)
>>> x[:5]
(0, 1, 2, 3, 4)
>>> x[1:7:2]
(1, 3, 5)
>>> x[7:1:-2]
(7, 5, 3)
```

4.3.2 元组的方法

4.3.2 元组的方法

元组对象支持两个方法：count()和 index()。

1. count()方法

count()方法用于返回指定值在元组中出现的次数，示例代码如下。

```
>>> x=(1,2)*3
>>> x
(1, 2, 1, 2, 1, 2)
>>> x.count(1)                       #返回 1 在元组中出现的次数
3
>>> x.count(3)                       #元组不包含指定值时返回 0
0
```

2. index(value,[start,[end]])方法

index()方法用于在元组中查找指定值。未使用 start 和 end 参数指定范围时，返回指定值在元组中第一次出现的位置；指定范围时，返回指定值在指定范围内第一次出现的位置，示例代码如下。

```
>>> x=(1,2,3)*3
>>> x
(1, 2, 3, 1, 2, 3, 1, 2, 3)
>>> x.index(2)                       #在整个元组中查找 2 的首次出现位置
1
>>> x.index(2,3)                     #从位置 3 到元组末尾的范围内查找 2 的首次出现位置
4
>>> x.index(2,2,7)                   #在位置 2、3、4、5、6 的范围内查找 2 的首次出现位置
4
>>> x.index(5)                       #如果元组不包含指定值则发生异常
Traceback (most recent call last):
  File "<pyshell#171>", line 1, in <module>
    x.index(5)
ValueError: tuple.index(x): x not in tuple
```

【任务 4-4】 使用字典存储神舟飞船信息

【任务目标】

神舟飞船是我国自行研制、具有完全自主知识产权、达到或优于国际第三代载人飞船技术的空间载人飞船。

任务 4-4

从 1999 年的神舟一号成功发射，到 2023 年的神舟十六号成功发射，我国航天工作者创造了一个个举世瞩目的伟大成就。神舟十四号、神舟十五号和神舟十六号飞船的基本信息如下。

- 神舟十四号，发射时间：2022-06-05，返回时间：2022-12-04，航天员：陈冬、刘洋、蔡旭哲。
- 神舟十五号，发射时间： 2022-11-29 ，返回时间： 2023-06-04 ，航天员： 费俊龙、邓清明、张陆。
- 神舟十六号 ，发射时间： 2023-05-30 ，返回时间： 2023-10-31 ，航天员： 景海鹏、朱杨柱、桂海潮。

编写一个程序，使用字典存储这些信息并输出，程序运行结果如下。

```
神舟十四号 ，发射时间： 2022-06-05 ，返回时间： 2022-12-04 ，航天员： 陈冬、刘洋、蔡旭哲
神舟十五号 ，发射时间： 2022-11-29 ，返回时间： 2023-06-04 ，航天员： 费俊龙、邓清明、张陆
神舟十六号 ，发射时间： 2023-05-30 ，返回时间： 2023-10-31 ，航天员： 景海鹏、朱杨柱、桂海潮
```

【任务实施】

（1）启动 IDLE。

（2）在 IDLE 交互环境中选择“File\New File”命令，打开 IDLE 代码编辑窗口。

（3）在 IDLE 代码编辑窗口中输入下面的代码。

```
a = {'神舟十四号': {'发射时间': '2022-06-05', '返回时间': '2022-12-04',
                '航天员': '陈冬、刘洋、蔡旭哲'},
     '神舟十五号': {'发射时间': '2022-11-29', '返回时间': '2023-06-04',
                '航天员': '费俊龙、邓清明、张陆'},
     '神舟十六号': {'发射时间': '2023-05-30', '返回时间': '2023-10-31',
                '航天员': '景海鹏、朱杨柱、桂海潮'}, }
for b in a:
    print(b, '，发射时间：', a[b]['发射时间'], '，返回时间：',
          a[b]['返回时间'], '，航天员：', a[b]['航天员'])
```

（4）按【Ctrl+S】组合键保存程序文件，将文件命名为“test4_04.py”。

（5）按【F5】键运行程序，观察输出结果。

【知识点】

4.4 字典

字典是一种无序的映射集合，包含一系列的键值对。字典常量用花括号表示，例如{'name':'John','age':25,'sex':'male'}。其中字符串“name”“age”和“sex”为键，字符串“John”“male”和数字 25 为值。

字典的主要特点如下。

- 字典的键名称通常采用字符串，也可以采用数字、元组等不可变对象。
- 字典的值可以为任意类型。
- 字典也称为关联数组或散列表，它通过键映射值。字典是无序的，它通过键来访问映射的值，而不是通过位置来索引值。
- 字典属于可变映射，可修改键映射的值。
- 字典长度可变，可为字典添加或删除键值对。
- 字典可以任意嵌套，即键映射的值可以是一个字典。
- 字典存储的是对象的引用，而不是对象本身。

4.4.1 字典基本操作

4.4.1 字典基本操作

字典基本操作包括创建、求长度、关系判断和索引等。

1. 创建字典

可通过多种方法来创建字典，示例代码如下。

```
>>> {}                                                    #创建空字典
{}
>>> dict()                                                #创建空字典
{}
>>> {'name':'John','age':25,'sex':'male'}                 #使用字典常量创建字典
{'sex': 'male', 'age': 25, 'name': 'John'}
>>> {'book':{'Python 编程':100,'C++入门':99}}              #使用嵌套的字典创建字典
{'book': {'C++入门': 99, 'Python 编程': 100}}
>>> {1:'one',2:'two'}                                     #用数字作为键
{1: 'one', 2: 'two'}
>>> {(1,3,5):10,(2,4,6):50}                               #用元组作为键
{(1, 3, 5): 10, (2, 4, 6): 50}
>>> dict(name='Jhon',age=25)                              #使用赋值格式的键值对创建字典
{'age': 25, 'name': 'Jhon'}
>>> dict([('name','Jhon'),('age',25)])                    #使用包含键值对元组的列表创建字典
{'name': 'Jhon', 'age': 25}
>>> dict.fromkeys(['name','age'])                         #创建无映射值的字典，默认的映射值为 None
{'age': None, 'name': None}
>>> dict.fromkeys(['name','age'],0)                       #创建值相同的字典
{'age': 0, 'name': 0}
>>> dict.fromkeys('abc')                                  #使用字符串创建无映射值的字典
{'b': None, 'a': None, 'c': None}
>>> dict.fromkeys('abc',10)                               #使用字符串和映射值创建字典
{'b': 10, 'a': 10, 'c': 10}
>>> dict.fromkeys('abc',(1,2,3))
{'a': (1, 2, 3), 'b': (1, 2, 3), 'c': (1, 2, 3)}
>>> dict(zip(['name','age'],['John',25]))                 #使用 zip()解析键值对列表创建字典
{'age': 25, 'name': 'John'}
>>> x={}                                                  #创建一个空字典
>>> x['name']='John'                                      #通过赋值语句为空字典添加键值对
>>> x['age']=25
>>> x
{'age': 25, 'name': 'John'}
```

2. 求字典长度

len()函数可返回字典长度，即键值对的个数，示例代码如下。

```
>>> len({'name':'John','age':25,'sex':'male'})
3
```

3. 关系判断

in 操作符可用于判断字典是否包含某个键，示例代码如下。

```
>>> 'name' in {'name':'John','age':25,'sex':'male'}
True
>>> 'date' in {'name':'John','age':25,'sex':'male'}
False
```

4. 索引

字典可通过键来索引其映射的值，示例代码如下。

```
>>> x={'book':{'Python 编程':100,'C++入门':99},'publish':'人民邮电出版社'}
>>> x['book']
{'C++入门': 99, 'Python 编程': 100}
>>> x['publish']
'人民邮电出版社'
>>> x['book']['Python 编程']                #用两个键索引嵌套的字典
100
```

可通过索引修改映射值，示例代码如下。

```
>>> x=dict(name='Jhon',age=25)
>>> x
{'age': 25, 'name': 'Jhon'}
>>> x['age']=30                              #修改映射值
>>> x
{'age': 30, 'name': 'Jhon'}
>>> x['phone']='17055233456'                 #为不存在的键赋值，将为字典添加键值对
>>> x
{'phone': '17055233456', 'age': 30, 'name': 'Jhon'}
```

也可通过索引删除键值对，示例代码如下。

```
>>> x={'name':'John','age':25}
>>> del x['name']                            #删除键值对
>>> x
{'age': 25}
```

4.4.2 字典常用方法

4.4.2 字典常用方法

Python 为字典提供了一系列处理方法。

1. clear()

clear()方法用于删除全部字典对象，示例代码如下。

```
>>> x=dict(name='Jhon',age=25)
>>> x.clear()
>>> x
{}
```

2. copy()

copy()方法用于复制字典对象，示例代码如下。

```
>>> x={'name':'John','age':25}
>>> y=x                                      #直接赋值时，x 和 y 引用同一个字典
>>> y
{'name': 'John', 'age': 25}
>>> y['name']='Curry'                        #通过 y 修改字典
>>> x,y                                      #显示结果相同
({'age': 25, 'name': 'Curry'}, {'age': 25, 'name': 'Curry'})
>>> y is x                                   #判断 x 和 y 是否引用相同对象
```

```
True
>>> y=x.copy()                              #y 引用复制的字典
>>> y['name']='Python'                      #此时不影响 x 的引用
>>> x,y
({'age': 25, 'name': 'Curry'}, {'age': 25, 'name': 'Python'})
>>> y is x                                  #判断 x 和 y 是否引用相同对象
False
```

3. get(key[, default])

get()方法用于返回键映射的值。如果键不存在则返回默认值（空值）。可用 default 参数指定键不存在时的返回值，示例代码如下。

```
>>> x={'name':'John','age':25}
>>> x.get('name')                           #返回映射值
'John'
>>> x.get('addr')                           #键不存在返回空值
>>> x.get('addr','xxx')                     #键不存在返回指定值
'xxx'
```

4. pop(key[, default])

pop()方法可以从字典中删除键值对，并返回被删除的映射值。若键不存在，则返回 default。若键不存在且未指定 default 参数，删除键会发生异常，示例代码如下。

```
>>> x={'name':'John','age':25}
>>> x.pop('name')                           #删除键并返回映射值
'John'
>>> x
{'age': 25}
>>> x.pop('sex','xxx')                      #删除不存在的键，返回 default 参数值
'xxx'
>>> x.pop('sex')                            #删除不存在的键，未指定 default 参数，发生异常
Traceback (most recent call last):
  File "<pyshell#252>", line 1, in <module>
    x.pop('sex')
KeyError: 'sex'
```

5. popitem()

popitem()方法从字典中删除键值对，同时返回包含删除的键值对的元组。空字典调用该方法会发生 KeyError 异常，示例代码如下。

```
>>> x={'name':'John','age':25}
>>> x.popitem()                             #删除键值对并返回元组
('age', 25)
>>> x                                       #x 中剩余一个键值对
{'name': 'John'}
>>> x.popitem()                             #删除键值对并返回元组
('name', 'John')
>>> x                                       #x 为空字典
{}
>>> x.popitem()                             #空字典调用该方法发生 KeyError 异常
Traceback (most recent call last):
```

```
  File "<pyshell#3>", line 1, in <module>
    x.popitem()
KeyError: 'popitem(): dictionary is empty'
```

6. setdefault(key[, default])

setdefault()方法用于返回映射值或者为字典添加键值对。指定键在字典中存在时，返回其映射值。若指定键不存在，则将键值对“key:default”添加到字典中。省略 default 时，添加的映射值默认为 None，示例代码如下。

```
>>> x={'name':'John','age':25}
>>> x.setdefault('name')                          #返回指定键的映射值
'John'
>>> x.setdefault('sex')                           #键不存在，为字典添加键值对，映射值默认为 None
>>> x
{'sex': None, 'age': 25, 'name': 'John'}
>>> x.setdefault('phone','123456')                #添加键值对
'123456'
>>> x
{'sex': None, 'phone': '123456', 'age': 25, 'name': 'John'}
```

7. update(other)

update()方法用于为字典修改映射值或添加键值对。参数 other 可以是另一个字典或用赋值格式表示的元组。若字典中已存在同名的键，则该键的映射值被覆盖，示例代码如下。

```
>>> x={'name':'John','age':25}
>>> x.update({'age':30,'sex':'male'})             #添加键值对，并覆盖同名键的映射值
>>> x                                             #键 age 的映射值已被覆盖
{'sex': 'male', 'age': 30, 'name': 'John'}
>>> x.update(name='Mike')                         #覆盖映射值
>>> x
{'sex': 'male', 'age': 30, 'name': 'Mike'}
>>> x.update(code=110,address='NewStreet')        #添加键值对
>>> x
{'sex': 'male', 'address': 'NewStreet', 'age': 30, 'code': 110, 'name': 'Mike'}
```

4.4.3 字典视图

4.4.3 字典视图

items()、keys()和 values()等方法用于返回字典键值对的字典视图。字典视图支持迭代，不支持索引。当字典对象发生改变时，字典视图可实时反映字典对象的改变。可通过 list()方法将字典视图转换为列表。

1. items()

items()方法返回键值对视图，示例代码如下。

```
>>> x={'name':'John','age':25}
>>> y=x.items()                         #返回键值对视图
>>> y                                   #键值对视图为 dict_items 对象
dict_items([('age', 25), ('name', 'John')])
>>> for a in y:print(a)                 #迭代键值对视图
...
```

```
('age', 25)
('name', 'John')
>>> x['age']=30                     #修改字典
>>> x
{'age': 30, 'name': 'John'}
>>> y                               #从显示结果可以看出键值对视图反映了字典中修改的内容
dict_items([('age', 30), ('name', 'John')])

>>> list(y)                         #将键值对视图转换为列表
[('age', 25), ('name', 'John')]
```

2. keys()

keys()方法返回字典的键视图，示例代码如下。

```
>>> x={'name':'John','age':25}
>>> y=x.keys()                      #返回键视图
>>> y                               #显示键视图，键视图为 dict_keys 对象
dict_keys(['age', 'name'])
>>> x['sex']='male'                 #为字典添加键值对
>>> x
{'sex': 'male', 'age': 25, 'name': 'John'}
>>> y                               #显示结果说明键视图包含新添加的键
dict_keys(['sex', 'age', 'name'])
>>> list(y)                         #将键视图转换为列表
['sex', 'age', 'name']
```

3. values()

values()方法返回字典的值视图，示例代码如下。

```
>>> x={'name':'John','age':25}
>>> y=x.values()                    #返回字典的值视图
>>> y                               #显示值视图，值视图为 dict_values 对象
dict_values([25, 'John'])
>>> x['sex']='male'                 #添加键值对
>>> y                               #值视图包含新添加的值
dict_values(['male', 25, 'John'])
>>> list(y)                         #将值视图转换为列表
['male', 25, 'John']
```

4. 键视图的集合运算

键视图支持各种集合运算，键值对视图和值视图不支持集合运算，示例代码如下。

```
>>> x={'a':1,'b':2}
>>> kx=x.keys()                     #返回 x 的键视图
>>> y={'b':3,'c':4}
>>> ky=y.keys()                     #返回 y 的键视图
>>> kx-ky                           #求差集
{'a'}
>>> kx|ky                           #求并集
{'a', 'b', 'c'}
>>> kx&ky                           #求交集
{'b'}
```

```
>>> kx^ky                                    #求对称差
{'a', 'c'}
```

【任务 4-5】 迭代读取文件中的诗词

【任务目标】

文本文件中存储了诗词《赠汪伦》，编写一个程序，迭代读取诗词的内容并输出，程序运行结果如下。

任务 4-5

```
赠汪伦
李白
李白乘舟将欲行，忽闻岸上踏歌声。
桃花潭水深千尺，不及汪伦送我情。
```

【任务实施】

（1）启动 IDLE。

（2）在 IDLE 交互环境中选择“File\New File”命令，打开 IDLE 代码编辑窗口。

（3）在 IDLE 代码编辑窗口中输入下面的代码。

```
f=open('test4_05.txt',encoding='utf-8') #打开文件
r=f.__next__()                          #读取第 1 行
print(r.strip())                        #删除行尾的换行符后输出
r=f.__next__()                          #读取第 2 行
print(r.strip())
r=f.__next__()                          #读取第 3 行
print(r.strip())
r=f.__next__()                          #读取第 4 行
print(r.strip())
```

（4）按【Ctrl+S】组合键保存程序文件，将文件命名为“test4_05.py”。

（5）按【F5】键运行程序，观察输出结果。

【知识点】

4.5 迭代和列表解析

4.5.1 迭代

4.5.1 迭代

字符串、列表、元组和字典等对象均支持迭代操作，可使用迭代器遍历对象。

字符串、列表、元组和字典等对象没有自己的迭代器，可通过调用 iter()函数生成迭代器。对迭代器调用 next()函数即可遍历对象。next()函数依次返回可迭代对象的数据，无数据返回时，会发生 StopIteration 异常，示例代码如下。

```
>>> d=iter([1,2,3])                                 #为列表生成迭代器
>>> next(d)                                         #返回第 1 个数据
1
>>> next(d)                                         #返回第 2 个数据
2
>>> next(d)                                         #返回第 3 个数据
3
>>> next(d)                                         #无数据返回，发生异常
Traceback (most recent call last):
  File "<stdin>", line 1, in <module>
StopIteration
>>> d=iter((1,2,(3,4)))                             #使用迭代器迭代元组
>>> next(d)
1
>>> next(d)
2
>>> next(d)
(3, 4)
>>> d=iter('abc')                                   #使用迭代器迭代字符串
>>> next(d)
'a'
>>> next(d)
'b'
>>> next(d)
'c'
>>> d=iter({'name':'Jhon','age':25})                #使用迭代器迭代字典，字典只能迭代键
>>> next(d)
'name'
>>> next(d)
'age'
>>> d=iter({'name':'Jhon','age':25}.keys())         #迭代字典的 keys()方法返回对象
>>> next(d)
'age'
>>> next(d)
'name'
>>> d=iter({'name':'Jhon','age':25}.values())       #迭代字典的 values()方法返回对象
>>> next(d)
25
>>> next(d)
'Jhon'
>>> d=iter({'name':'Jhon','age':25}.items())        #迭代字典的 items()方法返回对象
>>> next(d)
('age', 25)
>>> next(d)
('name', 'Jhon')
```

文件对象支持迭代操作，示例代码如下。

```
>>> mf=open(r'D:\code\code.txt')    #打开文件
>>> mf.__next__()                                   #迭代下一行
'one 第一行\n'
```

```
>>> mf.__next__()                                   #迭代下一行
'two 第二行\n'
>>> mf.__next__()                                   #迭代下一行
'three 第三行 xxx'
>>> mf.__next__()                                   #迭代下一行，已无数据，发生异常
Traceback (most recent call last):
  File "<stdin>", line 1, in <module>
StopIteration
```

也可通过 next()函数来迭代文件对象，示例代码如下。

```
>>> mf=open(r'D:\code\code.txt')
>>> next(mf)
'one 第一行\n'
>>> next(mf)
'two 第二行\n'
>>> next(mf)
'three 第三行 xxx'
>>> next(mf)
Traceback (most recent call last):
  File "<stdin>", line 1, in <module>
StopIteration
```

4.5.2 列表解析

4.5.2 列表解析

列表解析的概念与循环的概念紧密相关，先通过下面的例子了解如何使用 for 循环来修改列表。

```
>>> t=[1,2,3,4]
>>> for x in range(4):
...     t[x]=t[x]+10
...
>>> t
[11, 12, 13, 14]
```

使用列表解析来代替上面例子中的 for 循环。

```
>>> t=[1,2,3,4]
>>> t=[x+10 for x in t]
>>> t
[11, 12, 13, 14]
```

列表解析的基本语法格式如下。

```
表达式 for 变量 in 可迭代对象 if 表达式
```

1. 带条件的列表解析

可以在列表解析中使用 if 表达式设置筛选条件，示例代码如下。

```
>>> [x+10 for x in range(10) if x%2==0] #使用 if 表达式筛选偶数
[10, 12, 14, 16, 18]
```

2. 多重解析嵌套

列表解析支持嵌套，示例代码如下。

```
>>> [x+y for x in (10,20) for y in (1,2,3)]
[11, 12, 13, 21, 22, 23]
```

嵌套时，Python 对第 1 个 for 循环中的每个 x 执行嵌套 for 循环。可通过下面代码的嵌套 for 循环来生成上面的列表。

```
>>> a=[]
>>> for x in (10,20):
...     for y in (1,2,3):
...         a.append(x+y)
...
>>> a
[11, 12, 13, 21, 22, 23]
```

嵌套解析时，也可以分别使用 if 表达式执行筛选，示例代码如下。

```
>>> [x+y for x in (10,20) if x>10 for y in (1,2,3) if y%2==1] #x 只取 20，y 取 1、3
[21, 23]
```

3. 列表解析用于生成元组

列表解析用于生成元组的示例代码如下。

```
>>> tuple(x*2 for x in range(5))
(0, 2, 4, 6, 8)
>>> tuple(x*2 for x in range(10) if x%2==1)
(2, 6, 10, 14, 18)
```

4. 列表解析用于生成集合

列表解析用于生成集合的示例代码如下。

```
>>> {x for x in range(10)}
{0, 1, 2, 3, 4, 5, 6, 7, 8, 9}
>>> {x for x in range(10) if x%2==1}
{1, 3, 5, 9, 7}
```

5. 列表解析用于生成字典

列表解析用于生成字典的示例代码如下。

```
>>> {x:ord(x) for x in 'abcd'}
{'d': 100, 'a': 97, 'b': 98, 'c': 99}
>>> {x:ord(x) for x in 'abcd' if ord(x)%2==0}
{'d': 100, 'b': 98}
```

6. 列表解析用于文件

列表解析用于文件时，每次从文件中读取一行数据，示例代码如下。

```
>>> [x for x in open(r'D:\code\code.txt')]
['one 第一行\n', 'two 第二行\n', 'three 第三行']
>>> [x.strip() for x in open(r'D:\code\code.txt')]
['one 第一行', 'two 第二行', 'three 第三行']
>>> [x.strip() for x in open(r'D:\code\code.txt') if x[0]=='t']
['two 第二行', 'three 第三行']
```

7. 列表解析的其他应用

部分函数可以直接使用可迭代对象，示例代码如下。

```
>>> all([0,2,4,1,3,5])                         #所有对象都为真时返回 True
False
>>> any([0,2,4,1,3,5])                         #有一个对象为真时返回 True
True
>>> sum([0,2,4,1,3,5])                         #求和
15
>>> sorted([0,2,4,1,3,5])                      #排序
[0, 1, 2, 3, 4, 5]
>>> min([0,2,4,1,3,5])                         #求最小值
0
>>> max([0,2,4,1,3,5])                         #求最大值
5
>>> min(open(r'D:\code\code.txt'))             #返回文件中所有行中的最小值
'one 第一行\n'
>>> max(open(r'D:\code\code.txt'))             #返回文件中所有行中的最大值
'two 第二行\n'
>>> list(open(r'D:\code\code.txt'))            #将文件内容转换为列表
['one 第一行\n', 'two 第二行\n', 'three 第三行']
>>> set(open(r'D:\code\code.txt'))             #将文件内容转换为集合
{'one 第一行\n', 'two 第二行\n', 'three 第三行'}
>>> tuple(open(r'D:\code\code.txt'))           #将文件内容转换为元组
('one 第一行\n', 'two 第二行\n', 'three 第三行')
>>> a,b,c=open(r'D:\code\code.txt')            #从文件中读取 3 行数据并将其依次赋值给变量
>>> a,b,c
('one 第一行\n', 'two 第二行\n', 'three 第三行')
>>> a,*b=open(r'D:\code\code.txt')             #将第 1 行赋值给 a，剩余所有行作为列表赋值给 b
>>> a,b
('one 第一行\n', ['two 第二行\n', 'three 第三行'])
```

4.5.3 zip()函数、map()函数和 filter()函数

zip()、map()和 filter()等函数生成的可迭代对象均包含迭代器，可使用 next()函数执行迭代操作。

4.5.3 zip()函数、map()函数和 filter()函数

1. zip()函数

zip()函数用于生成 zip 对象，其参数为多个可迭代对象。生成 zip 对象时，每次从可迭代对象中取一个值组成一个元组，直到可迭代对象中的值被取完。生成的 zip 对象包含一系列元组，示例代码如下。

```
>>> x=zip((1,2,3),(10,20,30))                  #用两个元组参数来生成 zip 对象
>>> x
<zip object at 0x00672508>
>>> next(x)                                    #返回 zip 对象中的下一个值
(1, 10)
>>> next(x)
(2, 20)
>>> next(x)
```

```
(3, 30)
>>> next(x)                              #已无下一个值，发生 StopIteration 异常
Traceback (most recent call last):
  File "<stdin>", line 1, in <module>
StopIteration
>>> x=zip('abc',(1,2,3))                 #使用一个字符串和一个元组作为参数
>>> next(x)
('a', 1)
>>> next(x)
('b', 2)
>>> next(x)
('c', 3)
>>> x=zip((1,2),'ab',[5,6])              #使用多个可迭代对象作为参数
>>> next(x)
(1, 'a', 5)
>>> next(x)
(2, 'b', 6)
```

2. map()函数

map()函数用于将函数映射到可迭代对象中，对可迭代对象中的每个元素应用该函数，函数返回值包含在生成的 map 对象中，示例代码如下。

```
>>> x=map(ord,'abc')                     #用 ord()函数返回'abc'中各个字符的 ASCII 值，生成 map 对象
>>> x
<map object at 0x00D9A4B0>
>>> next(x)                              #返回 map 对象中的下一个值
97
>>> next(x)
98
>>> next(x)
99
>>> list(map(ord,'abc'))                 #用 map 对象生成列表
[97, 98, 99]
```

3. filter()函数

filter()函数与 map()函数类似，filter()函数用指定函数处理可迭代对象。若函数返回值为 True，则对应可迭代对象的元素包含在生成的 filter 对象中，示例代码如下。

```
>>> x=filter(bool,(1,-1,0,'ab','',(),[],{},(1,2),[1,2],{1,2},{'a':1}))#筛选出可转换为 True 的对象
>>> x
<filter object at 0x00D9A570>
>>> next(x)                              #返回 filter 对象中的下一个值
1
>>> list(x)                              #将 filter 对象转换为列表，不包含已迭代的值
[-1, 'ab', (1, 2), [1, 2], {1, 2}, {'a': 1}]
```

【综合实例】数据排序

创建一个程序，输入 4 个数，用其创建列表和元组。将这 4 个数分别按从小到大和从大到小的

顺序输出。

具体操作步骤如下。

（1）启动 IDLE。

（2）在 IDLE 交互环境中选择“File\New File”命令，打开 IDLE 代码编辑窗口。

综合实例 数据排序

（3）在 IDLE 代码编辑窗口中输入下面的代码。

```
a=eval(input('请输入第 1 个数：'))
b=eval(input('请输入第 2 个数：'))
c=eval(input('请输入第 3 个数：'))
d=eval(input('请输入第 4 个数：'))
x=[]                                    #创建列表
x.append(a)                             #将数加入列表
x.append(b)
x.append(c)
x.append(d)
print('列表：',x)
y=tuple(x)                              #创建元组
print('元组：',y)
x.sort()                                #列表排序
print('从小到大：',end=' ')
for v in x:                             #遍历列表
    print(v,end=' ')
x.reverse()                             #反转顺序
print('\n 从大到小：',end=' ')
for v in x:
    print(v,end=' ')
```

（4）按【Ctrl+S】组合键保存程序文件，将文件命名为“test4_06.py”。

（5）按【F5】键运行程序，依次输入 4 个数，观察输出结果。

小　　结

本单元主要介绍了 Python 的常用组合数据类型，包括集合、列表、元组和字典等。组合数据类型为数据提供了结构化的存储和处理方法。熟练掌握各种数据类型的操作，可以帮助读者提高编程效率。

【拓展阅读】神舟飞船

神舟飞船是我国自行研制、具有完全自主知识产权、达到或优于国际第三代载人飞船技术的空间载人飞船。从 1999 年的神舟一号，到 2023 年的神舟十七号，神舟系列飞船的成功发射，标志着我国航天事业的跨越式发展。

读者可在百度百科中搜索“神舟飞船”，进入“神舟飞船”词条，了解我国神舟飞船的相关知识，也可扫描右侧二维码了解神舟飞船的相关消息。

神舟飞船

【技能拓展】利用文心一言理解代码

大语言模型通常具有很强的代码理解能力，在阅读代码时，可以通过大语言模型为代码添加注释。尝试使用文心一言为以下代码添加注释。结果如图 4-1 所示。

```
a,b,c=eval(input('请输入 3 个数(用逗号分隔): '))
if a>b:
    a,b=b,a
if a>c:
    a,c=c,a
if b>c:
    b,c=c,b
print(a,b,c)
```

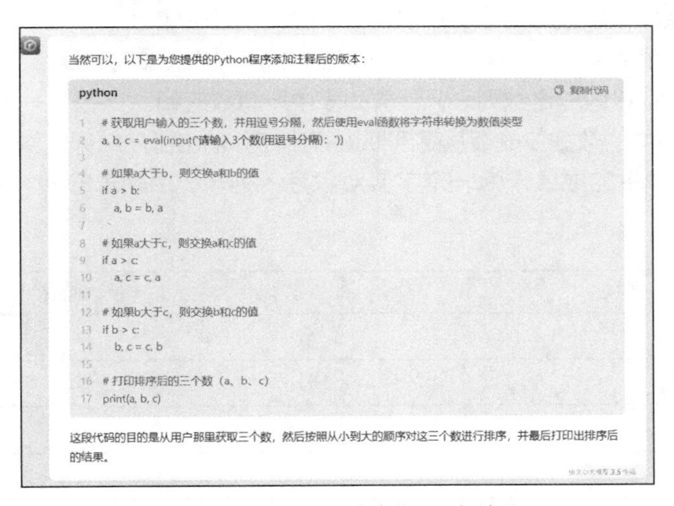

图 4-1 使用文心一言为代码添加注释

习 题

一、单项选择题

1. 下列选项中不是集合的是（　　）。

A. {}　　B. {1}

C. {1,'abc'}　　D. {1,(2,3)}

2. 执行下面的语句后，列表 x 的长度是（　　）。

```
x=[1,'a','b']
x.extend('abc')
```

A. 3　　B. 4

C. 5　　D. 6

3. 下列选项中，存在语法错误的是（　　）。

A. x={1:'a',2:'b'}
B. x={'a':1,'b':2}
C. x={(1,2):'a',[3,4]:'b'}
D. x={'a':(1,2),'b':(3,4)}

4. 下列类型的对象属于可变序列的是（　　）。
A. 字符串
B. 列表
C. 集合
D. 元组

5. 在表达式 a+b 中，变量 a 和 b 的类型不能是下列选项中的（　　）。
A. 字符串
B. 列表
C. 集合
D. 元组

二、编程题

1. 有两个集合，集合 A{1,2,3,4,5}和集合 B{4,5,6,7,8}，计算这两个集合的差集、并集和交集。从键盘输入一个数，判断其是否在集合 A 或集合 B 中。

2. 输入 5 个数，将其分别按从小到大和从大到小的顺序输出。

3. 输入一个字符串和一个字符，计算字符在字符串中出现的次数。

4. 创建一个 20 以内的奇数列表，计算列表中所有数的和。

5. 将下面表格中的数据按成绩从高到低进行排序，输出排序结果。输出结果如图 4-2 所示（提示：将每名学生的成绩作为一个字典对象存入列表，用列表的 sort()方法完成自定义排序）。

姓名	成绩
吴忱	76
杨九莲	99
安芸芸	84
刘洋	70
兰成	89

```
名次    姓名      成绩
 1      杨九莲     99
 2      兰成       89
 3      安芸芸     84
 4      吴忱       76
 5      刘洋       70
```

图 4-2　成绩排序输出

单元 5 程序控制结构

通常程序控制结构分为 3 种：顺序结构、分支结构和循环结构。程序中的语句按照先后顺序执行的结构称为顺序结构。分支结构根据条件执行不同的语句块。循环结构根据条件重复执行相同的语句块。Python 用 if 语句和 match 语句实现分支结构，用 for 语句和 while 语句实现循环结构。

异常处理是一种用于处理程序错误的特殊程序控制结构，Python 通常使用 try 语句实现异常处理。

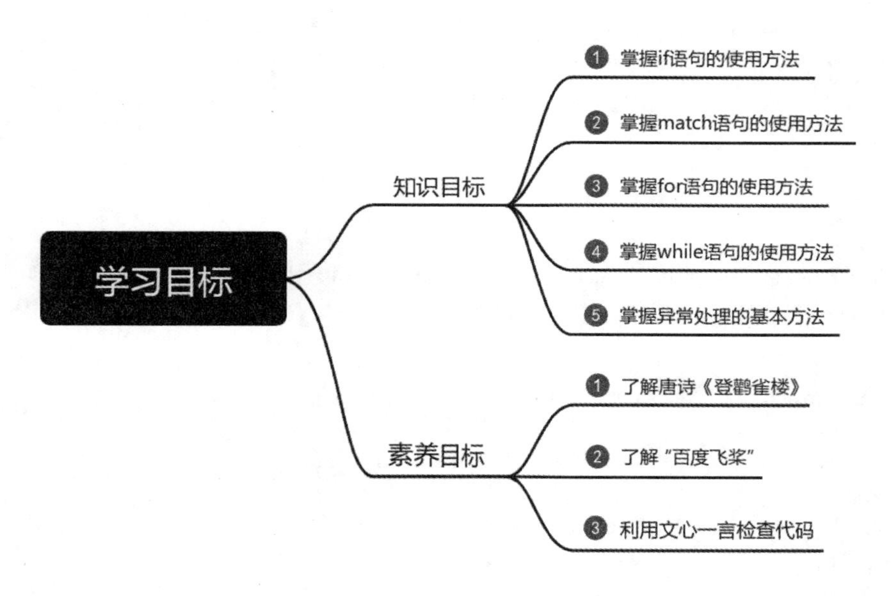

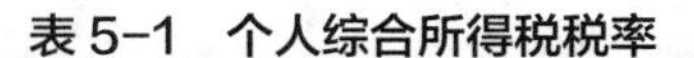

【任务 5-1】 计算个人综合所得税

任务 5-1

【任务目标】

个人综合所得税税率如表 5-1 所示。

表 5-1 个人综合所得税税率

级数	全年应纳税所得额	税率/%
1	不超过 36000 元的	3
2	超过 36000 元至 144000 元的	10
3	超过 144000 元至 300000 元的	20

续表

级数	全年应纳税所得额	税率/%
4	超过 300000 元至 420000 元的	25
5	超过 420000 元至 660000 元的	30
6	超过 660000 元至 960000 元的	35
7	超过 960000 元的	45

周某月工资及各项扣除费用（仅供参考）如表 5-2 所示。

表 5-2　周某月工资及各项扣除费用　　单位：元

月工资	养老保险	医疗险	失业险	住房公积金	子女教育	赡养老人
9260	442	110	42	500	500	500

请编写一个程序计算周某全年应缴纳的个人综合所得税。程序运行结果如下。

```
应纳税收入： 25992
应缴税： 779.76
```

【任务实施】

（1）启动 IDLE。

（2）在 IDLE 交互环境中选择“File\New File”命令，打开 IDLE 代码编辑窗口。

（3）在 IDLE 代码编辑窗口中输入下面的代码。

```
#test5_01.py
y = (9260-442-110-42-500-500-500)*12-5000*12                #计算应纳税收入
print('应纳税收入：', y)
s = 0
if y <= 36000:
    s = y*0.03
elif y <= 144000:
    s = 36000*0.03+(y-36000)*0.1
elif y <= 300000:
    s = 36000*0.03+(144000-36000)*0.1+(y-144000)*0.2
elif y <= 420000:
    s = 36000*0.03+(144000-36000)*0.1+(300000-144000)*0.2+(y-300000)*0.25
elif y <= 660000:
    s = 36000*0.03+(144000-36000)*0.1+(300000-144000) * 0.2
        +(420000-300000)*0.25+(y-420000)*0.3
elif y <= 960000:
    s = 36000*0.03+(144000-36000)*0.1+(300000-144000)*0.2+(420000-300000)*0.25
        +(660000-420000)*0.3+(y-420000)*0.35
else:
    s = 36000*0.03+(144000-36000)*0.1+(300000-144000)*0.2+(420000-300000)*0.25
        +(660000-420000)*0.3+(960000-660000)*0.35+(y-960000)*0.45
print('应缴税：', s)
```

（4）按【Ctrl+S】组合键保存程序文件，将文件命名为“test5_01.py”。

（5）按【F5】键运行程序，观察输出结果。

【知识点】

5.1 分支结构

5.1.1 程序的基本控制结构

5.1.1 程序的基本控制结构

程序的基本控制结构有：顺序结构、分支结构和循环结构。

顺序结构的程序按语句的先后顺序依次执行各条语句。通常程序默认为顺序结构，Python 总是从程序的第一条语句开始，按顺序依次执行语句。例如，下面的程序属于典型的顺序结构。

```
# test5_02.py
a = eval(input('请输入第 1 个整数：'))
b = int(input('请输入第 2 个整数：'))
# 将 a 格式化为浮点数输出
print('float(%s)=' % a, float(a))
print('格式化为浮点数：%e，%f' % (a, b))
# 创建复数输出
print('complex(%s,%s)=' % (a, b), complex(a, b))
```

程序运行结果如下。

```
请输入第 1 个整数：1
请输入第 2 个整数：2
float(1)= 1.0
格式化为浮点数：1.000000e+00，2.000000
complex(1,2)= (1+2j)
```

分支结构指程序根据条件执行不同的语句块。分支结构可分为单分支结构、双分支结构和多分支结构，示例代码如下。

```
# test5_03.py
x = eval(input('请输入一个数：'))
if x > 0:
    print('%s 是正数' % x)       # 条件 x>0 成立时执行该语句
else:
    print('%s 小于等于 0' % x)   # 条件 x>0 不成立时执行该语句
```

程序运行结果如下。

```
请输入一个数：5
5 是正数
```

循环结构指程序根据条件重复执行同一个语句块，示例代码如下。

```
#test5_04.py
for x in range(5):              #x 依次取 0、1、2、3、4
  print(x)                      #重复执行该语句 5 次
```

程序运行结果如下。

```
0
1
2
3
4
```

5.1.2 分支结构语句——if 语句

5.1.2 分支结构语句——if 语句

if 语句可实现程序的分支结构，包括单分支结构、双分支结构和多分支结构，分别可通过单分支 if 语句、双分支 if 语句、多分支 if 语句实现。

1. 单分支 if 语句

单分支 if 语句的基本结构如下。

```
if 条件表达式:
    语句块
```

当条件表达式的计算结果为 True 时，执行语句块中的代码；否则不执行语句块中的代码。单分支 if 语句的执行流程如图 5-1 所示。示例代码如下。

```
# test5_05.py
x = 5
if x > 0:
    print(x, '是正数')
```

程序运行结果如下。

```
5 是正数
```

2. 双分支 if 语句

双分支 if 语句的基本结构如下。

```
if 条件表达式:
    语句块 1
else:
    语句块 2
```

当条件表达式的计算结果为 True 时，执行语句块 1 中的代码；否则执行语句块 2 中的代码。双分支 if 语句的执行流程如图 5-2 所示。

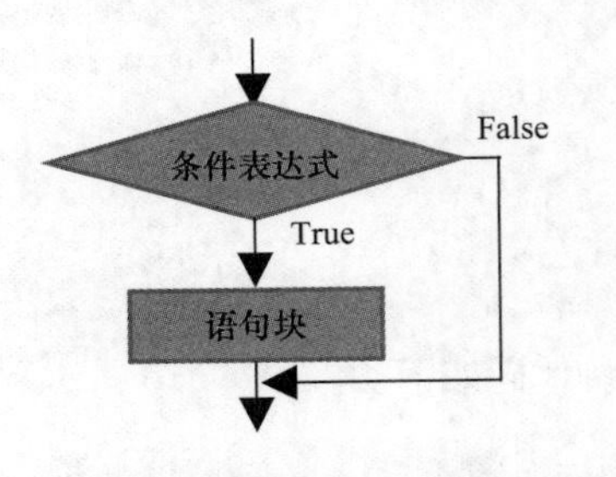

图 5-1 单分支 if 语句的执行流程

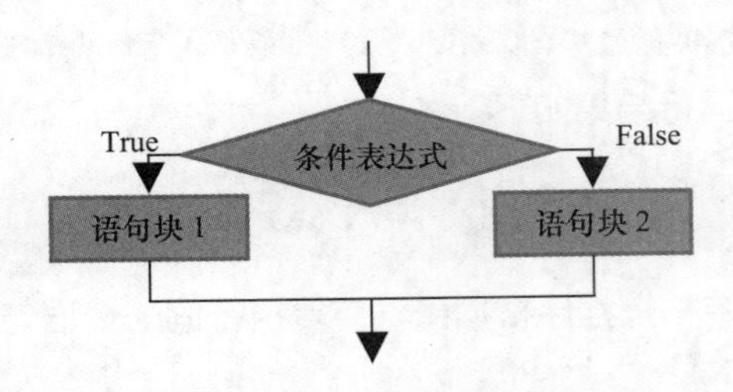

图 5-2 双分支 if 语句的执行流程

示例代码如下。

```
# test5_06.py
x = -5
if x > 0:
    print(x, '是正数')
else:
    print(x, '不是正数')
```

程序运行结果如下。

```
-5 不是正数
```

3. 多分支 if 语句

多分支 if 语句的基本结构如下。

```
if 条件表达式 1:
    语句块 1
elif 条件表达式 2:
    语句块 2
……
elif 条件表达式 n:
    语句块 n
else:
    语句块 n+1
```

多分支 if 语句的 else 部分可以省略。多分支 if 语句执行时，按先后顺序依次计算各个条件表达式，若条件表达式的计算结果为 True，则执行相应的语句块，否则计算下一个条件表达式。若所有条件表达式的计算结果均为 False，则执行 else 部分的语句块（如果 else 部分的语句块存在）。

多分支 if 语句的执行流程如图 5-3 所示。示例代码如下。

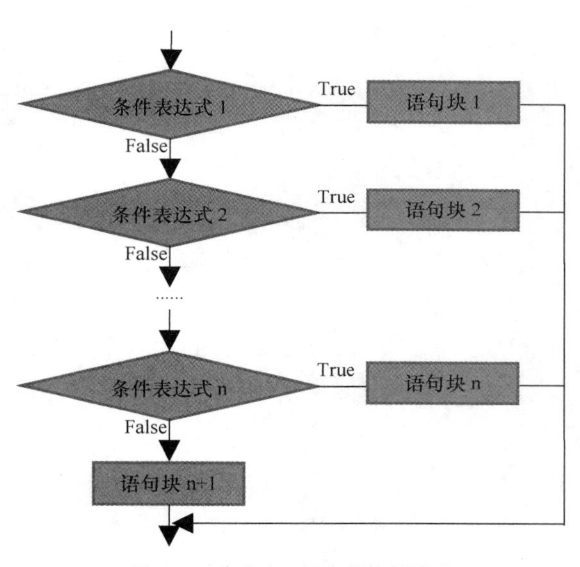

图 5-3　多分支 if 语句的执行流程

```
# test5_07.py
x = 85
if x < 60:
    print('不及格')
elif x < 70:
    print('及格')
elif x < 90:
    print('中等')
else:
    print('优秀')
```

程序运行结果如下。

```
中等
```

4. if…else 三元表达式

if…else 三元表达式是简化版的双分支 if 语句，其基本结构如下。

```
表达式1 if 条件表达式 else 表达式2
```

当条件表达式的计算结果为 True 时，将表达式 1 的值作为 if…else 三元表达式的结果；否则将表达式 2 的值作为 if…else 三元表达式的结果，示例代码如下。

```
# test5_08.py
a = 2
b = 3
x = a if a < b else b      # a<b 的计算结果为 True，将 a 的值 2 赋值给 x
print(x)                   # 输出 2
x = a if a > b else b      # a>b 的计算结果为 False，将 b 的值 3 赋值给 x
print(x)                   # 输出 3
```

程序运行结果如下。

```
2
3
```

5. 列表三元表达式

Python 还支持列表三元表达式，其基本结构如下。

```
[ 表达式1 , 表达式2 ] [条件表达式]
```

当条件表达式的计算结果为 False 时，将表达式 1 的值作为列表三元表达式的值；否则将表达式 2 的值作为列表三元表达式的值，示例代码如下。

```
# test5_09.py
x = 5
y = 10
print([x, y][x < y])  # x<y 的计算结果为 True，输出 y 的值
print([x, y][x > y])  # x>y 的计算结果为 False，输出 x 的值
```

程序运行结果如下。

```
10
5
```

5.1.3 分支结构语句——match 语句

5.1.3 分支结构语句——match 语句

match 语句与 C 语言、Java 语言中的 switch 语句类似，用于实现多分支结构，其基本结构如下。

```
match 表达式:
    case 模式1:
        分支1
    case 模式2:
        分支2
    ……
    case _:
        分支n
```

match 语句将表达式的值依次与 case 语句中的模式进行匹配，如果匹配成功，则执行对应的分支。如果没有匹配成功，则不执行任何分支。“_”为通配符，可匹配任意值，即必定会匹配成功。

1. 匹配字面值

match 语句最简单的形式是将一个目标值与一个或多个字面值进行匹配，示例代码如下。

```
# test5_10.py：判断三原色
x = input('请输入一个表示颜色的字符：')
match x:
    case 'r':
        print(x, '表示红色')
    case 'g':
        print(x, '表示绿色')
    case 'b':
        print(x, '表示蓝色')
    case _:
        print(x, '是无效字符')
```

程序运行结果如下。

```
请输入一个表示颜色的字符：g
g 表示绿色
```

或者：

```
请输入一个表示颜色的字符：a
a 是无效字符
```

可以使用“|”符号在模式中组合多个字面值，示例代码如下。

```
# test5_11.py：根据成绩输出分级评语
x = int(input('请输入一个成绩（在[0,100]中的整数）：'))
match x//10:  # 取 x 除以 10 的整数
    case 9 | 10:
        print(x, '优秀')
    case 7 | 8:
        print(x, '中等')
    case 6:
        print(x, '及格')
    case _:
        print(x, '差或无效')
```

程序运行结果如下。

```
请输入一个成绩（在[0,100]中的整数）：85
85 中等
```

或者：

```
请输入一个成绩（在[0,100]中的整数）：55
55 差或无效
```

2. 在模式中使用变量

match 语句允许使用类似解包的模式，并可绑定变量，示例代码如下。

```
# test5_12.py：判断二元组表示点的位置
p = eval('(' + input('请输入点坐标（逗号分隔）：') + ')')  # 将输入的点坐标转换为元组
match p:
    case (0, 0):
        print(p, '为坐标原点')
    case (0, y):  # 匹配第 1 个值为 0 的任意二元组
        print(p, '为 Y 轴上的点')
    case (x, 0):  # 匹配第 2 个值为 0 的任意二元组
        print(p, '为 X 轴上的点')
    case (x, y):  # 匹配任意二元组
        print(p, '不是坐标轴上的点')
    case _:  # 匹配非二元组
        print(p, '不是二元组')
```

程序运行结果如下。

```
请输入点坐标（逗号分隔）：0,5
(0, 5) 为 Y 轴上的点
```

或者：

```
请输入点坐标（逗号分隔）：1,2,3
(1, 2, 3) 不是二元组
```

3. 使用嵌套模式

match 语句允许使用嵌套模式，如包含二元组的列表，示例代码如下。

```
# test5_13.py：使用嵌套模式匹配点列表
p = [(2, 0), (-2, 0)]  # 预设二元组点列表
match p:
    case []:
        print('点列表为空')
    case [(0, 0)]:
        print('点列表只包含坐标原点')
    case [(x, y)]:
        print('点列表包含一个不是坐标原点的：(%s,%s)' % (x, y))
    case [(x1, 0), (x2, 0)]:
        print('点列表包含 X 轴上的两个点：(%s,0)，(%s,0)' % (x1, x2))
    case _:
        print('其他列表：', p)
```

程序运行结果如下。

```
点列表包含 X 轴上的两个点：(2,0)，(-2,0)
```

4. 为模式添加匹配条件

可以使用 if 子句为模式添加匹配条件，示例代码如下。

```
# test5_14.py：为模式添加匹配条件
p = (2, 0)  # 预设二元组
match p:
    case (x, y) if x == y:
        print(p, '是直线 y=x 上的点')
```

```
    case (x, y):
        print(p, '不是直线 y=x 上的点')
```

程序运行结果如下。

```
(2, 0) 不是直线 y=x 上的点
```

【任务 5-2】 从文件中检索指定唐诗

【任务目标】

文件中按下面的格式保存了若干首唐诗。

任务 5-2

```
《春晓》
作者：孟浩然
春眠不觉晓，处处闻啼鸟。
夜来风雨声，花落知多少。
《静夜思》
作者：李白
床前明月光，疑是地上霜。
举头望明月，低头思故乡。
《登鹳雀楼》
作者：王之涣
……
```

编写一个程序，输入唐诗名称，从文件中检索唐诗并输出，程序运行结果如下。

```
输入唐诗名称：登鹳雀楼
《登鹳雀楼》
作者：王之涣
白日依山尽，黄河入海流。
欲穷千里目，更上一层楼。
```

或者：

```
请输入唐诗名称：登雀楼
未找到名称包含 登雀楼 的唐诗！
```

【任务实施】

（1）启动 IDLE。

（2）在 IDLE 交互环境中选择“File\New File”命令，打开 IDLE 代码编辑窗口。

（3）在 IDLE 代码编辑窗口中输入下面的代码。

```
'''
test5_15.py：从文件中检索唐诗。
基本思路如下。
（1）文件中以书名号开头和结尾的行包含唐诗名称，依次读取文件的每一行进行判断。
    （2）如果是唐诗名称行，则判断其内容是否为要检索的唐诗名称。如果是，则该行开始到下一个名称行或文件结束前的内容都属于要检索唐诗的内容。
（3）如果不是，继续读取下一行，直到文件结束
```

```
'''
f = open('test5_15.txt', encoding='utf-8')
c = input('请输入唐诗名称：')
ok = False
a = f.readline()
while a != '':  # a 为空字符串时表示已读取到文件末尾
    a = a.rstrip()  # 去掉末尾的“\n”
    if (a.startswith('《') and a.endswith('》')):  # 判断是否为唐诗名称
        if ok:
            break  # 遇到下一个名称时，说明检索到的唐诗内容已结束，退出循环
        if a.find(c) > -1:  # 判断唐诗名称是否包含输入内容
            ok = True  # ok 为 True 时表示当前读取内容属于检索到的唐诗
    if ok:
        print(a)  # 是要检索的唐诗，输出其内容
    a = f.readline()  # 读取下一行
if not ok:
    print('未找到名称包含 %s 的唐诗！' % c)
f.close()
```

（4）按【Ctrl+S】组合键保存程序文件，将文件命名为“test5_15.py”。

（5）按【F5】键运行程序，输入唐诗名称，观察输出结果。

【知识点】

5.2 循环结构

5.2.1 遍历循环——for 循环

5.2.1 遍历循环——for 循环

1. for 循环的基本结构

for 循环用于实现遍历循环，其基本结构如下。

```
for var in object :
    循环体
else:
    语句块
```

for 循环中的 else 部分可以省略。object 是一个可迭代对象。for 循环执行时，依次将 object 中的数据赋值给变量 var——该操作称为迭代。每赋值一次，则执行一次循环体。循环执行结束时，如果有 else 部分，则执行对应的语句块。else 部分只在正常结束循环时执行。如果用 break 语句跳出循环，则不会执行 else 部分。

在 for 循环中，可以用 n 表示 object 中数据的位置索引，for 循环的执行流程如图 5-4 所示。

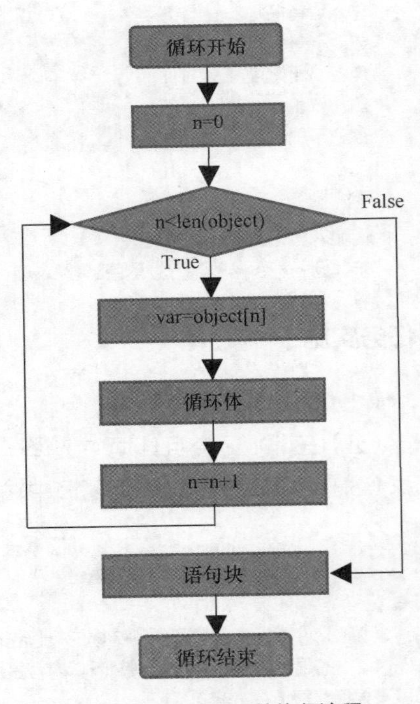

图 5-4　for 循环的执行流程

示例代码如下。

```
# test5_16.py: 使用 for 循环
y = (1, 2, 3, (4, 5))
print(y, '包含的元素如下: ')
for x in y:  # 用 x 迭代元组
    print(x)
y = 'book'
print('字符串"%s"包含的元素如下: ' % y)
for x in y:  # 用 x 迭代字符串
    print(x)
y = [1, 2, 3]
print(y, '中每个元素乘以 2，结果如下: ')
for x in (1, 2, 3):
    print(x*2)
else:  # else 部分在循环正常结束时执行
    print('else 部分被执行')
```

程序运行结果如下。

```
(1, 2, 3, (4, 5)) 包含的元素如下:
1
2
3
(4, 5)
字符串"book"包含的元素如下:
b
o
o
k
[1, 2, 3] 中每个元素乘以 2，结果如下:
2
4
6
else 部分被执行
```

2. 使用 range()函数

可以使用 range()函数来生成包含连续多个整数的 range 对象，其基本语法格式如下。

```
range(end)
range(start,end[,step])
```

只指定参数 end 时，生成的整数范围为 0～end-1；指定参数 start 和 end 时，生成的整数范围为 start～end-1。整数之间的差值为 step，step 默认为 1。

示例代码如下。

```
# test5_17.py: 在 for 循环中使用 range()函数
print('range(3)包含元素: ')
for x in range(3):
    print(x)
print('range(-2,2)包含元素: ')
for x in range(-2, 2):
```

```
    print(x)
print('range(-2,2,2)包含元素：')
for x in range(-2, 2, 2):
    print(x)
```

程序运行结果如下。

```
range(3)包含元素：
0
1
2
range(-2,2)包含元素：
-2
-1
0
1
range(-2,2,2)包含元素：
-2
0
```

3. 多变量迭代

可在 for 循环中用多个变量来迭代序列对象，示例代码如下。

```
# test5_18.py：在 for 循环中用多个变量来迭代序列对象
for (a, b) in ((1, 2), (3, 4), (5, 6)):  # 等价于 for a,b in ((1,2),(3,4),(5,6)):
    print('(%s,%s)' % (a, b))
```

程序运行结果如下。

```
(1,2)
(3,4)
(5,6)
```

与赋值语句类似，可以用“*”表示为变量赋一个列表，示例代码如下。

```
# test5_19.py：在 for 循环中使用“*”处理迭代
for (a, *b) in ((1, 2, 'abc'), (3, 4, 5)):
    print(a, b)
```

程序运行结果如下。

```
1 [2, 'abc']
3 [4, 5]
```

4. 嵌套使用 for 循环

Python 允许嵌套使用 for 循环，即在 for 循环内部使用 for 循环。例如，下面的代码可以输出 100 以内的素数（素数指除了 1 和它本身外不能被其他数整除的数）。

```
# test5_20.py：输出 100 以内的素数
print(1, 2, 3, end=" ")              # 1、2、3 是素数，直接输出，end=" "表示输出以空格结束，不换行
for x in range(4, 100):
    for n in range(2, x):
        if x % n == 0:               # 若余数为 0，说明 x 不是素数，结束当前 for 循环
            break
```

```
    else:
        print(x, end=' ')              # 正常结束 for 循环，说明 x 是素数，将其输出
else:
    print('over')
```

程序运行结果如下。

```
1 2 3 5 7 11 13 17 19 23 29 31 37 41 43 47 53 59 61 67 71 73 79 83 89 97 over
```

5.2.2 无限循环——while 循环

5.2.2 无限循环——while 循环

1. while 循环的基本结构

while 循环可实现无限循环，其基本结构如下。

```
while 条件表达式:
    循环体
else:
    语句块
```

其中，else 部分可以省略。while 循环的执行流程如图 5-5 所示。如果 while 条件表达式的计算结果始终为 True，则构造无限循环——也称“死循环”。

图 5-5　while 循环的执行流程

下面的代码计算 1+2+⋯+100。

```
# test5_21.py: 计算 1+2+⋯+100
s = 0
n = 1
while n <= 100:
    s = s+n
    n = n+1
print('1+2+...+100 =', s)
```

程序运行结果如下。

```
1+2+...+100 = 5050
```

下面的代码使用 while 循环来输出 100 以内的素数。

```
# test5_22.py: 输出 100 以内的素数
x = 1
while x < 100:
    n = 2
    while n < x-1:
        if x % n == 0:
            break               # 若余数为 0，说明 x 不是素数，结束当前循环
        n += 1
    else:
        print(x, end=' ')       # 正常结束循环，说明 x 没有被[2,x-1]的数整除，是素数，将其输出
    x += 1
else:
    print('over')
```

程序运行结果如下。

```
1 2 3 5 7 11 13 17 19 23 29 31 37 41 43 47 53 59 61 67 71 73 79 83 89 97 over
```

2. 嵌套使用 while 循环

Python 允许在 while 循环内部使用 while 循环。例如，下面的代码可以输出九九乘法表。

```
# test5_23.py：输出九九乘法表
a = 1
while a < 10:
    b = 1
    while b <= a:
        print('%d*%d=%2d ' % (a, b, a*b), end=' ')
        b += 1
    print()
    a += 1
```

程序运行结果如下。

```
1*1= 1
2*1= 2  2*2= 4
3*1= 3  3*2= 6  3*3= 9
4*1= 4  4*2= 8  4*3=12  4*4=16
5*1= 5  5*2=10  5*3=15  5*4=20  5*5=25
6*1= 6  6*2=12  6*3=18  6*4=24  6*5=30  6*6=36
7*1= 7  7*2=14  7*3=21  7*4=28  7*5=35  7*6=42  7*7=49
8*1= 8  8*2=16  8*3=24  8*4=32  8*5=40  8*6=48  8*7=56  8*8=64
9*1= 9  9*2=18  9*3=27  9*4=36  9*5=45  9*6=54  9*7=63  9*8=72  9*9=81
```

5.2.3 控制循环——break 和 continue 语句

5.2.3 控制循环——break 和 continue 语句

在 for 循环和 while 循环中可以使用 break 和 continue 语句。break 语句用于跳出当前循环，即提前结束循环（包括跳过 else 部分）；continue 语句用于跳过循环体剩余语句，回到循环开头开始下一次循环。

下面的代码用 for 循环输出 100～999 的前 10 个回文数字（3 位数中个位和百位相同的数字）。

```
# test5_24.py：用 for 循环输出 100～999 的前 10 个回文数字
a = []
n = 0
for x in range(100, 999):
    s = str(x)
    if s[0] != s[-1]:
        continue      # x 不是回文数字，回到循环开头，x 取下一个值开始循环
    a.append(x)       # x 是回文数字，将其加入列表
    n += 1            # 累计获得的回文数字个数
    if n == 10:
        break         # 找出 10 个回文数字时，跳出 for 循环
print(a)              # break 语句跳出时，跳转到该处执行
```

程序运行结果如下。

```
[101, 111, 121, 131, 141, 151, 161, 171, 181, 191]
```

将上面代码中的 for 循环改为 while 循环，可以实现相同的功能，代码如下。

```
# test5_25.py
a = []
n = 0
x = 100
while x < 999:
    s = str(x)
    if s[0] != s[-1]:
        x = x+1
        continue              # x 不是回文数字，回到循环开头，x 取下一个值开始循环
    a.append(x)               # x 是回文数字，将其加入列表
    n += 1                    # 累计获得的回文数字个数
    x = x+1
    if n == 10:
        break                 # 找出 10 个回文数字时，跳出 while 循环
print(a)                      # break 语句跳出时，跳转到该处执行
```

【任务 5-3】 捕捉处理程序中的异常

【任务目标】

为下面的程序添加异常处理代码，在程序出错时输出异常信息。

任务 5-3

```
# test5_26.py：捕捉处理程序中的异常
while True:
    n = eval(input('请输入一个正整数：'))
    if n == -1:
        break  # 输入-1 时结束程序
    if n < 0:
        continue
    # 计算 n 的阶乘
    s = 1
    for x in range(2, n+1):  # 当 n 不是整数时，会发生 TypeError 异常
        s *= x
    print('%s!=' % n, s)
```

【任务实施】

（1）启动 IDLE。

（2）在 IDLE 交互环境中选择“File\Open”命令，在 IDLE 代码编辑窗口中打开“test5_26.py”。

（3）按【F5】键运行程序，先输入 5，程序输出 5 的阶乘；再输入 5.0，程序出错，意外终止，并显示异常信息。结果如下。

```
请输入一个正整数：5
5!= 120
请输入一个正整数：5.0
Traceback (most recent call last):
```

```
  File "d:\code\05\test5_26.py", line 10, in <module>
    for x in range(2, n+1):  # 当n不是整数时，会发生TypeError异常
TypeError: 'float' object cannot be interpreted as an integer
```

（4）在 IDLE 代码编辑窗口中为程序添加异常处理的代码如下。

```
# test5_26.py：捕捉处理程序中的错误
try:
    while True:
        n = eval(input('请输入一个正整数：'))
        if n == -1:
            break  # 输入-1时结束程序
        if n < 0:
            continue
        # 计算n的阶乘
        s = 1
        for x in range(2, n+1):  # 当n不是整数时，会发生TypeError异常
            s *= x
        print('%s!=' % n, s)
except:
    print('程序意外出错！')
```

（5）按【F5】键运行程序，第 1 次输入 5，第 2 次输入 5.0，程序运行结果如下。

```
请输入一个正整数：5
5!= 120
请输入一个正整数：5.0
程序意外出错！
```

【知识点】

5.3 异常处理

异常指程序在运行过程中发生的错误，异常会导致程序意外终止。异常处理可捕捉程序中发生的异常，执行相应的异常处理代码，避免程序意外终止。程序中的语法错误不属于异常。

异常处理的基本结构如下。

```
try:
    可能引发异常的代码
except 异常类型名称:
    异常处理代码
else:
    没有发生异常时执行的代码
finally:
    不管是否发生异常，都会执行的代码
```

在处理异常时，将可能引发异常的代码放在 try 语句块中。在 except 语句中指明捕捉的异常类型名称，except 语句块中为异常处理代码。else 语句块中为没有发生异常时执行的代码，else 语句块可以省略。程序运行时，如果 try 语句块中的代码发生了指定异常，则执行 except 语句块。finally

语句块中的代码不管是否发生异常都会执行，可以省略 finally 语句块。

回顾任务 5-3 中的代码：在程序运行时输入一个正整数，输出该数的阶乘。输入-1 时程序结束，输入其他负数时会提示重新输入。输入浮点数时，因为 range()函数只接收整数作为参数，所以会发生异常。为避免程序在发生异常时意外终止，可以在程序中添加 try…except…finally 结构处理异常。

Python 内置的常见异常类型如下。

- AttributeError：访问对象属性出错时引发的异常，例如访问对象不存在的属性或对只读对象属性赋值等。
- EOFError：使用 input()函数读取文件，遇到文件结束标志（End OF File，EOF）时引发的异常。文件对象的 read()和 readline()方法遇到 EOF 时会返回空字符串，不会引发异常。
- ImportError：导入模块出错引发的异常。
- IndexError：序列对象的位置索引超出范围时引发的异常。
- StopIteration：对已无可迭代元素的迭代器执行迭代操作时引发的异常。
- IndentationError：使用了不正确的缩进引发的异常。
- TypeError：在运算或函数调用时，使用了不兼容类型数据引发的异常。
- ZeroDivisionError：除数为 0 时引发的异常。

5.3.1 捕捉异常

5.3.1 捕捉异常

1. 捕捉多种异常

在异常处理结构中，可以使用多个 except 语句捕捉可能出现的多种异常，示例代码如下。

```
# test5_27.py：捕捉多种异常
x = [1, 2]
try:
    x[0]/0
except ZeroDivisionError:
    print('除 0 异常')
except IndexError:
    print('位置索引超出范围')
else:
    print('没有异常')
```

程序运行结果如下。

```
...
除 0 异常
```

将代码中的 x[0]改为 x[2]，则会发生 IndexError 异常，程序运行结果如下。

```
位置索引超出范围
```

2. 捕捉指定异常

可以在 except 语句中同时指定要捕捉的多种异常，以便使用相同的异常处理代码进行统一处理。在 except 语句中，可以使用 as 为异常类创建一个实例对象，示例代码如下。

```
# test5_28.py: 捕捉指定异常
x = [1, 2]
try:
    x[0]/0  # 此处引发除 0 异常
except (ZeroDivisionError, IndexError) as exp:  # 捕捉多种异常
    print('出错了: ')
    print('异常类型: ', exp.__class__.__name__)  # 输出异常类型名称
    print('异常信息: ', exp)  # 输出异常信息
```

程序运行结果如下。

```
出错了:
异常类型:  ZeroDivisionError
异常信息: division by zero
```

代码中的“except (ZeroDivisionError,IndexError) as exp:”语句捕捉除 0 和位置索引越界两种异常，发生异常时，变量 exp 引用异常的实例对象。通过异常的实例对象，可获得异常类型名称和异常信息等数据。

3．捕捉所有异常

在捕捉异常时，如果 except 语句省略了异常类型，则无论发生何种类型的异常，均会执行 except 语句块中的异常处理代码，示例代码如下。

```
>>> try:
...     2/0                        #引发除 0 异常
... except:
...     print('出错了')
...
出错了

>>> x=[1,2,3]
>>> try:
...     print(x[3])                #引发位置索引越界异常
... except:
...     print('出错了')
...
出错了
```

采用这种方式的好处是可以捕捉所有异常，还可结合 sys.exc_info()方法获得详细的异常信息。

sys.exc_info()方法返回一个三元组(type,value,traceobj)。其中，type 为异常的类型，可用 __name__ 属性获得异常类型的名称；value 为异常对象，直接将其输出可获得异常信息；traceobj 为一个堆栈跟踪对象（traceback 类的实例对象），使用 traceback 模块的 print_tb()方法可获得堆栈跟踪信息，示例代码如下。

```
# test5_29.py: 使用 traceback 模块的 print_tb()方法获得堆栈跟踪信息
x = [1, 2, 3]
try:
    print(x[3])
except:
    import sys
    x = sys.exc_info()
```

```
    print('异常类型：%s' % x[0].__name__)
    print('异常描述：%s' % x[1])
    print('堆栈跟踪信息：')
    import traceback
    traceback.print_tb(x[2])
```

程序运行结果如下。

```
异常类型：IndexError
异常描述：list index out of range
堆栈跟踪信息：
  File "d:\code\05\test5_29.py", line 4, in <module>
    print(x[3])
```

4. 定义嵌套异常处理结构

Python 允许在异常处理结构的内部嵌套另一个异常处理结构。在发生异常时，没有被内部结构捕捉处理的异常可以被外部结构捕捉处理，示例代码如下。

```
# test5_30.py：定义嵌套异常处理结构
x = [1, 2]
try:
    try:
        5/0
    except ZeroDivisionError:
        print('内部除 0 异常')
        x[2]/2
except IndexError:
    print('位置索引越界异常')
```

程序运行结果如下。

```
内部除 0 异常
位置索引越界异常
```

5. 使用 finally 语句

在异常处理结构中，可以使用 finally 语句定义终止行为。无论 try 语句块中是否发生异常，finally 语句块中的代码都会执行，示例代码如下。

```
# test5_31.py：使用 finally 语句
try:
    print(5/0)                        # 发生除 0 异常
except:
    print('出错了！')                  # 发生异常后执行该语句
finally:
    print('finally 部分已执行！')      # 无论是否发生异常，都会执行该语句
print('over')                         # 异常处理结构的后续代码
```

程序运行结果如下。

```
出错了！
finally 部分已执行！
over
```

从上面的运行结果中可以看到，发生异常后程序先执行异常处理代码，随后 finally 语句块被执

行，最后执行后续代码，输出“over”。

5.3.2 raise 语句

raise 语句用于抛出异常，其基本语法格式如下。

```
raise 异常类名                                   #创建异常类的实例对象并抛出异常
raise 异常类的实例对象                           #抛出异常类的实例对象对应的异常
raise                                            #重新抛出刚发生的异常
```

5.3.2 raise 语句

Python 执行 raise 语句时，会抛出异常并传递异常类的实例对象。

1. 用异常类名抛出异常

在 raise 语句中指定异常类名时，会创建该类的实例对象，然后抛出异常，示例代码如下。

```
>>> raise IndexError                             #抛出异常
Traceback (most recent call last):
  File "<stdin>", line 1, in <module>
IndexError
```

2. 用异常类的实例对象抛出异常

可以直接使用异常类的实例对象来抛出异常，示例代码如下。

```
>>> x=IndexError()                               #创建异常类的实例对象
>>> raise x                                      #抛出异常
Traceback (most recent call last):
  File "<stdin>", line 1, in <module>
IndexError
```

3. 传递异常

不带参数的 raise 语句可再次抛出刚发生的异常，其作用就是向外传递异常，示例代码如下。

```
# test5_32.py: 传递异常
try:
    raise IndexError                             #引发 IndexError 异常
except:
    print('出错了')
    raise                                        #再次抛出 IndexError 异常
```

程序运行结果如下。

```
出错了
Traceback (most recent call last):
  File "<stdin>", line 2, in <module>
IndexError
```

4. 指定异常信息

在使用 raise 语句抛出异常时，可以为异常类指定异常信息，示例代码如下。

```
>>> raise IndexError('位置索引超出范围')
Traceback (most recent call last):
  File "<stdin>", line 1, in <module>
IndexError: 位置索引超出范围
```

```
>>> raise TypeError('使用了不兼容类型的数据')
Traceback (most recent call last):
  File "<stdin>", line 1, in <module>
TypeError: 使用了不兼容类型的数据
```

5. 抛出另一个异常

可以通过 raise…from 语句来抛出另一个异常，示例代码如下。

```
# test5_33.py: 通过 raise…from 语句抛出另一个异常
try:
    5/0  # 抛出除 0 异常
except Exception as x:
    raise IndexError('位置索引超出范围') from x  # 抛出另一个异常
```

程序运行结果如下。

```
Traceback (most recent call last):
  File "d:\code\05\test5_33.py", line 3, in <module>
    5/0  # 抛出除 0 异常
ZeroDivisionError: division by zero

The above exception was the direct cause of the following exception:

Traceback (most recent call last):
  File "d:\code\05\test5_33.py", line 5, in <module>
    raise IndexError('位置索引超出范围') from x  # 抛出另一个异常
IndexError: 位置索引超出范围
```

5.3.3 assert 语句

5.3.3 assert 语句

assert 语句的基本语法格式如下。

```
assert 条件表达式,data
```

assert 语句在条件表达式的值为 False 时，引发 AssertionError 异常，data 为异常信息。assert 语句通常用于调试程序。示例代码如下。

```
>>> x=0
>>> assert x!=0,'变量 x 的值不能为 0'
Traceback (most recent call last):
  File "<stdin>", line 1, in <module>
AssertionError: 变量 x 的值不能为 0
```

下面的代码用 try 语句捕捉 assert 语句引发的 AssertionError 异常。

```
# test5_34.py: 用 try 语句捕捉 assert 语句引发的 AssertionError 异常
try:
    x = -5
    assert x >= 0, '参数 x 必须是非负数'
except Exception as ex:
    print('异常类型: ', ex.__class__.__name__)
    print('异常信息: ', ex)
```

程序运行结果如下。

```
异常类型： AssertionError
异常信息：参数 x 必须是非负数
```

【综合实例】输出数字金字塔

创建一个 Python 程序，输出如下的数字金字塔。

```
              1
             212
            32123
           4321234
          543212345
         65432123456
        7654321234567
       876543212345678
      98765432123456789
```

具体操作步骤如下。

（1）启动 IDLE。

（2）在 IDLE 交互环境中选择“File\New File”命令，打开 IDLE 代码编辑窗口。

（3）在 IDLE 代码编辑窗口中输入下面的代码。

```
# test5_35.py：输出数字金字塔
for x in range(1, 10):
    print(' '*(15-x), end='')  # 输出每行前的空格以便对齐
    n = x
    while n >= 1:  # 输出每行前半部分数据
        print(n, sep='', end='')
        n -= 1
    n += 2
    while n <= x:  # 输出每行的剩余数据
        print(n, sep='', end='')
        n += 1
    print()  # 换行
```

（4）按【Ctrl+S】组合键保存程序文件，将文件命名为“test5_35.py”。

（5）按【F5】键运行程序，观察输出结果。

小　　结

本单元详细讲解了 Python 程序的分支结构和循环结构。通过组合或者嵌套多种结构，可实现各种从简单到复杂的程序控制结构。

异常处理是一种特殊的程序控制结构。当程序运行发生异常时，如果程序捕捉了该异常，程序会跳转到异常处理代码部分执行。如果没有捕捉程序运行时异常，程序会意外终止。

【拓展阅读】了解“百度飞桨”

飞桨（PaddlePaddle）以百度多年的深度学习技术研究和业务应用为基础，集深度学习核心训练和推理框架、基础模型库、端到端开发套件、丰富的工具组件于一体，是我国首个自主研发、功能丰富、开源开放的产业级深度学习平台。截至 2023 年 12 月，飞桨已累计凝聚超过 1000 万开发者、服务 23 万余家企事业单位、创建 80 余万模型。

飞桨支持 Python 编程，读者可扫描右侧二维码了解如何在 Python 中使用飞桨。

【技能拓展】利用文心一言检查代码

利用大语言模型可以快速检查代码，判断代码是否存在错误。请尝试使用文心一言检查代码，参考示例如图 5-6 所示。

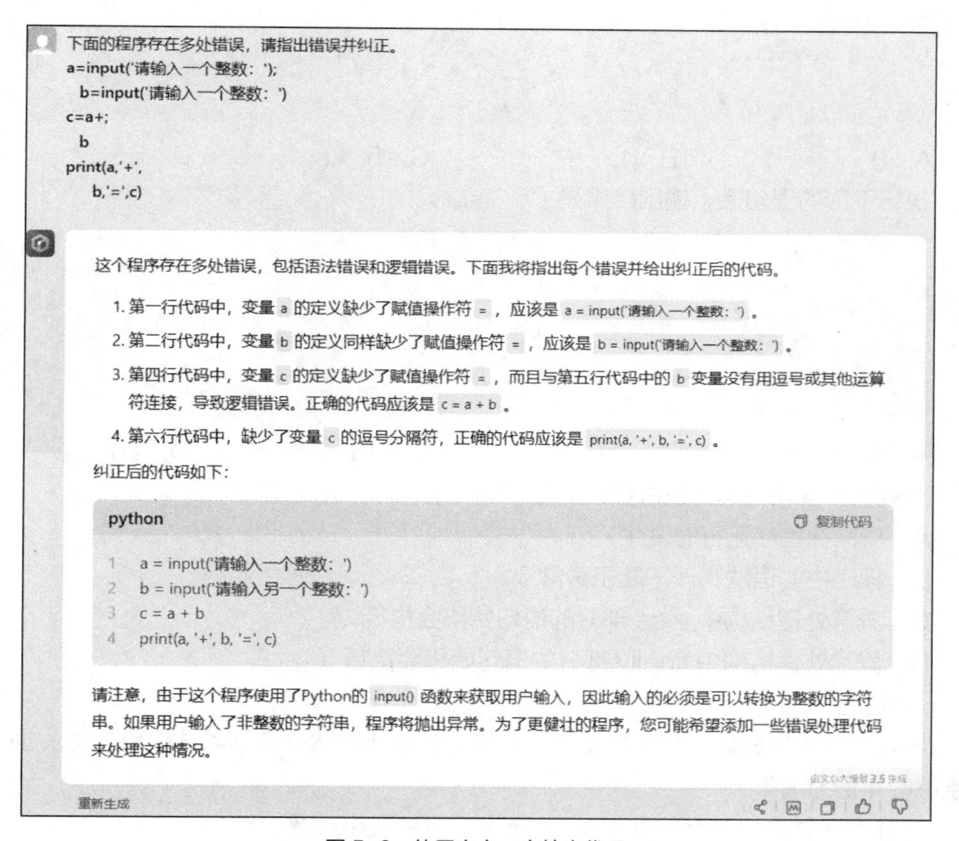

图 5-6　使用文心一言检查代码

可以看到，文心一言准确找出了代码存在的错误，并进行了改正，同时还给出了代码优化建议。

习　题

一、单项选择题

1. 下面的语句中，不能用于实现程序控制结构的是（　　）。

   A. if　　B. for

   C. while　　D. try

2. 执行下面的语句后，输出结果是（　　）。

```
x=3
b=[1,-1][x>5]
a=1 if x>5 else b
print(a)
```

   A. −1　　B. 1　　C. 3　　D. 5

3. 执行下面的语句后，输出结果是（　　）。

```
s=0
for a in range(1,5):
    for b in range(1,a):
        s+=1
print(s)
```

   A. 0　　B. 1　　C. 5　　D. 6

4. 执行下面的语句后，输出结果是（　　）。

```
x=1
y=1
while y<=5:
    x=x*y
    y=y+2
print(x)
```

   A. 1　　B. 10　　C. 15　　D. 20

5. 下列关于异常处理的说法错误的是（　　）。

   A. 异常在程序运行时发生

   B. 程序中的语法错误不属于异常

   C. 异常处理结构中 else 部分的语句始终会执行

   D. 异常处理结构中 finally 部分的语句始终会执行

二、编程题

1. 输入一个 4 位整数，判断其是否为闰年（能被 4 整除，但不能被 100 整除，或者能被 400 整除的年份为闰年）。

2. 从键盘任意输入一个正整数 n，找出大于 n 的最小素数。

3. 编写程序输出图 5-7 所示的字符金字塔。

```
        A
       BAB
      CBABC
     DCBABCD
    EDCBABCDE
   FEDCBABCDEF
  GFEDCBABCDEFG
 HGFEDCBABCDEFGH
IHGFEDCBABCDEFGHI
```

图 5-7 字符金字塔

4. 编写程序输出 50 以内的勾股数，如图 5-8 所示。要求每行显示 6 组，各组勾股数无重复。

```
 3, 4, 5     5,12,13     6, 8,10     7,24,25     8,15,17     9,12,15
 9,40,41    10,24,26    12,16,20    12,35,37    15,20,25    15,36,39
16,30,34    18,24,30    20,21,29    21,28,35    24,32,40    27,36,45
```

图 5-8 50 以内的勾股数

5. 计算“鸡兔同笼”问题。假设笼内鸡和兔的脚总数为 80，编写一个程序计算鸡和兔分别有多少只。

单元 6

函数与模块

函数是完成特定任务的语句集合，调用函数会执行其包含的语句。函数的返回值通常是函数的计算结果，调用函数时使用的参数不同，可获得不同的返回值。Python 利用函数实现代码复用。模块是程序代码和数据的封装，也是 Python 实现代码复用的方法之一。可在程序文件中导入模块中定义的变量、函数或类并加以使用。

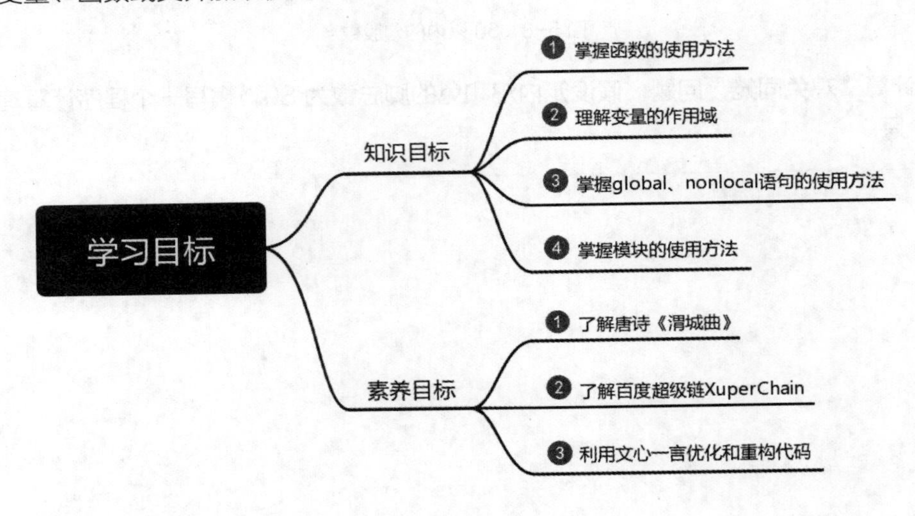

【任务 6-1】 定义个人综合所得税计算函数

【任务目标】

任务 6-1

修改任务 5-1 中实现的个人综合所得税计算程序，定义一个函数来完成个人综合所得税计算，将月工资及各项扣除费用作为参数传递给函数，函数返回应缴纳的个人综合所得税。调用函数，完成表 6-1 中 3 名员工的个人综合所得税计算。

表 6-1 3 名员工月工资及各项扣除费用（仅供参考） 单位：元

姓名	月工资	养老保险	医疗险	失业险	住房公积金	子女教育	赡养老人
周某	9260	842	210	42	600	500	800
吴某	8200	712	179	39	400	500	700
郑某	7600	600	130	30	320	0	0

程序运行结果如下。

```
周某 应纳税收入：15192.00        应缴税：455.76
吴某 应纳税收入：8040.00         应缴税：241.20
郑某 应纳税收入：18240.00        应缴税：547.20
```

【任务实施】

（1）启动 IDLE。

（2）在 IDLE 交互环境中选择“File\New File”命令，打开 IDLE 代码编辑窗口。

（3）在 IDLE 代码编辑窗口中输入下面的代码。

```
# test6_01.py：定义个人综合所得税计算函数
gzb = {'周某': {'ygz':9260,'ylbx':842,'ylx': 210, 'syx': 42, 'zfgjj': 600, 'znjy': 500, 'sylr': 800},
       '吴某': {'ygz': 8200, 'ylbx': 712, 'ylx': 179, 'syx': 39, 'zfgjj': 400, 'znjy': 500, 'sylr': 700},
       '郑某': {'ygz': 7600, 'ylbx': 600, 'ylx': 130, 'syx': 30, 'zfgjj': 320, 'znjy': 0, 'sylr': 0}}
def gs(xm):# gs(xm)计算应纳税收入，xm 参数为姓名
    y = (gzb[xm]['ygz']-gzb[xm]['ylbx']-gzb[xm]['ylx']-gzb[xm]['syx']-gzb[xm]['zfgjj']
         - gzb[xm]['znjy']-gzb[xm]['sylr'])*12-5000*12
    print(xm, '应纳税收入：%0.2f'% y,end='\t')
    s = 0
    if y <= 36000:
        s = y*0.03
    elif y <= 144000:
        s = 36000*0.03+(y-36000)*0.1
    elif y <= 300000:
        s = 36000*0.03+(144000-36000)*0.1+(y-144000)*0.2
    elif y <= 420000:
        s = 36000*0.03+(144000-36000)*0.1+(300000-144000)*0.2+(y-300000)*0.25
    elif y <= 660000:
        s = 36000*0.03+(144000-36000)*0.1+(300000-144000) * \
            0.2 + (420000-300000)*0.25+(y-420000)*0.3
    elif y <= 960000:
        s = 36000*0.03+(144000-36000)*0.1+(300000-144000)*0.2 + \
            (420000-300000)*0.25 + (660000-420000)*0.3+(y-420000)*0.35
    else:
        s = 36000*0.03+(144000-36000)*0.1+(300000-144000)*0.2+(420000-300000) * \
            0.25 + (660000-420000)*0.3+(960000-660000)*0.35+(y-960000)*0.45
    print('应缴税：%0.2f'% s)
for x in gzb:
    gs(x)  #调用函数计算应缴税
```

（4）按【Ctrl+S】组合键保存程序文件，将文件命名为“test6_01.py”。

（5）按【F5】键运行程序，观察输出结果。

【知识点】

6.1 函数

在实现大型项目时，程序员往往会将需要重复使用的代码提取出来，将其定义为函数，从而减

轻编程工作量，也使程序结构简化。

6.1.1 定义函数

def 语句用于定义函数，其基本语法格式如下。

6.1.1 定义函数

```
def 函数名(参数):
    函数语句
    return 返回值
```

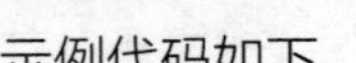

其中参数和返回值都可省略，示例代码如下。

```
>>> def hello():                        #定义函数
...     print('Python 你好')
...
>>> hello()                             #调用函数
Python 你好
```

hello()函数没有参数和返回值，它调用 print()函数输出一个字符串。

函数参数有多个时，参数之间用逗号分隔。下面的例子为函数定义两个参数，并返回两个参数的和。

```
>>> def add(a,b):                       #定义函数
...     return a+b
...
>>> add(1,2)                            #调用函数
3
```

6.1.2 调用函数

6.1.2 调用函数

调用函数的基本语法格式如下。

```
函数名(参数)
```

在 Python 中，所有语句都是解释执行的，不存在 C/C++中的编译过程。def 语句也是一条可执行语句，用于完成函数的定义。函数的调用必须出现在函数的定义之后。

在 Python 中，函数也是对象（function 对象）。def 语句在执行时会创建一个函数对象，函数名是引用函数对象的变量。可将函数名赋值给变量，使变量引用同一个函数对象，示例代码如下。

```
>>> def add(a,b):                       #定义函数
...     return a+b
...
>>> add                                 #直接用函数名，可返回函数对象的内存地址
<function add at 0x00D41078>
>>> add(10,20)                          #调用函数
30
>>> x=add                               #将函数名赋值给变量
>>> x(1,2)                              #通过变量调用函数
3
```

6.1.3 函数的参数

6.1.3 函数的参数

函数定义中的参数称为形式参数，简称形参；函数调用中的参数称为实际参数，简称实参。实参可以是常量、变量或表达式。实参是常量或表达式时，会将常量或表达式的计算结果传递给形参。在 Python 中，变量保存的是对象的引用，实参为变量时，会将对象的引用赋值给形参，使实参和形参引用同一个对象。

1. 参数的多态性

多态是面向对象的特点之一，它指不同对象执行同一个行为可能会获得不同的结果。同一个函数传递的实参类型不同时，也可获得不同的结果，从而体现了多态性。

示例代码如下。

```
>>> def add(a,b):
...     return a+b                    #两个参数执行加法运算
...
>>> add(1,2)                          #执行数字加法
3
>>> add('abc','def')                  #执行字符串连接
'abcdef'
>>> add((1,2),(3,4))                  #执行元组合并
(1, 2, 3, 4)
>>> add([1,2],[3,4])                  #执行列表合并
[1, 2, 3, 4]
```

2. 参数赋值传递

默认情况下，调用函数时会按参数的先后顺序，依次将实参传递给形参。例如，调用 add(1,2) 时，1 传递给 a，2 传递给 b。

Python 允许以形参赋值的方式，将实参传递给指定形参，示例代码如下。

```
>>> def add(a,b):
...    return a+b
...
>>> add(a='ab',b='cd')                #通过赋值来传递参数
'abcd'
>>> add(b='ab',a='cd')                #通过赋值来传递参数
'cdab'
```

采用参数赋值传递时，因为指明了形参名称，所以参数的先后顺序已无关紧要。参数赋值传递的方式称为关键字参数传递，此时可将形参称为关键字。

3. 参数传递与共享引用

参数传递与共享引用示例如下。

```
>>> def f(x):
...     x=100
...
>>> a=10
>>> f(a)
>>> a
10
```

从上面的输出结果可以看出，将实参 a 传递给形参 x 后，在函数中重新赋值 x，并不会影响实参 a。这是因为 Python 中的赋值建立的是变量到对象的引用。重新赋值形参时，形参引用了新的对象，所以不会影响实参。当实参引用的是可变对象，如列表、字典等时，若在函数中修改形参，通过共享引用，实参也引用修改后的对象，示例代码如下。

```
>>> def f(a):
...     a[0]='abc'                    #修改对象的第一个元素值
...
>>> x=[1,2]
>>> f(x)                              #调用函数，传递列表对象的引用
>>> x                                 #变量 x 引用的列表对象在函数中被修改
['abc', 2]
```

如果不希望函数内的修改影响函数外的数据，应注意避免传递可变对象的引用。

如果要避免列表在函数中被修改，可使用列表的副本作为实参，示例代码如下。

```
>>> def f(a):
...     a[0]='abc'                    #修改对象的第一个元素值
...
>>> x=[1,2]
>>> f(x[:])                           #传递列表的副本
>>> x                                 #结果显示原列表不变
[1, 2]
```

还可以在函数中对列表进行复制，调用函数时实参使用引用列表的变量，示例代码如下。

```
>>> def f(a):
...     a=a[:]                        #复制列表
...     a[0]='abc'                    #修改列表的副本
...
>>> x=[1,2]
>>> f(x)                              #调用函数
>>> x                                 #结果显示原列表不变
[1, 2]
```

4. 有默认值的可选参数

在定义函数时，可以为参数设置默认值。在调用函数时如果未提供实参，则形参取默认值，示例代码如下。

```
>>> def add(a,b=-100):                #参数 b 的默认值为-100
...     return a+b
...
>>> add(1,2)                          #传递指定参数
3
>>> add(1)                            #形参 b 取默认值
-99
```

应注意有默认值的参数为可选参数，在定义函数时，应放在参数表的末尾。

5. 接收任意个数的参数

在定义函数时，如果在参数名前面使用“*”，就表示形参是一个元组，可接收任意个数的参数。

在调用函数时，可以不为带“*”的形参提供数据，示例代码如下。

```
# test6_02.py：定义接收任意个数参数的函数
def add(a, *b):
    s = a
    for x in b:                     # 用循环迭代元组 b 中的对象
        s += x                      # 累加
    return s                        # 返回累加结果

print(add(1))                       # 不为带“*”的形参提供数据，此时形参 b 为空元组
print(add(1, 2))                    # 求两个数的和，此时形参 b 为元组(2,)
print(add(1, 2, 3))                 # 求 3 个数的和，此时形参 b 为元组(2,3)
print(add(1, 2, 3, 4, 5))           # 求 5 个数的和，此时形参 b 为元组(2,3,4,5)
```

程序运行结果如下。

```
1
3
6
15
```

6. 必须通过赋值传递的参数

在调用函数时，带“*”形参之后的形参必须通过赋值传递，示例代码如下。

```
# test6_03.py：使用必须赋值传递的参数
def add(a, *b, c):                  # 参数 c 必须赋值传递
    s = a+c
    for x in b:
        s += x
    return s

print(add(1, 2, c=3))               # 形参 c 使用赋值传递
print(add(1, c=3))                  # 带“*”的参数可以省略
print(add(1, 2, 3))                 # 形参 c 未使用赋值传递，出错
```

程序运行结果如下。

```
6
4
Traceback (most recent call last):
  File "d:\code\06\test6_03.py", line 11, in <module>
    print(add(1, 2, 3))             # 形参 c 未使用赋值传递，出错
TypeError: add() missing 1 required keyword-only argument: 'c'
```

在定义函数时，也可以单独使用“*”，其后的参数必须通过赋值传递，示例代码如下。

```
>>> def f(a,*,b,c):                 #参数 b 和 c 必须通过赋值传递
...   return a+b+c
...
>>> f(1,b=2,c=3)
6
```

6.1.4 函数嵌套定义

6.1.4 函数嵌套定义

Python 允许在函数内部定义函数，即定义内部函数，示例代码如下。

```
# test6_04.py: 在函数内部定义函数
def add(a, b):
    def getsum(x):  # 在函数内部定义函数，其作用是将字符串转换为 Unicode 值求和
        s = 0
        for n in x:
            s += ord(n)
        return s
    return getsum(a)+getsum(b)        #调用内部函数 getsum()

print(add('12', '34'))                #调用函数
```

程序运行结果如下。

```
202
```

注意，内部函数只能在定义它的函数内部使用。

6.1.5 lambda 函数

6.1.5 lambda 函数

lambda 函数也称表达式函数，用于定义匿名函数。可将 lambda 函数赋值给变量，通过变量调用该函数。lambda 函数定义的基本格式如下。

```
lambda 参数表:表达式
```

示例代码如下。

```
>>> add=lambda a,b:a+b                #定义 lambda 函数赋值给变量
>>> add(1,2)                          #函数调用格式不变
3
>>> add('ab','ad')
'abad'
```

lambda 函数非常适合定义简单的函数。与 def 语句不同，lambda 函数的函数体只能是一个表达式，可在表达式中调用其他函数，但不能使用其他语句，示例代码如下。

```
>>> add=lambda a,b:ord(a)+ord(b)    #在 lambda 函数的表达式中调用其他函数
>>> add('1','2')
99
```

6.1.6 递归函数

递归函数是指在函数体内调用函数本身。例如，下面的递归函数 fac()用于计算阶乘。

6.1.6 递归函数

```
# test6_05.py: 用递归函数计算阶乘
def fac(n):                          # 定义函数
    if n == 0:                       # 递归调用的终止条件
        return 1
```

```
    else:
        return n*fac(n-1)                    # 递归调用函数本身

print('5! =', fac(5))                        # 调用函数
```

程序运行结果如下。

```
5! = 120
```

注意，递归函数必须在函数体内设置递归调用的终止条件。如果没有设置递归调用的终止条件，程序会在超过 Python 允许的最大递归调用深度后，发生 RecursionError（递归调用错误）异常。

6.1.7 函数列表

6.1.7 函数列表

因为函数是一种对象，所以可将其作为列表、元组或者字典元素使用，示例代码如下。

```
>>> d=[lambda a,b: a+b,lambda a,b:a*b]  # 使用 lambda 函数创建列表
>>> d[0](1,3)                           # 调用第一个函数
4
>>> d[1](1,3)                           # 调用第二个函数
3
```

也可以使用 def 语句定义的函数来创建列表，示例代码如下。

```
# test6_06.py：用 def 语句定义的函数来创建列表
def add(a, b):                          # 定义求和函数
    return a+b
def fac(n):                             # 定义求阶乘函数
    if n == 0:
        return 1
    else:
        return n*fac(n-1)

d = [add, fac]                          # 创建函数列表
print(d[0](1, 2))                       # 调用求和函数
print(d[1](5))                          # 调用求阶乘函数

d = (add, fac)                          # 创建包含函数列表的元组对象
print(d[0](2, 3))                       # 调用求和函数
print(d[1](5))                          # 调用求阶乘函数

d = {'求和': add, '求阶乘': fac}        # 用函数 add()和 fac()建立函数映射
print(d['求和'](1, 2))                  # 调用求和函数
print(d['求阶乘'](5))                   # 调用求阶乘函数
```

程序运行结果如下。

```
3
120
5
120
```

```
3
120
```

6.1.8 程序设计方法简介

程序设计方法是思考、设计、编写程序的方法，也可称为编程范式。编程范式主要分为两大范式：命令式编程范式、声明式编程范式。这两大范式衍生出最基本的面向过程范式、面向对象范式、函数式范式和逻辑式范式 4 种子编程范式。面向过程范式和面向对象范式属于命令式编程范式，函数式范式和逻辑式范式属于声明式编程范式。

Python 支持面向过程范式、面向对象范式、函数式范式等多种子编程范式。

1. 面向过程范式

面向过程范式也称过程式编程，是一种基于计算过程或运算流程的编程范式。过程式编程将计算任务描述为操作流程或步骤，逐步实现操作流程或步骤所要求的计算功能。面向过程程序是由多个过程组合而成的，其中包含顺序、分支和循环等程序控制结构。

2. 面向对象范式

面向对象范式用类来表示实体，对象是类的实例。数据和操作被封装在对象中，数据是对象的数据成员，操作是对象的方法成员。执行方法时，对象根据来自方法的消息执行相应的计算，以实现交互并完成任务。

3. 函数式范式

函数式范式是一种基于递归函数计算理论的范式，其程序由一系列函数组成，执行程序便是计算这些函数并对表达式求值。例如，Python 中的 list(map(lambda x:x*2,range(4))表达式通过多个函数调用生成列表[0, 2, 4, 6]。

Python 还支持一种新的编程范式——生态式编程。Python 通过数量庞大的第三方库，构成了一个覆盖众多应用领域的计算生态。在程序中，通过使用第三方库，只需要简单的程序代码即可实现功能复杂的应用程序。

【任务 6-2】 测试变量作用域

【任务目标】

运行下面的程序，关注程序中全局变量和本地变量的值。

任务 6-2

```
# test6_07.py：测试变量作用域
a = 10  # 赋值，创建全局变量
def show():
    a = 100  # 赋值，创建本地变量
    print('in show(): a =', a)  # 输出本地变量 a
show()
print('全局变量：a =', a)  # 输出全局变量 a
```

程序运行结果如下。

```
in show(): a = 100
全局变量：a = 10
```

【任务实施】

（1）启动 IDLE。
（2）在 IDLE 交互环境中选择“File\Open”命令，打开示例代码文件 test6_07.py。
（3）按【F5】键运行程序，观察输出结果。

【知识点】

6.2 变量的作用域

变量的作用域是变量的可使用范围，也称为变量的命名空间。在第一次给变量赋值时，Python 创建变量，创建变量的位置决定了变量的作用域。

6.2.1 作用域分类

6.2.1 作用域分类

Python 中变量的作用域可分为 4 类：本地作用域、函数嵌套作用域、文件作用域和内置作用域，如图 6-1 所示。

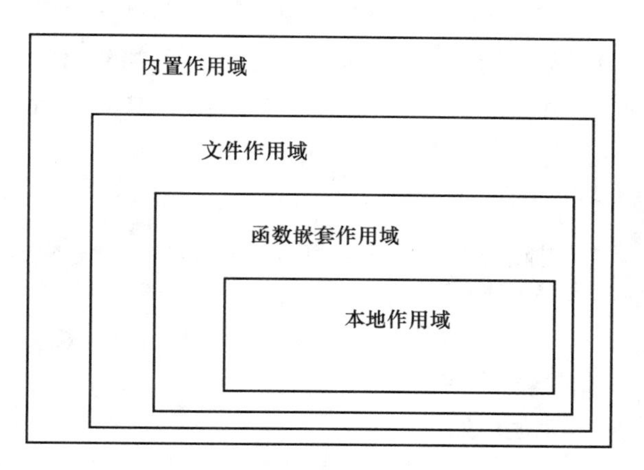

图 6-1 变量的作用域分类

- 本地作用域：没有内部函数时，函数体为本地作用域。函数内通过赋值创建的变量、函数参数的作用域都为本地作用域。
- 函数嵌套作用域：包含内部函数时，函数体为函数嵌套作用域。
- 文件作用域：程序文件（也称模块文件）的内部为文件作用域。
- 内置作用域：Python 运行时的环境为内置作用域，它包含 Python 的各种内置的变量和函数。

内置作用域和文件作用域可称为全局作用域。

作用域外的变量和函数可以在作用域内使用；相反，作用域内的变量和函数不能在作用域外使用。

根据作用域范围大小，通常将变量分为两种：全局变量和本地变量。在内置作用域和文件作用域内定义的变量都属于全局变量（定义的函数可称为全局函数）。在函数嵌套作用域和本地作用域内定义的变量都属于本地变量，本地变量也可称为局部变量（定义的函数可称为局部函数）。

全局变量和本地变量示例如下。

```
# test6_08.py：全局变量和本地变量
a = 10  # a 是全局变量
def add(b):     # 参数 b 是函数 add()内的本地变量
    c = a+b     # c 是函数 add()内的本地变量，a 是函数 add()外的全局变量
    return c
print(add(5))  # 调用函数
```

程序运行结果如下。

```
15
```

该程序在运行过程中，会创建 4 个变量：a、b、c 和 add。a 和 add 是文件作用域内的全局变量，b 和 c 是函数 add()内的本地变量。此外该程序还用到了 print()这个内置函数，print 是内置作用域内的全局变量。

> **提示** **函数内的本地变量，在调用函数时（函数执行期间）才会被创建。函数执行结束后，本地变量会从内存中删除。**

作用域外的变量名称与作用域内的变量名称相同时，以“本地优先”为原则，此时作用域外的变量被屏蔽——称为作用域隔离原则，示例代码参见任务 6-2 中的文件 test6_07.py。

本地变量也需要在赋值（被创建）后才能使用，否则会发生异常，示例代码如下。

```
# test6_09.py：作用域隔离原则
a = 10  # 赋值，创建全局变量
def show():
    print('a=', a)   # 因为后面有创建变量 a，所以这里的 a 是本地变量，此时还未创建该变量，所以会发生异常
    a = 100          # 赋值，创建本地变量 a
    print('a=', a)

show()               # 调用函数会发生异常
```

程序运行时发生异常，异常信息如下。

```
Traceback (most recent call last):
  File "d:\code\06\test6_09.py", line 11, in <module>
    show()  # 调用函数会发生异常
  File "d:\code\06\test6_09.py", line 6, in show
    print('a=', a)  # 因为后面有创建变量 a，所以这里的 a 是本地变量，此时还未创建该变量，所以会发生异常
UnboundLocalError: local variable 'a' referenced before assignment
```

程序运行时出现异常信息的原因是在赋值之前引用了变量 a。因为在函数 show()内部有变量 a 的赋值语句，所以函数内部是变量 a 的作用域。函数 show()的第 1 条语句中的变量 a 是本地变量，此时它还未被创建，因为创建变量 a 的赋值语句在其之后，所以程序会发生异常。

6.2.2 global 语句

6.2.2 global 语句

在函数内部为变量赋值时，默认情况下该变量为本地变量。为了在函数内部

为全局变量赋值，Python 提供了 global 语句，用于在函数内部声明全局变量，示例代码如下。

```
# test6_10.py：在函数内部声明全局变量
def show():
    global a                          # 声明 a 是全局变量
    print('函数内部赋值前：a =', a)  # 输出全局变量 a
    a = 100                           # 为全局变量 a 赋值
    print('函数内部赋值后：a =', a)

a = 10
show()
print(a)
```

程序运行结果如下。

```
函数内部赋值前：a= 10
函数内部赋值后：a= 100
100
```

因为在函数内部使用了 global 语句进行声明，所以在上面的代码中 a 都是全局变量。

6.2.3 nonlocal 语句

6.2.3 nonlocal 语句

作用域隔离原则同样适用于嵌套函数。在嵌套函数内部使用与外部函数中的同名变量时，若该变量在嵌套函数内部没有被赋值，则该变量就是外部函数的本地变量，示例代码如下。

```
# test6_11.py：使用嵌套函数内部的本地变量
def test():
    a = 10                            # 创建 test()的本地变量 a
    def show():
        print('in show(),a =', a)     # 使用 test()的本地变量 a
    show()
    print('in test(),a =', a)         # 使用 test()的本地变量 a

test()
```

程序运行结果如下。

```
in show(),a = 10
in test(),a = 10
```

修改上面的代码，在嵌套函数 show()内部为 a 赋值，代码如下。

```
# test6_12.py：在嵌套函数内部为本地变量赋值
def test():
    a = 10                            # 创建 test()的本地变量 a
    def show():
        a = 100                       # 创建 show()的本地变量 a
        print('in show(),a =', a)     # 使用 show()的本地变量 a
    show()
```

```
    print('in test(),a =', a)        # 使用test()的本地变量a

test()
```

程序运行结果如下。

```
in show(),a = 100
in test(),a = 10
```

如果要在嵌套函数内部为外部函数的本地变量赋值，Python 提供了 nonlocal 语句。nonlocal 语句与 global 语句类似，它声明变量是外部函数的本地变量，示例代码如下。

```
# test6_13.py：使用nonlocal语句
def test():
    a = 10                           # 创建test()的本地变量a
    def show():
        nonlocal a                   # 声明a是test()的本地变量
        a = 100                      # 为test()的本地变量a赋值
        print('in show(),a =', a)    # 使用test()的本地变量a
    show()
    print('in test(),a =', a)        # 使用test()的本地变量a

test()
```

程序运行结果如下。

```
in show(),a = 100
in test(),a = 100
```

【任务 6-3】 调用模块中的唐诗检索函数

【任务目标】

参考任务 5-2 中的唐诗检索程序，编写一个唐诗检索函数，用文件名和唐诗名称作为参数，在文件中检索唐诗。如果检索到则返回唐诗内容，否则返回空字符串。将唐诗检索函数保存在一个程序文件中，将该文件作为模块使用，调用其中的唐诗检索函数检索指定的唐诗。

任务 6-3

【任务实施】

（1）启动 IDLE。

（2）在 IDLE 交互环境中选择“File\New File”命令，打开 IDLE 代码编辑窗口。

（3）在 IDLE 代码编辑窗口中输入下面的代码。

```
# test6_14_1.py：定义函数，从文件中检索唐诗
def getPoem(key, filename='test6_14_2.txt'):
    f = open(filename, encoding='utf-8')
    ok = False
    a = f.readline()
```

```
    rs = ''
    while a != '':                                   # a 为空字符串时，表示已读取到文件末尾
        a = a.rstrip()                               # 去掉末尾的“\n”
        if (a.startswith('《') and a.endswith('》')):  # 判断是否为唐诗名称
            if ok:
                break                    # 遇到下一个唐诗名称时，说明检索到的唐诗内容已结束，退出循环
            if a.find(key) > -1:         # 判断唐诗名称是否包含输入内容
                ok = True                # ok 为 True 时，表示当前读取内容属于检索到的唐诗
        if ok:
            rs += a+'\n'                 # 记录要检索唐诗包含的行
        a = f.readline()                 # 读取下一行
    if not ok:
        rs = ''
    return rs
if __name__ == '__main__':
    # 模块独立运行时，执行下面的代码
    key = '春晓'
    s = getPoem(key)
    if s == '':
        print('未找到名称包含“%s”的唐诗！' % key)
    else:
        print(s)
```

（4）按【Ctrl+S】组合键保存程序文件，将文件命名为“test6_14_1.py”。

（5）按【F5】键运行程序，程序运行结果如下。

```
《春晓》
作者：孟浩然
春眠不觉晓，处处闻啼鸟。
夜来风雨声，花落知多少。
```

（6）在 IDLE 代码编辑窗口中选择“File\New File”命令，创建一个新文件。

（7）在新的 IDLE 代码编辑窗口中输入下面的代码。

```
# test6_14_2.py：调用文件 test6_14_1.py 中定义的函数检索唐诗
from test6_14_1 import getPoem
key = '渭城曲'
s = getPoem(key)
if s == '':
    print('未找到名称包含“%s”的唐诗！' % key)
else:
    print(s)
```

（8）按【Ctrl+S】组合键保存程序文件，将文件命名为“test6_14_2.py”。

（9）按【F5】键运行程序，程序运行结果如下。

```
《渭城曲》
作者：王维
渭城朝雨浥轻尘，客舍青青柳色新。
劝君更尽一杯酒，西出阳关无故人。
```

【知识点】

6.3 模块

模块也可称为库，是一个包含变量、函数或类的程序文件。模块中也可以包含其他各种Python 语句。

大型系统往往将系统功能划分为模块来实现，或者将常用功能集中在一个或多个模块文件中，然后在程序文件中导入并使用模块。Python 也提供了大量内置模块，并可集成各种扩展模块。

6.3.1 导入模块

6.3.1 导入模块

模块需要先导入，然后才能使用其中的变量、函数或者类等。可使用 import 或 from 语句导入模块，基本语法格式如下。

```
import 模块名称
import 模块名称 as 新名称
from 模块名称 import 要导入的对象名称
from 模块名称 import 要导入的对象名称 as 新名称
from 模块名称 import *
```

1. import 语句

import 语句用于导入整个模块，可使用 as 语句为模块指定一个新名称。导入模块后，使用“模块名称.对象名称”格式来引用模块中的对象。

例如，下面的代码导入并使用 math 模块。

```
>>> import math                        #导入模块
>>> math.fabs(-5)                      #调用模块中的函数
5.0
>>> math.e                             #使用模块中的常量
2.718281828459045
>>> fabs(-5)                           #试图直接调用模块中的函数，出错
Traceback (most recent call last):
  File "<stdin>", line 1, in <module>
NameError: name 'fabs' is not defined

>>> import math as m                   #导入模块并为其指定新名称
>>> m.fabs(-5)                         #通过新名称调用模块中的函数
5.0
>>> m.e                                #通过新名称使用模块中的常量
2.718281828459045
```

2. from 语句

from 语句用于导入模块中的指定对象，导入的对象可直接使用，不需要使用模块名称作为限定符，示例代码如下。

```
>>> from math import fabs                    #从模块中导入指定函数
>>> fabs(-5)
5.0
>>> from math import e                       #从模块中导入指定常量
>>> e
2.718281828459045
>>> from math import fabs as f1              #导入时指定新名称
>>> f1(-10)
10.0
```

3. from … import *语句

from…import *语句可导入模块的所有可导入对象，示例代码如下。

```
>>> from math import *                       #导入模块的所有可导入对象
>>> fabs(-5)                                 #直接调用导入的函数
5.0
>>> e                                        #直接使用导入的常量
2.718281828459045
```

6.3.2 导入时执行模块

6.3.2 导入时执行模块

import 和 from 语句在导入模块时，会执行模块中的全部语句，以便创建模块中的对象。

只有在第一次执行导入操作时，才会执行模块。再次导入模块时，并不会重新执行模块。

import 和 from 语句是隐性的赋值语句，两者的区别如下。

- Python 执行 import 语句时，会创建一个模块对象和一个与模块文件同名的变量，并建立变量和模块对象的引用关系。模块中的全局对象作为模块对象的属性或方法使用。再次导入模块时，不会改变模块对象属性的当前值。
- Python 执行 from 语句时，会同时在当前模块和被导入模块中创建同名变量，这两个变量引用同一个对象。再次导入模块时，会重新将被导入模块中的变量初始值赋值给当前模块的变量。

示例代码如下。

首先，创建模块文件 test6_15.py，其代码如下。

```
# test6_15.py：模块文件
x = 100  # 赋值，创建变量 x
print('这是模块 test6_15.py 中的输出！')
def show():  # 定义函数，执行时创建函数对象
    print('这是模块 test6_15.py 中的 show()函数中的输出！')
```

然后，打开系统命令提示符窗口，进入 test6_15.py 所在路径，执行 python.exe 进入 Python 交互环境。下面的代码使用 import 语句导入 test6_15.py 模块。

```
>>> import test6_15                          #导入模块，下面的输出说明导入时执行了模块
这是模块 test6_15.py 中的输出！
>>> test6_15.x                               #使用模块中的变量
```

```
100
>>> test6_15.x=200                         #为模块中的变量赋值
>>> import test6_15
>>> test6_15.x                             #使用模块中的变量
200
>>> test6_15.show()                        #调用模块中的函数
这是模块 test6_15.py 中的 show()函数中的输出!
>>> abc=test6_15                           #将模块变量赋值给另一个变量
>>> abc.x                                  #使用模块中的变量
200
>>> abc.show()                             #调用模块中的函数
这是模块 test6_15.py 中的 show()函数中的输出!
```

执行 import 语句后，会创建引用模块对象的变量 test，可以将它赋值给另一个变量 abc，使其引用同一个模块对象。

图 6-2 说明了在上面的代码执行过程中模块与变量的关系。

下面的代码使用 from 语句导入 test6_15.py 模块。

```
>>> from test6_15 import x,show            #导入模块中的变量 x、show
这是模块 test6_15.py 中的输出!
>>> x                                      #输出模块中变量 x 的值
100
>>> show()                                 #调用模块中的函数 show()
这是模块 test6_15.py 中的 show()函数中的输出!
>>> x=200                                  #为变量赋值
>>> from test6_15 import x,show            #重新导入模块中的变量 x、show，改变当前模块中同名变量的引用
>>> x                                      #变量 x 的值为模块中变量的值
100
```

在执行 from 语句时，test6_15.py 模块中的所有语句均被执行。from 语句将 test6_15.py 模块的变量 x 和 show 赋值给当前模块的变量 x 和 show。语句“x=200”为当前模块的变量 x 赋值，不会影响 test6_15.py 模块的变量 x。因此重新导入模块的变量 x 和 show 时，当前模块变量 x 被重新赋值为 test6_15.py 模块的变量 x 的值。

图 6-3 说明了在上面的代码执行过程中模块与变量的关系。

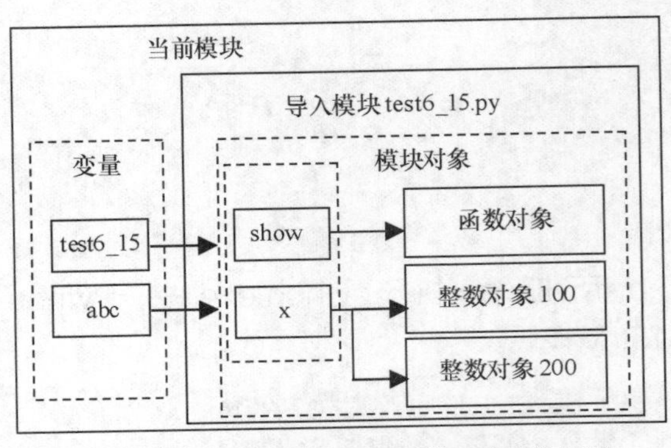

图 6-2　执行 import 语句后模块与变量的关系

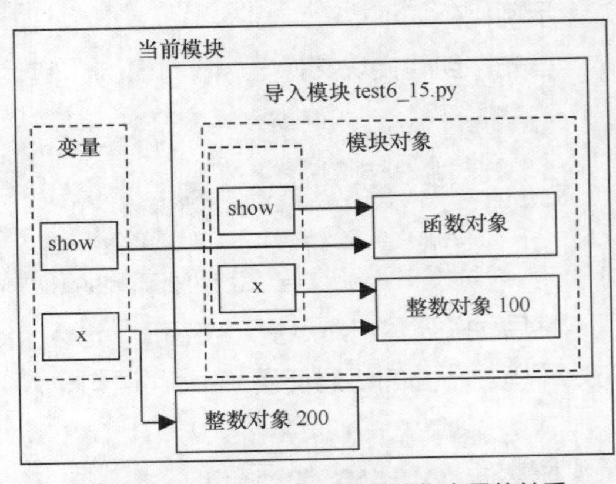

图 6-3　执行 from 语句后模块与变量的关系

6.3.3 使用 import 语句还是 from 语句

在使用 import 语句导入模块时，模块的变量使用“模块名.”作为限定符，所以不存在歧义，即使导入模块的变量与其他模块的变量同名也没有关系。在使用 from 语句导入模块时，就需要注意多个模块中是否存在同名变量的情况。

6.3.3 使用 import 语句还是 from 语句

1. 引用模块中的可修改对象

使用 from 语句导入模块时，可以直接使用变量引用模块中的对象，从而避免输入“模块名.”作为限定符。这种便捷方式有时也会遇到麻烦。

在下面的模块 test6_16.py 中，变量 x 引用了整数对象 100（100 是不可修改对象），y 引用了一个可修改的列表对象。

```
# test6_16.py
x = 100                # 赋值，创建整数对象 100 和变量 x，变量 x 引用整数对象 100
y = [10, 20]           # 赋值，创建列表对象[10,20]和变量 y，变量 y 引用列表对象[10,20]
```

下面的代码使用 from 语句导入模块 test6_16.py。

```
>>> x=10                        #创建当前模块的变量 x
>>> y=[1,2]                     #创建当前模块的变量 y
>>> from test6_16 import *      #导入模块中的变量 x 和 y
>>> x,y                         #输出结果显示引用了模块中的对象
(100, [10, 20])
>>> x=200                       #赋值，使当前模块的变量 x 引用整数对象 200
>>> y[0]='abc'                  #修改第一个列表元素，此时会修改模块中的列表对象
>>> import test6_16             #再次导入模块，不影响模块变量的当前值
>>> test6_16.x,test6_163.y      #输出结果显示模块中的列表对象的值不受导入影响
(100, ['abc', 20])
```

在执行“from test6_16 import *”语句时，隐含的赋值操作改变了当前模块变量 x 和 y 的引用，使其引用模块中的对象。

执行“x=200”语句，使变量 x 引用整数对象 200，断开了 x 与整数对象 100 的引用关系。

执行“y[0]='abc'”语句时，没有改变变量 y 的引用，而是修改了其引用的列表的元素值。如果只希望修改当前模块中的列表，但恰好遇到导入模块中存在同名列表的情况，那么会导致导入模块中列表被意外修改。程序员可能并不清楚导入的模块究竟包含哪些变量，所以应尽量避免使用“from … import *”语句导入模块，优先选择使用“import …”语句导入模块。

2. 使用 from 语句导入两个模块中的同名变量

下面的两个模块 test6_17.py 和 test6_18.py 中包含同名变量。

```
# test6_17.py
def show():
    print('test6_17.py 中的输出')

# test6_18.py
def show():
    print('test6_18.py 中的输出')
```

使用 from 语句导入两个包含同名变量的模块时，后导入的变量会覆盖前面导入的变量，示例

代码如下。

```
>>> from test6_17 import show
>>> from test6_18 import show
>>> show()
test6_18.py 中的输出
>>> from test6_18 import show
>>> from test6_17 import show
>>> show()
test6_17.py 中的输出
```

从上面的代码可以看到，虽然导入了两个模块，但后面导入的模块为 show 赋值时覆盖了前面的赋值。所以只能调用后导入的模块函数。

当两个模块存在同名变量时，应使用 import 语句导入模块，示例代码如下。

```
>>> import test6_17
>>> import test6_18
>>> test6_17.show()
test6_17.py 中的输出
>>> test6_18.show()
test6_18.py 中的输出
```

6.3.4 重新载入模块

6.3.4 重新载入模块

再次使用 import 或 from 语句导入模块时，不会重新执行模块代码，所以不会改变模块中变量的值。Python 在 importlib 模块中提供的 reload()函数，它可重新载入模块（即执行模块代码），从而改变模块中变量的值。

reload()函数用模块名称作为参数，所以只能重新载入使用 import 语句导入的模块。如果要重新载入的模块还没有导入，执行 reload()函数会出错，示例代码如下。

```
>>> import test6_15                    #导入模块，模块代码被执行
这是模块 test6_15.py 中的输出！
>>> test6_15.x
100
>>> test6_15.x=200
>>> import test6_15                    #再次导入模块
>>> test6_15.x                         #再次导入模块没有改变变量的当前值
200
>>> from importlib import reload       #导入 reload()函数
>>> reload(test6_15)                   #重新载入模块，可以看到模块代码被再次执行
这是模块 test6_15.py 中的输出！
<module 'test6_15' from 'D:\\code\\06\\test6_15.py'>
>>> test6_15.x                         #因为模块代码被再次执行，变量 x 的值被改变
100
```

6.3.5 模块搜索路径

6.3.5 模块搜索路径

在导入模块时，Python 会执行下列 3 个步骤。

（1）搜索模块文件：Python 按特定的路径搜索模块文件。

（2）必要时编译模块：找到模块文件后，Python 会检查文件的时间戳。如果字节码文件比源代码文件旧（源代码文件进行了修改），Python 就会执行编译操作，生成最新的字节码文件。如果字节码文件是最新的，则跳过编译操作。如果在搜索路径中只发现了字节码文件，没有发现源代码文件，则直接加载字节码文件。如果只发现了源代码文件，Python 会执行编译操作，生成字节码文件。

（3）执行模块。

在导入模块时，不能在 import 或 from 语句中指定模块文件的路径，只能依赖于 Python 的搜索路径。

可使用标准模块 sys 的 path 属性来查看当前的搜索路径，示例代码如下。

```
>>> import sys
>>> sys.path
['', 'D:\\Python312\\python312.zip', 'D:\\Python312\\DLLs', 'D:\\Python312\\Lib', 'D:\\Python312', 'D:\\Python312\\Lib\\site-packages']
```

第一个空字符串表示 Python 当前工作路径。Python 按照先后顺序依次搜索 path 列表中的路径。如果在 path 列表的所有路径中均未找到模块，则导入操作失败。

通常 path 列表由下列 4 部分设置组成。

（1）Python 的当前工作路径（可用 os 模块中的 getcwd()函数查看当前工作路径）。

（2）操作系统的环境变量 PYTHONPATH 中包含的路径（如果存在）。

（3）Python 标准库路径。

（4）任何.pth 文件包含的路径（如果存在）。

Python 按照上面的顺序搜索各个路径。

.pth 文件通常放在 Python 安装路径中，文件名可以任意设置，例如 searchpath.pth。在.pth 文件中，每个路径占一行，可包含多个路径，示例代码如下。

```
C:\myapp\hello
D:\pytemp\src
```

在 Windows 10 操作系统中，可以按照下面的步骤配置环境变量 PYTHONPATH。

（1）按【Windows+I】组合键打开“Windows 设置”窗口，在搜索框中输入“环境变量”，如图 6-4 所示。

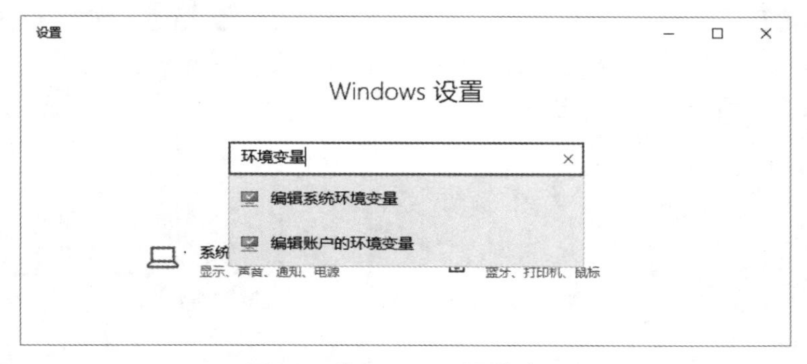

图 6-4 “Windows 设置”窗口

（2）在搜索结果列表中选择“编辑账户的环境变量”选项，打开“环境变量”对话框，如图 6-5 所示。

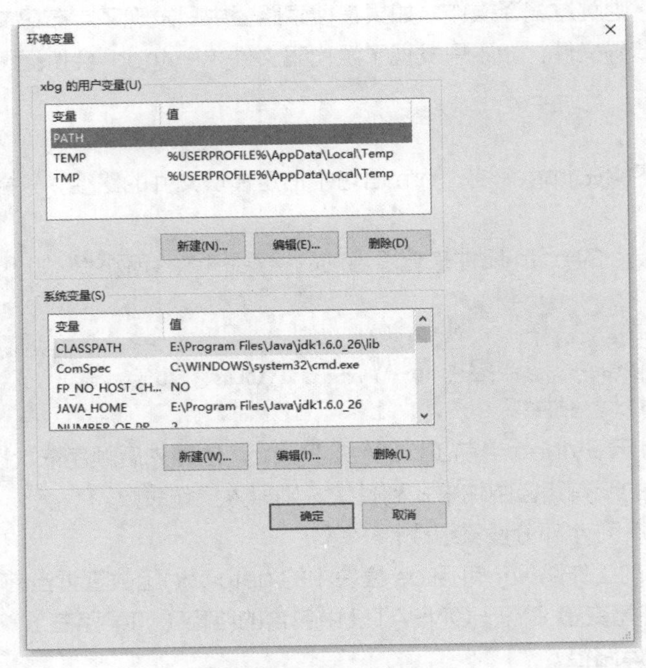

图 6-5 “环境变量”对话框

（3）为当前用户新建用户变量。单击用户变量列表下方的“新建”按钮，打开“新建用户变量”对话框，如图 6-6 所示。

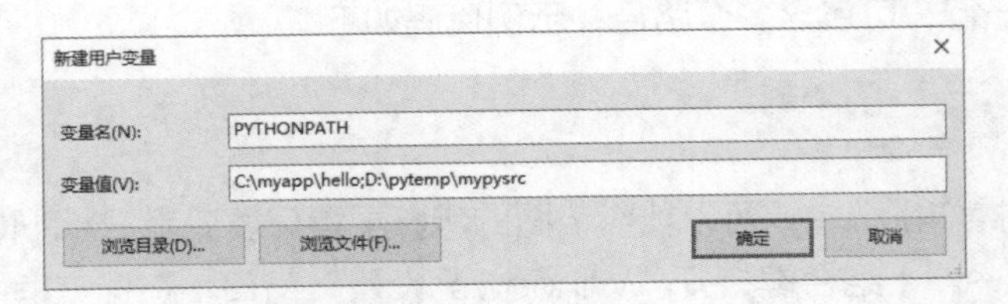

图 6-6 “新建用户变量”对话框

（4）在“变量名”文本框中输入“PYTHONPATH”，在“变量值”文本框中输入以分号分隔的多个路径。依次单击“确定”按钮关闭各个对话框，完成环境变量配置操作。

path 列表在程序启动时，自动进行初始化。可在代码中对 path 列表执行删除或添加操作，示例代码如下。

```
>>> from sys import path                    #导入 path 列表
>>> path                                    #显示当前搜索路径列表
['', 'C:\\myapp\\hello', 'D:\\pytemp\\mypysrc', 'D:\\Python312\\python312.zip', 'D:\\Python312\\DLLs',
'D:\\Python312\\Lib', 'D:\\Python312', 'D:\\Python312\\Lib\\site-packages']

>>> del path[1]                             #删除第二条搜索路径
>>> path
```

```
['', 'D:\\pytemp\\mypysrc', 'D:\\Python312\\python312.zip', 'D:\\Python312\\DLLs', 'D:\\Python312\\Lib', 'D:\\Python312', 'D:\\Python312\\Lib\\site-packages']

>>> path.append(r'D:\temp')              #添加一条搜索路径
>>> path
['', 'D:\\pytemp\\mypysrc', 'D:\\Python312\\python312.zip', 'D:\\Python312\\DLLs', 'D:\\Python312\\Lib', 'D:\\Python312', 'D:\\Python312\\Lib\\site-packages', 'D:\\temp']
```

6.3.6 嵌套导入模块

6.3.6 嵌套导入模块

Python 允许任意层次的嵌套导入模块。每个模块都有一个命名空间，嵌套导入模块意味着命名空间的嵌套。在使用模块的变量时，应依次使用模块名称作为限定符。下面的代码用模块 test6_19.py 和 test6_20.py 说明了如何使用嵌套导入模块中的变量。

```
# test6_19.py
x = 100
def show():
    print('这是模块 test6_19.py 中的 show()函数中的输出！')
print('载入模块 test6_19.py！')
import test6_20

# test6_20.py
x2 = 200
print('载入模块 test6_20.py！')
```

在交互环境中导入模块 test6_19.py 的示例如下。

```
>>> import test6_19                       #导入模块 test6_19.py
载入模块 test6_19.py!
载入模块 test6_20.py!
>>> test6_19.x                            #使用模块 test6_19.py 中的变量
100
>>> test6_19.show()                       #调用模块 test6_19.py 中的函数
这是模块 test6_19.py 中的 show()函数中的输出!
>>> test6_19.test6_20.x2                  #使用嵌套导入模块 test6_20.py 中的变量
200
```

6.3.7 查看模块对象属性

6.3.7 查看模块对象属性

在导入模块时，Python 为模块文件创建一个模块对象。模块中的各个对象是模块对象的属性。可使用 dir()函数查看模块对象属性。例如，模块 test6_21.py 的代码如下。

```
# test6_21.py
'''
该模块用于演示
模块包含 2 个全局变量和 2 个函数
'''
x = 100
```

```
y = [1, 2]
def show():
    print('这是模块 test6_21.py 中的 show()函数中的输出！')
def add(a, b):
    return a+b
```

下面导入该模块，查看模块对象属性。

```
>>> import test6_21
>>> dir(test6_21)
['__builtins__', '__cached__', '__doc__', '__file__', '__loader__', '__name__', '__package__',
'__spec__', 'add', 'show', 'x', 'y']
>>> test6_21.__doc__
'\n 该模块用于演示\n 模块包含 2 个全局变量和 2 个函数\n'
>>> test6_21.__file__
'D:\\code\\06\\test6_21.py'
>>> test6_21.__name__
'test6_21'
```

dir()函数返回的列表包含模块对象属性，其中 Python 内置属性名以双下画线开头和结尾，其他属性名为代码中的变量名或函数名。

6.3.8 __name__属性和命令行参数

6.3.8 __name__属性和命令行参数

作为导入模块使用时，模块的__name__属性值为模块文件名；直接执行模块时，模块的__name__属性值为"__main__"。

在下面的模块 test6_22.py 中，检查__name__属性值是否为"__main__"。

```
# test6_22.py
if __name__ == '__main__':
    print('模块独立运行')
else:
    # 当模块作为导入模块使用时，执行下面的代码
    print('模块被导入')
print('模块执行结束')
```

独立运行模块 test6_22.py，运行结果如下。

```
模块独立运行
模块执行结束
```

在交互环境中导入模块 test6_22.py，运行结果如下。

```
>>> import test6_22
模块被导入
模块执行结束
```

6.3.9 隐藏模块变量

6.3.9 隐藏模块变量

在使用"from…import *"语句导入模块变量时，Python 默认会导入模块的所有变量（名称以单个下画线开头的变量除外），示例代码如下。

```
# test6_23.py
x = 100
_y = [1, 2]
def _add(a, b):
    return a+b
def show():
    print('test6_23 中的输出！')
```

在交互环境中导入模块 test6_23.py 的变量，示例代码如下。

```
>>> from test6_23 import *                    #导入模块变量
>>> x
100
>>> show()
test6_23 中的输出！
>>> _y
Traceback (most recent call last):
  File "<stdin>", line 1, in <module>
NameError: name '_y' is not defined. Did you mean: '_'?
>>> _add()
Traceback (most recent call last):
  File "<stdin>", line 1, in <module>
NameError: name '_add' is not defined
```

可以看到，执行"from test6_23 import *"语句后，模块中的 x 和 show 被导入，而_y 和_add 没有被导入。

可以在模块文件的开头使用__all__列表设置使用"from…import *"语句时导入的变量。例如，修改模块 test6_23.py，添加__all__列表，示例代码如下。

```
# test6_24.py
__all__ = ['_y', '_add', 'show']  # 设置可导入的变量列表
x = 100
_y = [1, 2]
def _add(a, b):
    return a+b
def show():
    print('test6_24 中的输出！')
```

在交互环境中导入模块，示例代码如下。

```
>>> from test6_24 import *
>>> x
Traceback (most recent call last):
  File "<stdin>", line 1, in <module>
NameError: name 'x' is not defined
>>> _y
[1, 2]
>>> _add(1,2)
3
>>> show()
test6_24 中的输出！y
```

可以看到“from…import *”语句根据__all__列表导入变量。只要是__all__列表中的变量，不管名称是否以下画线开头，均会被导入。

【综合实例】自定义杨辉三角函数

创建一个 Python 程序，在程序中定义一个函数输出杨辉三角。程序独立运行时输出 10 阶杨辉三角，结果如下。

综合实例 自定义杨辉三角函数

```
程序独立运行,10 阶杨辉三角如下:
                                         1
                                    1         1
                               1         2         1
                          1         3         3         1
                     1         4         6         4         1
                1         5         10        10        5         1
           1         6         15        20        15        6         1
      1         7         21        35        35        21        7         1
 1         8         28        56        70        56        28        8         1
1         9         36        84        126       126       84        36        9         1
```

杨辉三角实现分析如下。

将杨辉三角左对齐输出，如下所示。

```
1
1         1
1         2         1
1         3         3         1
1         4         6         4         1
1         5         10        10        5         1
1         6         15        20        15        6         1
1         7         21        35        35        21        7         1
1         8         28        56        70        56        28        8         1
1         9         36        84        126       126       84        36        9         1
```

可以看出，杨辉三角的规律为：第一列和主对角线上的数字都为 1，其他位置的数字为“上一行前一列”和“上一行同一列”两个位置的数字之和。使用嵌套的列表表示杨辉三角，则非第一列和主对角线上元素的值可用下面的表达式表示。

```
x[i][j]=x[i-1][j-1]+x[i-1][j]
```

具体操作步骤如下。

（1）启动 IDLE。

（2）在 IDLE 交互环境中选择“File\New File”命令，打开 IDLE 代码编辑窗口。

（3）在 IDLE 代码编辑窗口中输入下面的代码。

```
def yanghui(n):
    if not str(n).isdecimal() or n<2 or n>25:
        #限制杨辉三角阶数，避免数字太大
        print('杨辉三角函数 yanghui(n)，参数 n 必须是不小于 2 且不大于 25 的正整数')
```

```
        return False
    #使用列表对象生成杨辉三角
    x=[]
    for i in range(1,n+1):                    #生成初始值均为 1 时的杨辉三角
        x.append([1]*i)
    #计算杨辉三角中不是第一列和主对角线上的元素的值
    for i in range(2,n):
        for j in range(1,i):
            x[i][j]=x[i-1][j-1]+x[i-1][j]
    #输出杨辉三角
    for i in range(n):
        if n<=10:print(' '*(40-4*i),end='')    #超过 10 阶时将杨辉三角左对齐输出
        for j in range(i+1):
            print('%-8d' % x[i][j],end='')
        print()
###独立运行测试代码开始############################################################
if __name__=='__main__':
    print('程序独立运行,10 阶杨辉三角如下：')
    yanghui(10)
```

（4）按【Ctrl+S】组合键保存程序文件，将文件命名为“test6_25.py”。

（5）按【F5】键运行程序，IDLE 交互环境显示了运行结果。

（6）按【Windows+R】组合键打开 Windows 操作系统的“运行”对话框，输入“cmd”命令，单击“确定”按钮，打开系统命令提示符窗口。

（7）切换到文件“test6_25.py”所在路径，执行“python test6_25.py”命令运行程序，观察输出结果。

（8）运行 python.exe，进入 Python 交互环境，导入 test6_25.py 模块，调用函数 yanghui() 输出 8 阶杨辉三角。运行结果如下。

```
>>> import test6_25
>>> test6_25.yanghui(8)
                                        1
                                    1       1
                                1       2       1
                            1       3       3       1
                        1       4       6       4       1
                    1       5       10      10      5       1
                1       6       15      20      15      6       1
            1       7       21      35      35      21      7       1
```

小　结

本单元主要介绍了函数、变量的作用域和模块等内容。通过学习读者应掌握函数的定义、调用和参数传递，同时掌握 lambda 函数、递归函数和函数列表的使用。在定义和使用函数时，应注意函数内外变量的作用域，以及 global 和 nonlocal 语句的作用和区别。

【拓展阅读】了解百度超级链 XuperChain

XuperChain 是百度 100%自主研发，拥有完全自主知识产权的区块链底层技术。百度拥有 500+篇相关的核心技术专利。XuperChain 以高性能、自主可控、开源为主要设计目标，响应国家政策，打破了国外在区块链技术领域的垄断，致力于创建最快、最通用、最好用的区块链底层技术。2019 年 5 月，XuperChain 正式向社会开源。2020 年 9 月，百度将 XuperChain 的内核技术 XuperCore 捐赠给开放原子开源基金会，以全新的开源治理模式面向社会（摘自百度超级链 XuperCore 官方文档）。

了解百度超级链 XuperChain

【技能拓展】利用文心一言优化和重构代码

大语言模型可以帮助程序开发人员优化、重构代码，以帮助程序开发人员改进代码的执行效率和响应时间。请尝试使用文心一言优化和重构一段代码，结果如图 6-7 所示。

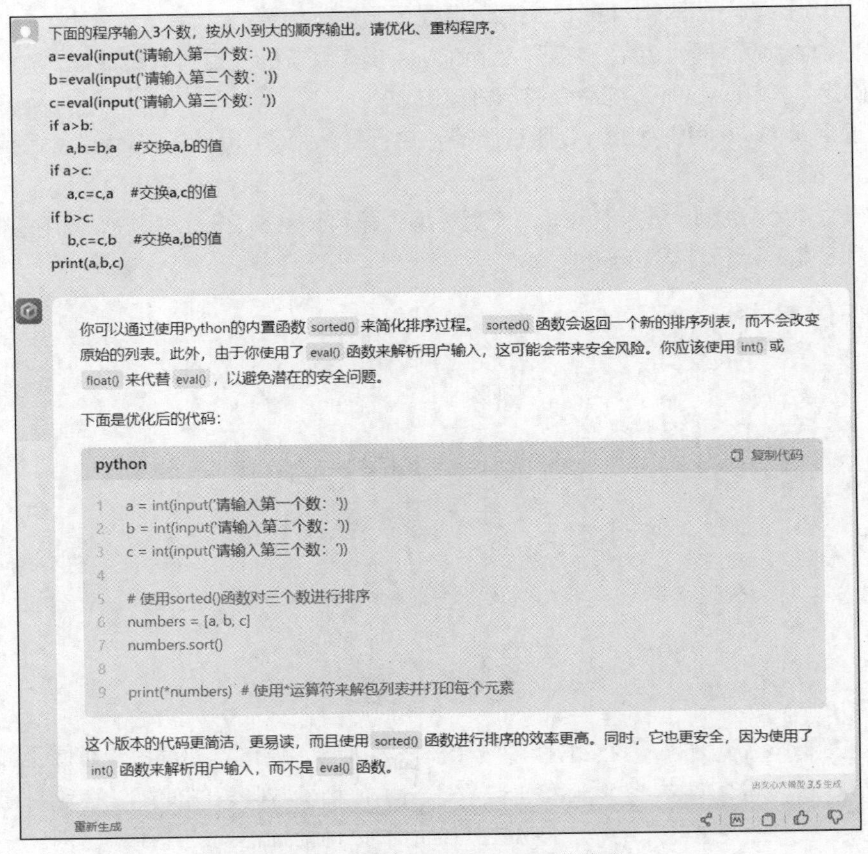

图 6-7 利用文心一言优化和重构代码

习　题

一、单项选择题

1. 下列关于函数的说法错误的是（　　）。

A. 函数使用 def 语句完成定义　　B. 函数可以没有参数

C. 函数可以有多个参数　　D. 函数可以有多个返回值

2. 下列关于函数的说法错误的是（　　）。

A. 函数调用可以出现在任意位置　　B. 函数也是一种对象

C. 可将函数名赋值给变量　　D. 函数名也是一个变量

3. 下列关于变量的说法错误的是（　　）。

A. 函数内部是变量的本地作用域

B. 程序文件内部是变量的全局作用域

C. 任何情况下，全局变量都可以在函数内部赋值

D. 在函数内部创建的变量，不能在函数外部使用

4. 下列关于模块的说法错误的是（　　）。

A. 模块只有在导入后才能使用

B. 每次导入都会执行模块

C. 模块允许嵌套导入

D. “from...import *”语句不一定能导入模块的全部变量

5. 执行下面的语句后，输出结果是（　　）。

```
def func():
    global x
    x=200
x=100
func()
print(x)
```

A. 0　　B. 100　　C. 200　　D. 300

二、编程题

1. 定义一个 lambda 函数，从键盘输入 3 个整数，输出其中的最大整数，程序运行示例代码如下。

```
请输入第 1 个整数：12
请输入第 2 个整数：5
请输入第 3 个整数：9
其中的最大整数为：12
```

2. 斐波那契数列（Fibonacci Sequence），又称黄金分割数列，由数学家莱奥纳尔多 · 斐波那契以兔子繁殖为例子引入，故又称为“兔子数列”，它指的是这样一个数列 0,1,1,2,3,5,8,13,21,34,…。在数学上，斐波那契数列以如下递归的方法定义：$F(0)=0, F(1)=1, F(n)=F(n-1)+F(n-2)$（$n \geq 2$，$n \in \mathbf{N}^*$）。请定义一个函数返回斐波那契数列的第 n 项，并输出斐波那契数列的前 10 项。输出结果如下所示。

```
斐波那契数列的前 10 项：
0 1 1 2 3 5 8 13 21 34
```

3. 定义一个函数列表，列表包含 3 个函数，分别用于完成 2 个整数的加法、减法和乘法运算。从键盘输入 2 个整数，调用列表中的函数完成加法、减法和乘法运算。

4. 创建一个程序文件“编程题 6_4.py”，在其中定义一个变量 data，同时定义一个函数 showdata()输出变量 data 的值。在 Python 交互环境中导入“编程题 6_4”，调用 showdata()函数输出变量 data 的值。

5. 创建一个程序文件“编程题 6_5.py”，导入“编程题 6_4”，输出其中的 data 变量值，并调用 showdata()函数。

单元 7
文件和数据组织

文件是保存于存储介质中的数据集合，按存储格式可将文件分为文本文件和二进制文件。Python 使用文件对象来读写文件数据，文件对象根据读写模式决定如何读写文件数据。本单元将详细介绍文本文件、二进制文件和 CSV 文件（特殊的文本文件）的读写方法，并介绍数据维度的基本概念和数据处理方法。

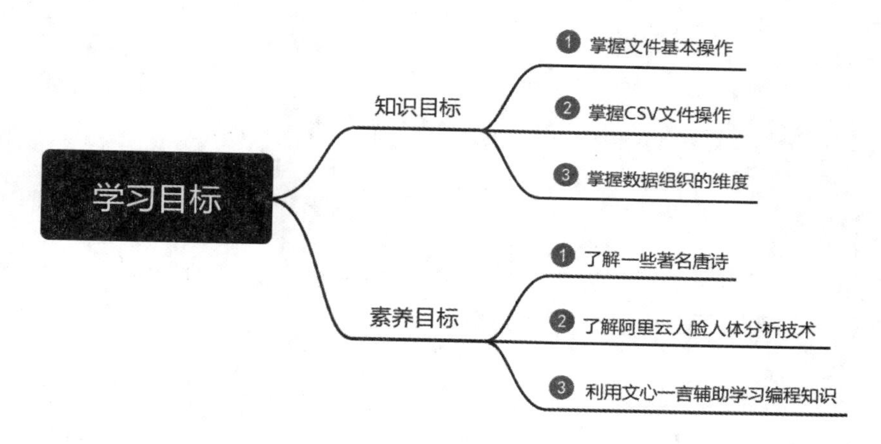

【任务 7-1】 从文件中读取唐诗目录

【任务目标】

文件中按下面的格式保存了若干首唐诗。

任务 7-1

```
《春晓》
作者：孟浩然
春眠不觉晓，处处闻啼鸟。
夜来风雨声，花落知多少。
《静夜思》
作者：李白
床前明月光，疑是地上霜。
举头望明月，低头思故乡。
《登鹳雀楼》
作者：王之涣
……
```

编写一个程序，从文件中读取唐诗目录，程序运行结果如下。

```
1、春晓          第 1 行
2、静夜思        第 5 行
3、登鹳雀楼      第 9 行
4、怨情          第 13 行
......
```

【任务实施】

（1）启动 IDLE。

（2）在 IDLE 交互环境中选择“File\New File”命令，打开 IDLE 代码编辑窗口。

（3）在 IDLE 代码编辑窗口中输入下面的代码。

```
# test7_01.py：从文件中读取唐诗目录
f = open('test7_01.txt', encoding='utf-8')
index = 1
line = 1
for a in f:
    if a.startswith('《'):
        print('%s、%-8s\t 第%s 行' % (index, a[1:-2], line))
        index += 1
    line += 1
f.close()
```

（4）按【Ctrl+S】组合键保存程序文件，将文件命名为“test7_01.py”。

（5）按【F5】键运行程序，观察输出结果。

【知识点】

7.1 文件基本操作

文件是操作系统管理和存储数据的一种方式。Python 使用文件对象来读写文件数据。

7.1.1 文件类型

7.1.1 文件类型

通常，文件可分为文本文件和二进制文件。

文本文件指以字符编码方式保存的文件，字符编码由字符集定义，常见字符集有 ASCII、ANSI、UTF-8、GB2312、Unicode 等。一个文本文件只能保存其所用字符集包含的字符。Python 通常按字符读取文本文件中的字符，一个字符占用的字节数由字符集定义。

二进制文件指以二进制位 0 和位 1 方式保存的文件。二进制文件不需要规定字符集。二进制文件通常用于保存图像、音频和视频等数据。图像、音频和视频有不同的编码格式，如 png 格式的图像、mp3 格式的音频、mp4 格式的视频等。Python 通常按字节读取二进制文件中的数据。

Python 可按文本文件格式或二进制文件格式读写文件中的数据。

例如，文本文件“data.txt”包含一个字符串“Python 3 基础教程”，按文本文件格式读取文件数据的示例代码如下。

```
# test7_02.py
f = open('data.txt')              # 按默认的文本文件格式、只读模式打开文件
print(f.readline())               # 从文件中读取一行数据，输出
f.close()                         # 关闭文件
```

程序运行结果如下。

```
Python3 基础教程
```

按二进制文件格式读取文件数据的示例代码如下。

```
# test7_03.py
f = open('data.txt', 'rb')        # 按二进制文件格式、只读模式打开文件
print(f.readline())               # 从文件中读取一行数据，输出
f.close()                         # 关闭文件
```

程序运行结果如下。

```
b'Python3\xbb\xf9\xb4\xa1\xbd\xcc\xb3\xcc'
```

按文本文件格式读取数据时，Python 会根据字符集将数据解码为字符串。按二进制文件格式读取数据时，数据为字节流，Python 不执行解码操作，读取的数据作为 bytes 字符串，并按 bytes 字符串格式输出。

7.1.2 打开和关闭文件

7.1.2 打开和关闭文件

可以使用 Python 内置的 open()函数来打开文件，并返回其关联的文件对象。open()函数的基本语法格式如下。

```
f = open(filename[,mode])
```

其中，f 为引用文件对象的变量，filename 为文件名字符串，mode 为文件读写模式。文件名字符串可包含相对或绝对路径，省略路径时，Python 在当前工作目录中搜索文件。IDLE 的当前工作目录为 Python 安装目录。在系统命令提示符窗口中执行 python.exe 进入 Python 交互环境或执行 Python 程序时，当前工作目录为 Python 的当前工作目录。

文件读写模式和格式如下。

- r：只读模式，默认模式。
- w：只写模式，创建新文件。若文件已存在，则原来的文件被覆盖。
- a：只写、追加模式。若文件已存在，则在文件末尾添加数据。文件不存在时会创建新文件。
- x：只写模式，创建新文件。若文件已存在，则出错。
- +：组合读写模式，可同时进行读写操作。
- t：按文本文件格式读写文件数据，默认格式。
- b：按二进制文件格式读写文件数据。

“t”“b”可与“r”“w”“a”“x”组合使用，“+”必须与“r”“w”“a”组合使用。

常用的文件读写模式组合如下。

- 默认读写模式：文本文件格式、只读模式，等同于“rt”。例如，open('data.txt')。
- rb：二进制文件格式、只读模式。例如，open('data.txt','rb')。
- w 和 wt：文本文件格式、只写模式。例如，open('data.txt','w')。
- r+：文本文件格式、可读写模式。例如，open('data.txt','r+')。
- wb：二进制文件格式、只写模式。例如，open('data.txt','wb')。
- rb+：二进制文件格式、可读写模式。例如，open('data.txt','rb+')。
- a+：文本文件格式、可读写模式，写入的数据始终添加到文件末尾。例如，open('data.txt','a+')。
- ab+：二进制文件格式、可读写模式，写入的数据始终添加到文件末尾。例如，open('data.txt','ab+')。

打开文件后，Python 用一个文件指针记录当前读写位置。以“w”或“a”模式打开文件时，文件指针指向文件末尾；以“r”模式打开文件时，文件指针指向文件开头。Python 始终在文件指针指向位置读写数据，读取或写入一个数据后，根据数据长度，向后移动文件指针。

close()方法用于关闭文件，示例代码如下。

```
f.close()                                    #关闭文件
```

通常，Python 会用内存缓冲区缓存文件数据。关闭文件之前，Python 将缓存的数据写入文件，然后关闭文件，释放对文件的引用。程序运行结束时，Python 会自动关闭未使用的文件。

flush()方法可将内存缓冲区的数据写入文件，但不关闭文件，示例代码如下。

```
f.flush()
```

7.1.3 读写文本文件

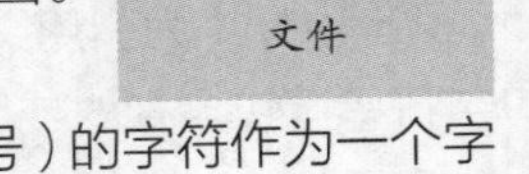
7.1.3 读写文本文件

文本文件的读写方法如下。

- f.read()：将从文件指针位置开始到文件末尾的字符作为一个字符串返回。
- f.read(n)：将从文件指针位置开始的 n 个字符作为一个字符串返回。
- f.readline()：将从文件指针位置开始到下一个换行符号（包括换行符号）的字符作为一个字符串返回。
- f.readlines()：将从文件指针位置开始到文件末尾的字符作为一个列表返回，每一行的字符串作为一个列表元素。
- f.write(xstring)：在文件指针位置写入字符串，返回写入的字符个数。
- f.writelines(xlist)：将列表中的数据合并为一个字符串写入文件指针位置，返回写入的字符个数。
- f.seek(n)：将文件指针移动到第 n+1 个字符，n 为 0 表示文件指针指向文件开头的第 1 个字符。
- f.tell()：返回文件指针指向的位置。

Python 通常按字符读取文本文件中的数据，如果文件中包含 Unicode 字符，Python 会自动进行转换。文本文件中每行末尾以回车换行符结束，在读取的字符串中，Python 用“\n”代替回车换行符。二进制文件读取的回车换行符为“\r\n”。

文本文件“code.txt”的数据如下。

```
one 第一行
two 第二行
three 第三行
```

用 Windows 记事本创建该文件，文件编码使用“ANSI”字符集，将其保存到系统 D 盘根目录中，本小节后面的内容将使用该文件说明如何读写文本文件

1. 以“r”模式打开文件

以“r”模式打开文件时，文件指针指向文件开头，只能从文件中读取数据，示例代码如下。

```
>>> f=open('d:/code.txt')              #以默认只读模式打开文件
>>>x=f.read()                          #读取文件全部数据到字符串
>>>x                                   #每行末尾的换行符在字符串中为“\n”
'one 第一行\ntwo 第二行\nthree 第三行'
>>> print(x)                           #输出格式与记事本显示的完全一致
one 第一行
two 第二行
three 第三行
>>> f.read()                           #文件指针已指向文件末尾，返回空字符串
''
>>> f.seek(0)                          #将文件指针移动到文件开头
0
>>> f.read(5)                          #读取 5 个字符
'one 第一'
>>> f.tell()                           #返回文件指针当前位置，指向第 8 个字节
7
>>> f.readline()                       #读取从文件指针位置开始到当前行末尾的字符串
'行\n'
>>> f.readline()                       #读取下一行
'two 第二行\n'
>>> f.seek(0)
0
>>> f.readlines()                      #读取文件中的全部数据到列表
['one 第一行\n', 'two 第二行\n', 'three 第三行']
>>> f.seek(0)
0
>>> for x in f:print(x)                #以迭代方式读取文件中的数据
...
one 第一行
                                       #请思考：两行数据之间为什么有一个空行?
two 第二行

three 第三行
>>> f.close()                          #关闭文件
```

2. 以“r+”模式打开文件

以“r+”模式打开文件时，文件操作具有下列特点。

- 可从文件中读取数据，也可向文件写入数据。
- 打开文件时，文件指针指向文件开头。

- 在执行完读取操作后，立即执行写入操作时，不管文件指针指向哪里，都将数据写入文件末尾。
- 未执行过读取操作，或者执行了 seek()函数指定文件指针位置，则在文件指针位置写入数据。

以“r+”模式打开文件示例代码如下。

```
>>> f=open('d:/code.txt','r+')
>>> f.write('oneline')                  #写入字符串，此时写入文件开头，覆盖原数据
7
>>> f.seek(0)                           #定位文件指针指向文件开头
0
>>> f.read()                            #读取全部数据
'oneline 行\ntwo 第二行\nthree 第三行'
>>> f.seek(7)                           #将文件指针指向第 8 个字节
7
>>> f.write('123456')                   #写入数据，会覆盖原第一行末尾的换行符
6
>>> f.seek(0)                           #定位文件指针到文件开头
0
>>> f.read()                            #读取数据，查看前面写入的数据
'oneline123456o 第二行\nthree 第三行'
>>> f.seek(0)                           #定位文件指针到文件开头
0
>>> f.read(5)                           #读取 5 个字符
'oneli'
>>> f.tell()                            #查看文件指针指向位置
5
>>> f.write('xxx')                      #读取数据后立即写入，数据写入文件末尾
3
>>> f.seek(0)                           #定位文件指针到文件开头
0
>>> f.read()                            #读取数据，查看前面写入的数据，“xxx”在文件末尾
'oneline123456o 第二行\nthree 第三行 xxx'
```

3. 以“w”模式打开文件

以“w”模式打开文件时，会创建一个新文件，且只能向文件写入数据。如果存在同名文件，原来的文件会被覆盖。所以，使用“w”模式打开文件时应特别小心。示例代码如下。

```
>>> f=open('d:/code2.txt','w')
>>> f.write('one\n')                    #将字符串写入文件
4
>>> f.writelines(['1','2','abc'])  #将列表写入文件，此时列表元素必须都是字符串
>>> f.close()
>>> f=open('d:/code2.txt')              #重新打开文件，读取前面写入的数据
>>> f.read()
'one\n12abc'
```

f.write()方法向文本文件写入数据时，不会添加换行符号。如果需要换行，需要在数据中加入换行符号“\n”，否则数据不会换行。

4. 以“w+”模式打开文件

以“w+”模式打开文件时，允许同时读写文件，示例代码如下。

```
>>> f=open('d:/code2.txt','w+')
>>> f.read()                          #新建文件，其中没有数据，返回空字符串
''
>>> f.write('one\n')                  #将字符串写入文件
4
>>> f.writelines([1,2,'abc'])
>>> f.seek(0)                         #将文件指针移动到文件开头
0
>>> f.readline()                      #读取第 1 行
'one\n'
>>> f.readline()                      #读取第 2 行
'12abc'
>>> f.readline()                      #已经到文件末尾，返回空字符串
''
>>> f.seek(4)                         #将文件指针移动到第 5 个字节
4
>>> f.write('xxxxxxx')                #将字符串写入文件，“12abc”被覆盖
7
>>> f.seek(0)                         #将文件指针移动到文件开头
0
>>> f.read()                          #读取全部数据
'one\nxxxxxxx'
```

5. 以“a”模式打开文件

以“a”模式打开文件时，文件指针指向文件末尾，只能向文件写入数据，写入的数据始终添加到文件末尾。示例代码如下。

```
>>> f=open('d:/code2.txt','a')
>>> f.write('\n123456')               #将字符串写入文件
7
>>> f.seek(4)
4
>>> f.write('*****')                  #虽然文件指针指向第 5 个字节，但仍写入文件末尾
5
>>> f=open(r'd:\code2.txt')           #重新以只读模式打开文件
>>> print(f.read())
one
xxxxxxx
123456*****
```

6. 以“a+”模式打开文件

“a+”与“a”模式的唯一区别是前者除了允许写入数据，还允许读取文件数据，示例代码如下。

```
>>> f=open('d:/code2.txt','a+')
>>> f.tell()                          #查看文件指针指向位置，此时应为文件末尾
25
>>> f.write('\n 新添加的数据')          #将字符串写入文件
7
>>> f.seek(0)
```

```
0
>>> print(f.read())                         #输出读取的文件数据
one
xxxxxxx
123456*****
新添加的数据
>>> f.seek(5)                               #将文件指针移动到第 5 个字符之后
5
>>> f.write('newdata')
7
>>> f.seek(0)
0
>>> print(f.read())                         #输出读取的数据，查看前面写入的“newdata”位置
one
xxxxxxx
123456
新添加的数据 newdata
```

7.1.4 读写二进制文件

7.1.4 读写二进制文件

7.1.3 小节中讲述的文本文件的各种读写方法均可用于二进制文件，区别在于：二进制文件读写的是 bytes 字符串。例如，下面的代码先以“wb”模式创建一个二进制文件，然后分别以“r”和“rb”模式打开文件，并读取文件中的数据。

```
>>> f=open('d:/code3.txt','wb')        #创建二进制文件
>>> f.write('aaaaa')                   #出错，二进制文件只能写入 bytes 字符串
Traceback (most recent call last):
  File "<stdin>", line 1, in <module>
TypeError: a bytes-like object is required, not 'str'
>>> f.write(b'aaaaa')                  #正确，将 bytes 字符串写入文件
5
>>> f.write(b'\nbbbb')
5
>>> f.close()
>>> f=open('d:/code3.txt','r')
>>> print(f.read())
aaaaa
bbbb
>>> f=open('d:/code3.txt','rb')
>>> print(f.read())
b'aaaaa\nbbbb'
```

7.1.5 用文件存储对象

7.1.5 用文件存储对象

用二进制文件可存储 Python 中的各种对象，Python 标准模块 pickle 提供了对象的读写功能，示例代码如下。

```
>>> x=[1,2,'abc']                      #创建列表对象
>>> y={'name':'John','age':25}         #创建字典对象
```

```
>>> f=open('d:/objdata.bin','wb')
>>> import pickle                      #导入 pickle 模块
>>> pickle.dump(x,f)                   #将列表对象写入文件
>>> pickle.dump(y,f)                   #将字典对象写入文件
>>> f.close()                          #关闭文件
>>> f=open('d:/objdata.bin','rb')
>>> f.read()                           #读取文件中的全部数据进行查看
b'\x80\x03]q\x00(K\x01K\x02X\x03\x00\x00\x00abcq\x01e.\x80\x03}q\x00(X\x03\x00\x00\x00ageq\x01K\x19X\x04\x00\x00\x00nameq\x02X\x04\x00\x00\x00Johnq\x03u.'
>>> f.seek(0)
0
>>> x=pickle.load(f)                   #从文件中读取一个对象
>>> x
[1, 2, 'abc']
>>> x=pickle.load(f)
>>> x
{'age': 25, 'name': 'John'}
```

用文件来存储程序中的各种对象称为对象的序列化。对象的序列化可以存储程序运行中的各种数据，以便恢复运行状态。

7.1.6 目录操作

7.1.6 目录操作

文件操作通常都会涉及目录操作。目录也称文件夹，是一种特殊的文件，用于存储当前目录中的子目录和文件的相关信息。

Python 的 os 模块提供了目录操作函数，使用之前应先导入该模块，示例代码如下。

```
import os
```

os 模块中的常用目录操作函数如下。

1. os.getcwd()

该方法返回 Python 的当前工作目录，示例代码如下。

```
>>> os.getcwd()
'D:\\pytemp'
```

2. os.mkdir()

该方法用于创建子目录，示例代码如下。

```
>>> os.mkdir('temp')              #在当前工作目录中创建子目录
>>> os.mkdir('d:\ptem\test')      #在绝对路径“d:\ptem”中创建子目录“test”
```

3. os.rmdir()

该方法用于删除指定的空子目录，示例代码如下。

```
>>> os.rmdir('temp')              #删除当前工作目录的空子目录
>>> os.rmdir('d:\ptem\test')      #删除绝对路径中的空子目录“test”
```

os.rmdir()只能删除空子目录，删除非空子目录时会出错，示例代码如下。

```
>>> os.rmdir('pycode')
Traceback (most recent call last):
```

```
  File "<stdin>", line 1, in <module>
OSError: [WinError 145] 目录不是空的。: 'pycode'
```

4. os.listdir()

该方法返回指定目录包含的子目录和文件名称，示例代码如下。

```
>>> os.listdir()                        #列出当前工作目录内容
['code2.txt', 'pycode', 'temp']
>>> os.listdir('d:\ptem')               #列出指定目录内容
['test', 'test.py']
```

5. os.chdir()

该方法用于切换当前工作目录，示例代码如下。

```
>>> os.getcwd()                         #查看当前工作目录
'D:\\pytemp'
>>> os.mkdir('tem')                     #在当前工作目录中创建子目录
>>> os.chdir('tem')                     #切换当前工作目录
>>> os.getcwd()                         #查看新的当前工作目录
'D:\\pytemp\\tem'
>>> os.chdir('d:\ptem')                 #用绝对路径指定要切换的目录
>>> os.getcwd()
'd:\\ptem'
>>> os.chdir('c:/')                     #切换到其他磁盘的目录
>>> os.getcwd()
'c:\\'
```

6. os.rename()

该方法用于修改文件名，示例代码如下。

```
>>> os.rename(r'd:\ptem\test.py','d:\ptem\code.py')
```

7. os.remove()

该方法用于删除指定文件，示例代码如下。

```
>>> os.remove('d:\ptem\code.py')
```

【任务 7-2】 读取 CSV 文件中的专业信息

【任务目标】

在 CSV 文件中保存了如下专业信息。

任务 7-2

```
专业名称,层次,科类
工程造价,高起专,文科
工商企业管理,高起专,文科
建筑工程技术,高起专,理科
```

编写一个程序，从文件中读取专业信息，程序运行结果如下。

```
专业名称        层次    科类
工程造价        高起专  文科
```

```
工商企业管理    高起专  文科
建筑工程技术    高起专  理科
```

【任务实施】

（1）启动 IDLE。

（2）在 IDLE 交互环境中选择“File\New File”命令，打开 IDLE 代码编辑窗口。

（3）在 IDLE 代码编辑窗口中输入下面的代码。

```
# test7_04.py：读取 CSV 文件中的专业信息
f = open('test7_04.csv')
for a in f:
    b = a.strip().split(',')  # 分解每行中的数据
    for c in b:  # 输出每行中的数据项
        print(c, end='\t')
    print()
f.close()
```

（4）按【Ctrl+S】组合键保存程序文件，将文件命名为“test7_04.py”。

（5）按【F5】键运行程序，观察输出结果。

【知识点】

7.2 CSV 文件操作

CSV 指 Comma-Separated Values，即逗号分隔值。CSV 文件也是文本文件，其存储使用特定分隔符分隔的数据。分隔符可以是逗号、空格、制表符、其他字符或字符串。例如，下面的数据是典型的 CSV 文件数据。

```
专业名称,层次,科类
工程造价,高起专,文科
工商企业管理,高起专,文科
建筑工程技术,高起专,理科
```

可用 Windows 记事本创建该文件，存储数据时使用“ANSI”编码格式，以便 Python 程序正确读取其中的汉字。

CSV 文件通常由多条记录组成，第 1 行通常为记录的各个字段名称，从第 2 行开始为记录数据。每条记录包含相同的字段，字段之间用分隔符分隔。

可以使用 open()函数打开 CSV 文件，按文本文件格式读写 CSV 文件数据。采用这种格式读取时需要将读取的每行字符串转换成字段数据，写入时需要添加分隔符。

7.2.1 读取 CSV 文件数据

7.2.1 读取 CSV 文件数据

Python 中的 csv 模块提供了两种读取器来读取 CSV 文件数据：常规读取器和字典读取器。

1. 使用常规读取器

csv 模块中的 reader()函数用于创建常规读取器对象，其基本语法格式如下。

```
cr = csv.reader(csvfile, delimiter='分隔符')
```

其中，变量 cr 用于引用常规读取器对象；csvfile 是 open()函数返回的文件对象；delimiter 参数指定 CSV 文件使用的分隔符，默认为逗号。

常规读取器对象是一个可迭代对象，其每次迭代返回一个包含一行数据的列表，列表元素对应 CSV 记录的各个字段。可用 for 循环或 next()函数迭代常规读取器对象，示例代码如下。

```
>>> import csv
>>> cf=open(r'd:\招生专业.csv',encoding='utf-8')
>>> cr=csv.reader(cf)                              #创建常规读取器对象
>>> for row in cr:                                 #用 for 循环迭代读取 CSV 文件
...     print(row)                                 #输出包含 CSV 文件数据行的列表
...
['专业名称', '层次', '科类']
['工程造价', '高起专', '文科']
['工商企业管理', '高起专', '文科']
['建筑工程技术', '高起专', '理科']
>>> cf.seek(0)                                     #将文件指针移动到文件开头
0
>>> next(cr)                                       #使用 next()函数迭代读取 CSV 文件
['专业名称', '层次', '科类']
>>> next(cr)
['工程造价', '高起专', '文科']
>>> next(cr)
['工商企业管理', '高起专', '文科']
```

2. 使用字典读取器

csv 模块中的 DictReader()函数用于创建字典读取器对象，其基本语法格式如下。

```
cr = csv.DictReader(csvfile)
```

其中，变量 cr 用于引用字典读取器对象，csvfile 是 open()函数返回的文件对象。

字典读取器对象是一个可迭代对象，每次迭代返回一个包含一行数据的排序字典（OrderedDict）对象，即排好序的字典对象。字典读取器对象默认将 CSV 文件的第 1 行作为字段名称，将字段名称作为字典中的键。CSV 文件中从第 2 行开始的每行数据按顺序作为键映射的值。可用 for 循环或 next()函数迭代字典读取器对象。示例代码如下。

```
>>> import csv
>>> cf=open(r'd:\招生专业.csv',encoding='utf-8')
>>> cr=csv.DictReader(cf)              #创建字典读取器对象
>>> for row in cr:                     #用 for 循环迭代读取 CSV 文件
...     print(row)                     #输出包含 CSV 文件数据行的字典对象
...
OrderedDict([('专业名称', '工程造价'), ('层次', '高起专'), ('科类', '文科')])
OrderedDict([('专业名称', '工商企业管理'), ('层次', '高起专'), ('科类', '文科')])
OrderedDict([('专业名称', '建筑工程技术'), ('层次', '高起专'), ('科类', '理科')])
OrderedDict([('专业名称', '工程造价'), ('层次', '高起专'), ('科类', '理科')])
```

```
OrderedDict([('专业名称', '汽车服务工程'), ('层次', '专升本'), ('科类', '理工类')])
>>> cf.seek(0)
0
>>> for row in cr:
...   print(row['专业名称'],row['层次'],row['科类'],sep='\t')#用“键”索引输出数据
...
专业名称         层次    科类
工程造价         高起专  文科
工商企业管理     高起专  文科
建筑工程技术     高起专  理科
工程造价         高起专  理科
汽车服务工程     专升本  理工类
>>> cf.seek(0)
0
>>> next(cr)   #用 next()函数迭代
OrderedDict([('专业名称', '专业名称'), ('层次', '层次'), ('科类', '科类')])
>>> next(cr)
OrderedDict([('专业名称', '工程造价'), ('层次', '高起专'), ('科类', '文科')])
>>> row=next(cr)
>>> print(row['专业名称'],row['层次'],row['科类'])
工商企业管理 高起专 文科
```

7.2.2 将数据写入 CSV 文件

7.2.2 将数据写入 CSV 文件

可使用常规写对象或字典写对象向 CSV 文件写入数据。

1. 用常规写对象向 CSV 文件写入数据

常规写对象由 csv.writer()函数创建，其基本语法格式如下。

```
cw=csv.writer(csvfile)
```

其中，变量 cw 用于引用常规写对象，csvfile 是 open()函数返回的文件对象。常规写对象的 writerow()方法用于向 CSV 文件写入一行数据，其基本语法格式如下。

```
cw.writerow(data)
```

其中，data 是一个列表对象，其包含一行 CSV 数据。将数据写入 CSV 文件后，writerow()方法会在每行数据末尾添加两个换行符。示例代码如下。

```
>>> import csv
>>> cf=open('d:/csvdata2.txt','w')            #打开文件
>>> cw=csv.writer(cf)                         #创建常规写对象
>>> cw.writerow(['xm','sex','age'])           #写入字段名称
12
>>> cw.writerow(['张三','男','25'])           #写入数据
9
>>> cw.writerow(['韩梅梅','女','18'])
10
>>> cf.close()
>>> cf=open('d:/csvdata2.txt')                #以只读模式打开文件
>>> cf.read()                                 #读取全部数据进行查看，注意每行末尾有两个换行符
'xm,sex,age\n\n张三,男,25\n\n韩梅梅,女,18\n\n'
```

```
>>> cf.seek(0)
0
>>> print(cf.read())                    #输出文件数据，因为每行末尾有两个换行符，所以有空行出现
xm,sex,age

张三,男,25

韩梅梅,女,18
```

2. 用字典写对象向 CSV 文件写入数据

字典写对象由 csv.DictWriter()函数创建，其基本语法格式如下。

```
cw= csv.DictWriter(csvfile, fieldnames=字段名称列表)
```

其中，变量 cw 用于引用字典写对象，csvfile 是 open()函数返回的文件对象，参数 fieldnames 用列表指定字段名称，它决定将数据写入 CSV 文件时，各个键值对中值的写入顺序。

字典写对象的 writerow()方法用于向 CSV 文件写入一行数据，其基本语法格式如下。

```
cw.writerow(data)
```

其中，data 是一个字典对象，其包含一行 CSV 数据。示例代码如下。

```
>>> import csv
>>> cf=open('d:/csvdata2.txt','w')
>>> cw=csv.DictWriter(cf,fieldnames=['xm','sex','age'])#创建字典写对象
>>> cw.writeheader()#写入字段名称
>>> cw.writerow({'xm':'韩梅梅','sex':'女','age':'18'})  #写入数据
10
>>> cw.writerow({'xm':'Mike','sex':'male','age':'20'})
14
>>> cf.close()
>>> cf=open('d:/csvdata2.txt')
>>> cf.read()
'xm,sex,age\n\n韩梅梅,女,18\n\nMike,male,20\n\n'
```

【任务 7-3】 超级计算机排序

【任务目标】

任务 7-3

全球超级计算机排行榜 2023 年 6 月榜单中排名前 10 的超级计算机信息如表 7-1 所示。

表 7-1　全球超级计算机排行榜 2023 年 6 月榜单中排名前 10 的超级计算机信息

序号	计算机名称	国家	处理器核芯（个）	峰值运算速度（PFlop/s）
1	Frontier	美国	8,699,904	1,194.00
2	Fugaku	日本	7,630,848	442.01
3	LUMI	芬兰	2,220,288	309.10

续表

序号	计算机名称	国家	处理器核芯（个）	峰值运算速度（PFlop/s）
4	Leonardo	意大利	1,463,616	174.70
5	Summit	美国	2,414,592	148.60
6	Sierra	美国	1,572,480	94.64
7	神威太湖之光	中国	10,649,600	93.01
8	Perlmutter	美国	761,856	70.87
9	Selene	美国	555,520	63.46
10	天河二号	中国	4,981,760	61.44

编写程序，按峰值运算速度从高到低的顺序输出表 7-1 中的超级计算机信息。程序运行结果如下。

```
序号 计算机名称      国家     处理器核芯（个）  峰值运算速度（PFlop/s）
  1  Frontier       美国       8699904          1194.00
  2  Fugaku         日本       7630848          442.01
  3  LUMI           芬兰       2220288          309.10
  4  Leonardo       意大利     1463616          174.70
  5  Summit         美国       2414592          148.60
  6  Sierra         美国       1572480          94.64
  7  神威太湖之光   中国       10649600         93.01
  8  Perlmutter     美国       761856           70.87
  9  Selene         美国       555520           63.46
 10  天河二号       中国       4981760          61.44
```

【任务实施】

（1）启动 IDLE。

（2）在 IDLE 交互环境中选择“File\New File”命令，打开 IDLE 代码编辑窗口。

（3）在 IDLE 代码编辑窗口中输入下面的代码。

```
# test7_05.py：超级计算机排序
f = open('test7_05.csv')
d = []
a = f.readline()  # 读取标题行
t = a.strip().split(',')  # 分解数据项
for a in f:  # 读取 CSV 文件中的数据，存入列表 d
    b = a.strip().split(',')
    d.append(b)
def getv(a):
    return float(a[4])  # 返回峰值运算速度用于排序
d.sort(key=getv, reverse=True)  # 按峰值运算速度从高到低排序
print(t[0], '%-9s%-7s%-9s' % (t[1], t[2], t[3]), t[4]) # 输出标题行
for n, a in enumerate(d, 1):  # n 迭代序号，a 迭代 d 中的子列表
    cn = a[1]
    if ord(cn[0]) < 123:
```

```
        cn = cn.ljust(14)  # 英文填充半角空格
    else:
        cn = cn.ljust(7, chr(12288))  # 中文填充全角空格
    a2 = a[2].ljust(6, chr(12288))
    s = '{0:^5d}{1}{2}{3:<18}{4}'.format( n, cn, a2, a[3], a[4])  # 格式化，以便对齐输出
    print(s)
f.close()
```

（4）按【Ctrl+S】组合键保存程序文件，将文件命名为“test7_05.py”。

（5）按【F5】键运行程序，观察输出结果。

【知识点】

7.3 数据组织的维度

7.3.1 基本概念

计算机在处理数据时，总是按一定的格式来组织数据。数据的组织格式表明数据之间的基本关系和逻辑，进而形成“数据组织的维度”。根据组织格式的不同，可将数据分为一维数据、二维数据和高维（或多维）数据。

7.3.1 数据组织维度的基本概念

1. 一维数据

一维数据由具有对等关系的有序或无序数据组成，采用线性方式组织。例如，下面的一组专业名称就属于一维数据。

```
计算机应用技术，工程造价，会计学，影视动画
```

2. 二维数据

二维数据也称为表格数据，由具有关联关系的数据组成，采用二维表格组织数据。数学中的矩阵、二维表格都属于二维数据。例如，表 7-2 所示的成绩数据是一组二维数据。

表 7-2 成绩

姓名	语文	数学	物理
小明	80	85	90
韩梅梅	97	87	90
李雷	88	90	70

3. 高维数据

维度超过二维的数据都称为高维数据。例如，为表 7-2 中的成绩加上学期数据，表示学生每学期的各科成绩，则构成三维数据；再加上学校数据，表示多个学校的学生在每个学期的各科成绩，则构成四维数据。

高维数据在 Web 系统中十分常见。例如，XML、JSON、HTML 等格式均可用于表示高维数据。高维数据通常使用 JSON 字符串表示，可以多层嵌套。例如，下面的 JSON 字符串是两个学

期的学生各科成绩数据。

```
{
    "第一学期":[
        {"姓名":"小明","语文":80, "数学":85, "物理":90},
        {"姓名":"韩梅梅","语文":97, "数学":87, "物理":90},
        {"姓名":"李雷","语文":88, "数学":90, "物理":70} ],
    "第二学期":[
        {"姓名":"小明","语文":89, "数学":78, "物理":97},
        {"姓名":"韩梅梅","语文":77, "数学":88, "物理":89},
        {"姓名":"李雷","语文":97, "数学":76, "物理":88} ],
}
```

7.3.2 一维数据的处理

一维数据是简单的线性结构，在 Python 中可用列表表示，示例代码如下。

7.3.2 一维数据的处理

```
>>> 专业=['计算机应用技术','工程造价','会计学','影视动画']
>>> print(专业)
['计算机应用技术', '工程造价', '会计学', '影视动画']
>>> 专业[0]
'计算机应用技术'
```

一维数据可使用文本文件进行存储，文件可使用空格、逗号、分号等作为数据的分隔符，示例代码如下。

```
计算机应用技术 工程造价 会计学 影视动画
计算机应用技术,工程造价,会计学,影视动画
计算机应用技术;工程造价;会计学;影视动画
```

在将一维数据写入文件时，除了写入数据之外，还需要额外写入分隔符。在从文件中读取一维数据时，需使用分隔符来分解字符串，示例代码如下。

```
# test7_06.py
file = open(r'd:\data1.txt', 'w')  # 打开文本文件
专业 = ['计算机应用技术', '工程造价', '会计学', '影视动画']  # 用列表表示一维数据
for n in range(len(专业)-1):  # 将最后一个数据之前的数据写入文件
    file.write(专业[n])  # 写入数据
    file.write(' ')  # 写入分隔符
file.write(专业[n+1])  # 写入最后一个数据
file = open(r'd:\data1.txt')  # 重新打开文本文件
print(file.read())  # 输出从文件中读取的数据
file.seek(0)
zy = file.read()  # 将文件数据读出，存入字符串
print(zy)
data = zy.split(' ')  # 将字符串解析为列表，还原数据
print(data)
```

程序运行结果如下。

```
计算机应用技术 工程造价 会计学 影视动画
计算机应用技术 工程造价 会计学 影视动画
['计算机应用技术', '工程造价', '会计学', '影视动画']
```

7.3.3 二维数据的处理

7.3.3 二维数据的处理

二维数据可看作嵌套的一维数据，即二维数据的每个数据项为一组一维数据。可用列表来表示二维数据，使用 CSV 文件存储二维数据。示例代码如下。

```
# test7_07.py
import csv
s = [['姓名', '语文', '数学', '物理'], ['小明', 80, 85, 90],
     ['韩梅梅', 97, 87, 90], ['李雷', 88, 90, 70]]
file = open(r'd:\scores_data.txt', 'w+')  # 打开存储二维数据的文件
writer = csv.writer(file)  # 创建 CSV 文件写对象
for row in s:
    writer.writerow(row)  # 将二维数据中的一行写入文件
file.seek(0)
print(file.read())  # 输出从文件中读取的数据
data = []  # 创建空列表，存储从文件中读取的数据
file.seek(0)  # 将文件指针移动到文件开头
reader = csv.reader(file)
for row in reader:
    if len(row) > 0:
        data.append(row)  # 将非空行的数据存入列表
print(data)  # 查看还原的二维数据
for row in data:
    print('%8s\t%s\t%s\t%s' % (row[0], row[1], row[2], row[3]))  # 数据格式化输出
```

程序运行结果如下。

```
姓名,语文,数学,物理

小明,80,85,90

韩梅梅,97,87,90

李雷,88,90,70


[['姓名', '语文', '数学', '物理'], ['小明', '80', '85', '90'], ['韩梅梅', '97', '87', '90'], ['李雷', 
'88', '90', '70']]
      姓名    语文    数学    物理
      小明    80      85      90
    韩梅梅    97      87      90
      李雷    88      90      70
```

7.3.4 数据排序

7.3.4 数据排序

常见的数据排序方法有选择排序、冒泡排序和插入排序。Python 列表的 sort()方法和内置的 sorted()函数均可用于排序，本小节从算法的角度讲解各种常见的数据排序方法。

1. 选择排序

选择排序的基本原理：将 n 个数按从小到大的顺序排序。首先从 n 个数中选出最小的数，将其与第 1 个数交换；然后对剩余的 n−1 个数采用同样的处理方法，这样经过 n−1 轮完成排序。示例代码如下。

```
# test7_08.py
# 随机生成 10 个 100 以内的两位整数，使用选择排序将这些数据按从小到大的顺序排序
import random
data = []
n = 10  # 设置要排序的数据个数
for i in range(n):  # 使用随机函数生成待排序的数据
    data.append(random.randint(10, 99))
print('排序前：', end='')
for a in data:  # 输出排序前的数据
    print(a, end='  ')
print()
for i in range(n-1):  # n 个数，需要处理 n-1 轮
    k = i  # 第 i 轮开始时，假设第 i 个数最小
    for j in range(i+1, n):  # 依次将剩下的数与已找到的最小数比较，找到更小的数
        if data[j] < data[k]:
            k = j  # 记录找到的更小数的位置
    # 第 i 轮比较完，找到的当前最小数的位置不为 k，执行交换
    if i != k:
        t = data[i]
        data[i] = data[k]
        data[k] = t
print('排序后：', end='')
for a in data:  # 输出排序后的数据
    print(a, end='  ')
```

程序运行结果如下。

```
排序前：51  83  59  51  23  76  19  93  43  54
排序后：19  23  43  51  51  54  59  76  83  93
```

2. 冒泡排序

冒泡排序的基本原理：将 n 个数按从小到大的顺序排序。首先依次比较相邻的两个数，如果后面的数更小，则交换两个数的位置，经过这样一轮处理，最大的数位于队列的末尾；然后对剩余的前 n−1 个数采用同样的处理方法，这样经过 n−1 轮完成排序。示例代码如下。

```
# test7_09.py
# 随机生成 10 个 100 以内的两位整数，使用冒泡排序将这些数据按从小到大的顺序排序
import random
data = []
n = 10  # 设置要排序的数据个数
for i in range(n):  # 使用随机函数生成待排序的数据
    data.append(random.randint(10, 99))
print('排序前：', end='')
for a in data:  # 输出排序前的数据
    print(a, end='  ')
```

```
print()
for i in range(n-1):  # n 个数，需要处理 n-1 轮，i 取 0,1,2,⋯,n-2
    for j in range(n-i-1):
        if data[j] > data[j+1]:  # 比较相邻的两个数，满足条件则交换位置
            t = data[j]
            data[j] = data[j+1]
            data[j+1] = t
print('排序后: ', end='')
for a in data:  # 输出排序后的数据
    print(a, end='  ')
```

程序运行结果如下。

```
排序前: 93  49  83  54  10  12  57  66  15  56
排序后: 10  12  15  49  54  56  57  66  83  93
```

3. 插入排序

插入排序的基本原理：对 n 个数按从小到大的顺序排序，首先将第 1 个数插入新列表，然后依次将剩余的 n-1 个数插入新列表。每次在新列表中插入数时，先查找应插入的位置，再插入数，保证新列表中的数始终按从小到大的顺序排序。示例代码如下。

```
# test7_10.py
# 随机生成 10 个 100 以内的两位整数，使用插入排序将这些数据按从小到大的顺序排序
import random
data = []
n = 10  # 设置要排序的数据个数
for i in range(n):  # 使用随机函数生成待排序的数据
    data.append(random.randint(10, 99))
print('排序前: ', end='  ')
for a in data:  # 输出排序前的数据
    print(a, end='  ')
print()
data2 = [data[0]]  # 将第 1 个数插入新列表
for i in range(1, n):  # 依次插入剩余的 n-1 个数，需要处理 n-1 轮
    k = i  # 设置默认插入位置为 i
    for j in range(len(data2)):  # 在新列表 data2 中查找应插入的位置
        if data[i] < data2[j]:
            k = j  # 记录找到的应插入的位置
            break
    data2.insert(k, data[i])  # 插入第 i 个数据
print('排序后: ', end='  ')
for a in data2:  # 输出排序后的数据
    print(a, end='  ')
```

程序运行结果如下。

```
排序前:   36  45  87  84  61  82  85  49  63  15
排序后:   15  36  45  49  61  63  82  84  85  87
```

7.3.5 数据查找

7.3.5 数据查找

常见的数据查找方法有顺序查找和二分法查找。

1. 顺序查找

基本原理：在线性表中按顺序查找指定元素。示例代码如下。

```
# test7_11.py
# 随机生成 10 个 100 以内的整数，在其中查找输入的数据，输出其位置
import random
data = []
for i in range(10):  # 使用随机函数生成数据
    data.append(random.randrange(100))
print('数据：', end='')
for a in data:  # 输出数据
    print(a, end=' ')
print()
x = eval(input('请输入一个要查找的数据：'))
k = False
for i in range(len(data)):  # 按顺序查找
    if x == data[i]:
        print('%s 是第%s 个数据' % (x, i+1))
        k = True
        break
if k == False:
    print('不包含%s' % x)
```

程序运行结果如下。

```
数据：9 52 32 99 65 59 25 86 0 77
请输入一个要查找的数据：65
65 是第 5 个数据
```

或者：

```
数据：89 66 34 79 27 4 9 4 66 30
请输入一个要查找的数据：50
不包含 50
```

2. 二分法查找

基本原理：二分法查找适用于有序的线性表。假设线性表 data 中第一个数据的位置为 start，最后一个数据的位置为 end，在其中查找数据 x 的基本步骤如下。

（1）计算 mid=(start+end)/2，mid 取整数。

（2）如果 x 等于 data[mid]，则找到 x，结束查找。

（3）如果 x 小于 data[mid]，令 end=mid-1。如果 end<start，表示线性表不包含 x，结束查找，否则返回步骤（1）。

（4）如果 x 大于 data[mid]，令 start=mid+1。如果 end<start，表示线性表不包含 x，结束查找，否则返回步骤（1）。

示例代码如下。

```
# test7_12.py
# 随机生成 10 个 100 以内的整数,在其中查找输入的数据，输出其位置
```

```
import random
data = []
for i in range(10):  # 使用随机函数生成数据
    data.append(random.randrange(100))
data.sort()  # 排序
print('数据：', end='')
for a in data:  # 输出数据
    print(a, end=' ')
print()
x = eval(input('请输入一个要查找的数据：'))
start = 0
end = len(data)-1
mid = (start+end)//2
while start <= end:
    if data[mid] == x:
        print('%s 是第%s 个数据' % (x, mid+1))
        break
    else:
        if x < data[mid]:
            end = mid-1
        else:
            start = mid+1
    mid = (start+end)//2
if start > end:
    print('不包含%s' % x)
```

程序运行结果如下。

```
数据：14 15 32 38 39 55 59 84 86 93
请输入一个要查找的数据：32
32 是第 3 个数据
```

或者：

```
数据：4 10 10 28 37 41 44 49 59 85
请输入一个要查找的数据：38
不包含 38
```

【综合实例】登录密码验证

创建一个 Python 程序，将用户的 ID 和密码以字典对象格式存入文件，然后从文件中读取数据，验证输入的 ID 和密码是否正确。具体操作步骤如下。

综合实例 登录密码验证

（1）启动 IDLE。

（2）在 IDLE 交互环境中选择“File\New File”命令，打开 IDLE 代码编辑窗口。

（3）在 IDLE 代码编辑窗口中输入下面的代码。

```
# test7_13.py：登录密码验证
# 用文件存储用户的 ID 和密码，每个用户的数据以字典对象格式存入
# 使用列表存储所有用户的数据
import pickle
users = [{'id': 'admin', 'pwd': '135@$^'},
         {'id': 'guest', 'pwd': '123'},
         {'id': 'python', 'pwd': '123456'}]  # 创建用户数据列表
f = open('userdata.bin', 'wb')  # 打开存储用户数据的文件
pickle.dump(users, f)  # 将用户数据写入文件
f.close()  # 关闭文件
print('用户数据已经写入文件 userdata.bin')
f = open('userdata.bin', 'rb')  # 重新打开文件
data = pickle.load(f)  # 读取文件中的数据
while True:
    id = input('请输入用户 ID：')
    if id == '-1': # 输入-1 可退出程序
         print('你已退出程序')
         break
    idok = False
    temp = ""
    for user in data:
         if id == user['id']:
              idok = True
              temp = user
              break
    if not idok:
         print('用户 ID 错误')
         continue
    pwd = input('请输入密码：')
    if id == '-1':# 输入-1 可退出程序
         print('你已退出程序')
         break
    if temp['pwd'] != pwd:
         print('密码错误')
    else:
         print('恭喜你通过了身份验证')
```

（4）按【Ctrl+S】组合键保存程序文件，将文件命名为“test7_13.py”。

（5）按【F5】键运行程序，程序运行结果如下。

```
用户数据已经写入文件 userdata.bin
请输入用户 ID：admin
请输入密码：135@%^
密码错误
请输入用户 ID：admin
请输入密码：135@$^
恭喜你通过了身份验证
请输入用户 ID：-1
你已退出程序
```

小　　结

本单元主要介绍了文件和数据组织的维度等相关知识。正确处理文件首先需要理解文本文件与二进制文件的区别。按文本文件格式读写文件时，读写的数据为字符串；按二进制文件格式读写文件时，读写的数据为 bytes 字符串。在使用 open()函数打开文件时，应注意各种读写模式的区别。

常用的数据为一维数据和二维数据，可使用列表来表示一维数据和二维数据。持久存储数据应使用文件，文件中一维数据和二维数据的存储格式可根据实际需要来决定，一般使用 CSV 格式。

【拓展阅读】了解阿里云人脸人体分析技术

阿里云视觉智能开放平台基于达摩院自研的人脸人体分析技术，提供人脸检测与五官定位、人脸属性识别、人脸比对、人脸搜索、人体检测、人体属性、行为分析等多种功能，为开发者和企业用户提供高性能、人脸人体识别服务。广泛应用于数字门店、楼宇门禁、身份识别、互动娱乐、内容广告等领域（摘自阿里云帮助中心：人脸人体介绍）。

了解阿里云人脸人体分析技术

阿里云视觉智能开放平台 SDK（Software Development Kit，软件开发工具包）支持 Java、Python、Node.js、PHP 和 C#等常用编程语言。读者可扫描右侧二维码了解阿里云人脸人体分析技术的更多信息。

【技能拓展】利用文心一言辅助学习编程知识

程序开发人员可以利用大语言模型学习编程知识，如函数的作用和使用方法等。可以利用文心一言了解如何在 Python 的 sort()方法中使用自定义函数完成排序，结果如图 7-1 所示。

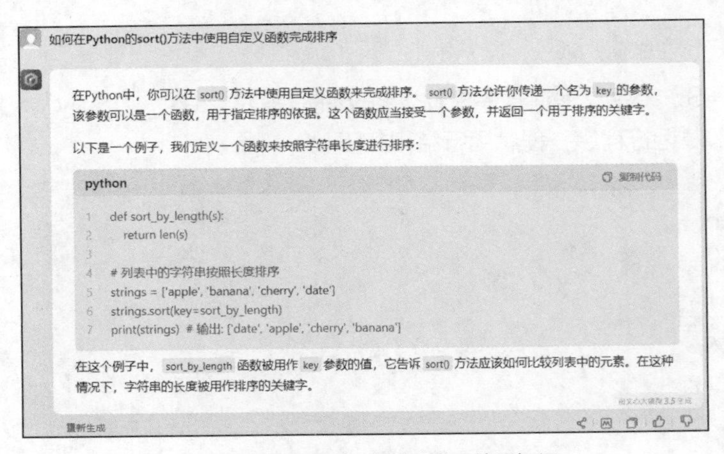

图 7-1　利用文心一言辅助学习编程知识

习　题

一、单项选择题

1. 下列关于文件的说法错误的是（　　）。
   A. 文件使用之前必须将其打开
   B. 文件使用完之后应将其关闭
   C. 文本文件和二进制文件读写时使用文件对象的相同方法
   D. 访问已关闭的文件时会自动打开该文件
2. 下列选项中不能从文件中读取数据的是（　　）。
   A. read()　　B. readline()
   C. readlines()　　D. seek()
3. 下列操作中会创建文件对象的是（　　）。
   A. 打开文件　　B. 关闭文件
   C. 写文件　　D. 读文件
4. 下列关于 CSV 文件的说法不正确的是（　　）。
   A. CSV 文件中的数据必须使用逗号分隔
   B. CSV 文件是一个文本文件
   C. 可使用 open()函数打开 CSV 文件
   D. CSV 文件的一行是一维数据，多行组成二维数据
5. 执行下面的程序后，输出结果是（　　）。

```
file = open('temp.txt', 'w+')
data = ['123', 'abc', '456']
file.writelines(data)
file.seek(0)
for row in file:
    print(row)
file.close()
```

   A. 123
abc
456　　B. "123"
"abc"
"456"　　C. "123abc456"　　D. 123abc456

二、编程题

1. 输入一个字符串，将其写入一个文本文件，将文件命名为“data721.txt”。
2. 输入一个字符，统计该字符在文件 data721.txt 中出现的次数。
3. 读取文本文件 data721.txt 中的数据，将其按相反的顺序写入另一个文本文件。

4. 请将下面的矩阵写入一个 CSV 文件。

1	2	3	4	5
2	3	4	5	1
3	4	5	1	2
4	5	1	2	3
5	1	2	3	4

5. 在程序中创建一个元组对象、一个列表对象和一个字典对象，将它们写入文件后保存，并能够正确地从文件中读取这些对象。

单元 8 Python 标准库

通常将随 Python 一起安装的库称为标准库，需要额外安装的库称为第三方库。本单元主要介绍 Python 标准库中的 turtle 库、random 库、time 库。

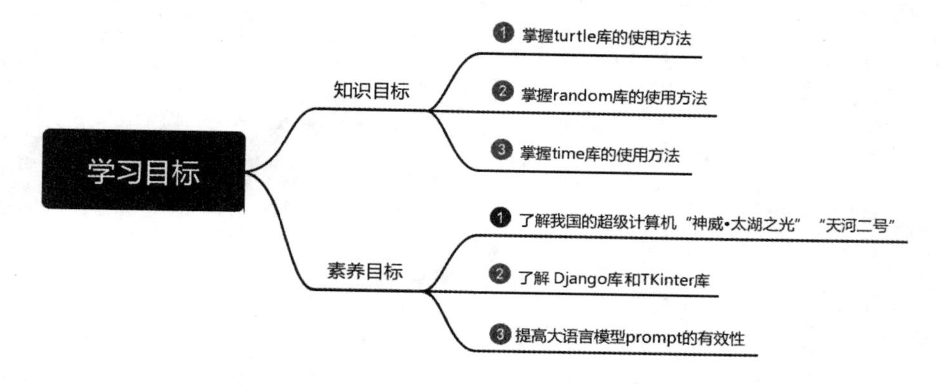

【任务 8-1】 绘制五角星

【任务目标】

使用 turtle 库绘制图 8-1 所示的五角星。

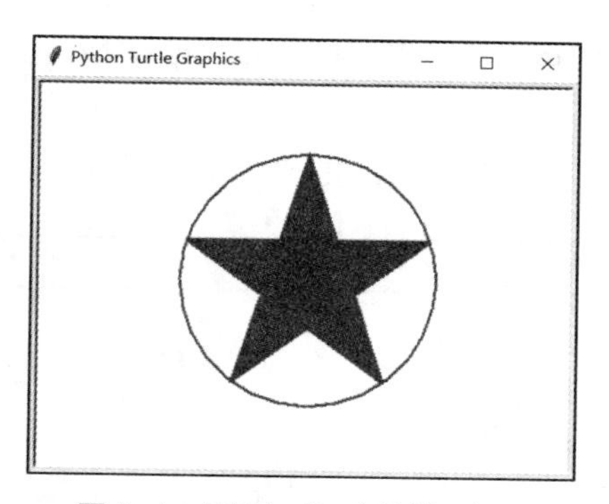

图 8-1 使用 turtle 库绘制五角星

【任务实施】

（1）启动 IDLE。

（2）在 IDLE 交互环境中选择“File\New File”命令，打开 IDLE 代码编辑窗口。

（3）在 IDLE 代码编辑窗口中输入下面的代码。

```
# test8_01.py：绘制五角星
import turtle as t          # 导入 turtle 库
t.goto(0, 100)              # 移动画笔到坐标(0,100)
t.left(180)                 # 使画笔向左旋转 180 度
t.pu()                      # 抬起画笔
t.begin_poly()              # 开始记录多边形
t.circle(100, steps=5)      # 绘制正五边形，画笔已抬起，不会绘制图形
t.end_poly()                # 结束记录多边形
p = t.get_poly()            # 获得正五边形的顶点坐标，用于绘制五角星
t.color('red')              # 设置绘图颜色
t.pensize(2)                # 设置画笔粗细
t.pd()                      # 放下画笔，开始绘图
t.circle(100)               # 画圆，半径为 100
t.begin_fill()              # 开始填充
t.goto(p[2])                # 开始绘制五角星
t.goto(p[4])
t.goto(p[1])
t.goto(p[3])
t.goto(p[0])
t.end_fill()                # 结束填充，封闭区域被填充颜色
t.hideturtle()              # 隐藏画笔
t.done()                    # 开始事件循环，等待用户操作
```

（4）按【Ctrl+S】组合键保存程序文件，将文件命名为“test8_01.py”。

（5）按【F5】键运行程序，观察输出结果。

【知识点】

8.1 绘图工具——turtle 库

turtle 库也称海龟绘图库，提供几何绘图功能，它最早在 Logo 语言中实现。因为简单、易用，Python 将其作为标准库提供给用户。

turtle 库在绘图窗口中完成绘图，绘图窗口的坐标系如图 8-2 所示。

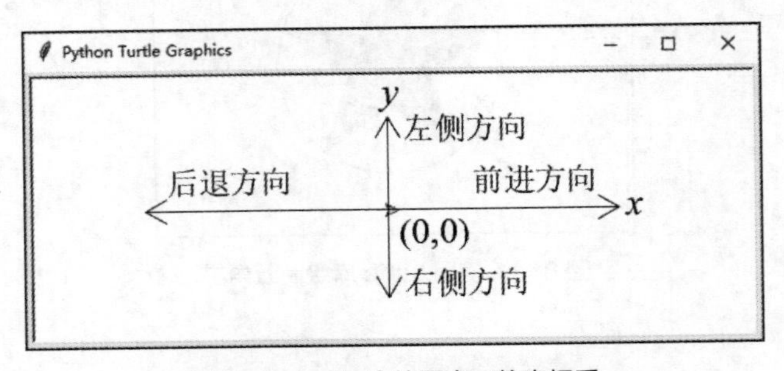

图 8-2　turtle 库绘图窗口的坐标系

默认情况下，绘图窗口的中心为坐标原点，x 轴正方向为前进方向（即画笔的朝向），x 轴

负方向为后退方向；画笔的朝向的左侧为左侧方向，右侧为右侧方向。turtle 库通过移动画笔完成绘图。

turtle 库提供面向过程和面向对象两种接口。面向过程接口提供可直接调用的函数，面向对象接口本书不做介绍。

turtle 库的面向过程接口提供的函数主要包括窗体函数、画笔控制函数、画笔运动函数、形状函数、输入输出函数以及事件处理函数等。所有函数的第一个参数默认为 self，本书在介绍各个函数时均省略了该参数。

8.1.1 窗体函数

8.1.1 窗体函数

turtle 库中的常用窗体函数如表 8-1 所示。

表 8-1 turtle 库中的常用窗体函数

函数	作用
turtle.bgcolor(*args)	设置或返回背景颜色
turtle.bgpic(picname=None)	设置或返回背景图片
turtle.bye()	关闭绘图窗口
turtle.clear()、turtle.clearscreen()	清除绘图窗口中的绘图
turtle.exitonclick()	单击时关闭绘图窗口
turtle.reset()、turtle.resetscreen()	重置画笔为初始状态
turtle.screensize(canvwidth, canvheight, bg)	设置或返回画布的大小
turtle.setup(width, height, startx, starty)	设置绘图窗口的大小和位置
turtle.window_height()	返回绘图窗口的高度
turtle.window_width()	返回绘图窗口的宽度

1. turtle.bgcolor(*args)

该函数用于设置背景颜色，无参数时返回当前背景颜色。参数 args 是一个颜色名称字符串或 RGB 颜色元组（元组可以省略圆括号）。颜色元组中的颜色值取值范围为 0 ~ colormode（colormode 的值为 1.0 或 255，由颜色模式决定）。示例代码如下。

```
>>> turtle.colormode()                  #查看颜色模式
1.0
>>> turtle.bgcolor((0.5,0,0))           #用 0 ~ 1.0 范围内的数作为颜色值
>>> turtle.bgcolor()
(0.5019607843137255, 0.0, 0.0)
>>> turtle.bgcolor('red')               #用颜色名称字符串作为颜色值
>>> turtle.bgcolor()
'red'
>>> turtle.colormode(255)               #改变颜色模式
>>> turtle.bgcolor(255,0,0)             #用 0 ~ 255 范围内的数作为颜色值
```

2. turtle.bgpic(picname=None)

该函数用于设置或返回背景图片。如果参数 picname 为一个 GIF 或 PNG 格式图片的文件名，

则将相应图片设置为背景。如果参数 picname 为“nopic”，则删除当前背景图片。未提供参数时返回当前背景图片的文件名。示例代码如下。

```
>>> turtle.bgpic()
'nopic'
>>> turtle.bgpic('back.png')
```

3. turtle.bye()

该函数用于关闭绘图窗口，示例代码如下。

```
turtle.bye()
```

4. turtle.clear()和 turtle.clearscreen()

turtle.clear()函数用于删除当前画笔的绘图，且不移动画笔。画笔的状态和位置以及其他画笔的绘图不受影响。

turtle.clearscreen()函数用于删除所有画笔的绘图，并将绘图窗口重置为初始状态：白色背景、无背景图片以及无事件绑定并启用追踪。示例代码如下。

```
>>> turtle.clear()
>>> turtle.clearscreen()
```

5. turtle.exitonclick()

该函数用于单击时关闭绘图窗口，示例代码如下。

```
turtle.exitonclick()
```

6. turtle.reset()和 turtle.resetscreen()

turtle.reset()函数用于将当前画笔重置为初始状态，turtle.resetscreen()函数用于将所有画笔重置为初始状态，示例代码如下。

```
>>> turtle.reset()
>>> turtle.resetscreen()
```

7. turtle.screensize(canvwidth, canvheight, bg)

该函数用于设置绘图窗口中画布的大小，无参数时返回画布大小。各参数的作用如下。

- canvwidth：正整型数，设置画布的新宽度，单位为像素。
- canvheight：正整型数，设置画布的新高度，单位为像素。
- bg：颜色值，设置新的背景颜色。

示例代码如下。

```
>>> turtle.screensize(300,400)
>>> turtle.screensize()
(300, 400)
```

当绘图窗口宽度小于画布的宽度或绘图窗口高度小于画布的高度时，绘图窗口会显示相应的滚动条。

turtle 库中使用的颜色值有 3 种表示方法。

- 颜色名称字符串：“red”“blue”“yellow”等。
- 十六进制颜色值字符串：“#FF0000”“#00FF00”“#FFFF00”等。

- RGB 颜色元组：格式为(r,g,b)，r、g、b 的取值范围均为 0～colormode。colormode 为颜色模式，取值为 1.0 或 255。turtle.colormode(n)函数用于设置颜色模式（n 为 1.0 或 255）。例如，颜色模式为 255 时，(255,0,0)、(0,210,0)、(155,215,0)等是有效的 RGB 颜色元组；颜色模式为 1.0 时，(1.0,0,0)、(0,0.3,0)、(1.0,0.5,0)等是有效的 RGB 颜色元组。

示例代码如下。

```
>>> turtle.screensize(300,400,'yellow')
```

8. turtle.setup(width, height, startx, starty)

该函数用于设置绘图窗口的大小和位置。各参数作用如下。

- width：整数表示窗口的宽度，单位为像素；浮点数表示窗口宽度占屏幕的百分比（默认为 50%）。
- height：整数表示窗口的高度，单位为像素；浮点数表示窗口高度占屏幕的百分比（默认为 75%）。
- startx：正数表示窗口位置到屏幕左边缘的距离，单位为像素；负数表示窗口位置到屏幕右边缘的距离，单位为像素；None（默认值）表示窗口水平居中。
- starty：正数表示窗口位置到屏幕上边缘的距离，单位为像素；负数表示窗口位置到屏幕下边缘的距离，单位为像素；None（默认值）表示窗口垂直居中。

示例代码如下。

```
>>> turtle.setup(200,180,0,0)        #窗口大小为 200×180，位置在屏幕左上角
>>> turtle.setup(0.5,0.6)            #窗口宽度占屏幕 50%，高度占屏幕 60%，位置在屏幕中央
```

9. turtle.window_height()和 turtle.window_width()

这两个函数分别用于返回绘图窗口的高度和宽度，示例代码如下。

```
>>> turtle.window_height()
576
>>> turtle.window_width()
683
```

8.1.2 画笔控制函数

8.1.2 画笔控制函数

turtle 库中的常用画笔控制函数如表 8-2 所示。

表 8-2 turtle 库中的常用画笔控制函数

函数	作用
turtle.begin_fill()	开始准备填充
turtle.end_fill()	结束填充准备，完成填充图形操作
turtle.filling()	返回填充状态
turtle.fillcolor(*args)	设置或返回填充颜色
turtle.clone()	复制画笔
turtle.color(*args)	设置或返回画笔颜色和填充颜色

续表

函数	作用
turtle.isdown()	判断画笔是否放下
turtle.pen(pen=None, **pendict)	设置或返回画笔属性
turtle.pencolor(*args)	设置或返回画笔颜色
turtle.pendown()、turtle.pd()、turtle.down()	放下画笔
turtle.pensize(width=None)、turtle.width(width=None)	设置或返回画笔粗细
turtle.penup()、turtle.pu()、turtle.up()	抬起画笔

1. turtle.begin_fill()

该函数用于开始填充准备，在绘制填充形状之前调用。示例代码如下。

```
>>> turtle.begin_fill()
```

2. turtle.end_fill()

该函数用于结束填充准备，执行填充操作，为在上一次调用 begin_fill()之后绘制的封闭形状填充颜色。示例代码如下。

```
>>> turtle.end_fill()
```

3. turtle.filling()

该函数用于返回填充状态，执行了 turtle.begin_fill()函数后填充状态为 True，执行了 turtle.end_fill()函数后填充状态为 False。示例代码如下。

```
>>> turtle.filling()
False
```

4. turtle.fillcolor(*args)

该函数用于设置或返回填充颜色。提供参数时，设置填充颜色；未提供参数时返回填充颜色，示例代码如下。

```
>>> turtle.fillcolor("yellow")
>>> turtle.fillcolor()
'yellow'
```

5. turtle.clone()

该函数用于复制画笔。复制的画笔具有与原画笔相同的位置、朝向和其他属性。复制的画笔独立于原画笔，可为其设置不同的属性，使其执行不同的绘图操作。示例代码如下。

```
>>> t2=turtle.clone()
```

turtle 允许使用多个画笔，可调用 Turtle()函数创建画笔。示例代码如下。

```
>>> t3=turtle.Turtle()
```

6. turtle.color(*args)

该函数用于设置或返回画笔颜色和填充颜色。提供参数时，同时设置画笔颜色和填充颜色；不提供参数时，返回画笔颜色和填充颜色。示例代码如下。

```
>>> turtle.color()
('black', 'yellow')
>>> turtle.color("red", "green")
```

7. turtle.isdown()

该函数用于检查画笔的状态。在画笔放下时返回 True；在画笔抬起时返回 False。示例代码如下。

```
>>> turtle.penup()
>>> turtle.isdown()
False
>>> turtle.pendown()
>>> turtle.isdown()
True
```

8. turtle.pen(pen=None, **pendict)

该函数用于设置或获取画笔属性。在提供参数时该函数设置画笔属性；未提供参数时该函数返回画笔属性。参数 pen 为字典；参数 pendict 为一个或多个关键字，可用的关键字及其取值如下。

- shown：值为 True（显示画笔形状）或 False（不显示画笔形状）。
- pendown：值为 True（画笔放下）或 False（画笔抬起）。
- pencolor：值为颜色名称字符串或 RGB 颜色元组，用于设置画笔颜色。
- fillcolor：值为颜色名称字符串或 RGB 颜色元组，用于设置填充颜色。
- pensize：值为正数，用于设置画笔粗细。
- speed：值为 0～10 的数，用于设置绘图速度。
- resizemode：值为"auto""user"或"noresize"，用于设置绘图窗口的大小调整模式。
- shearfactor：值为浮点数，用于设置画笔的裁剪系数。
- stretchfactor：值为"(正数,正数)"格式的元组，用于设置画笔的缩放比例。
- outline：值为正数，用于设置轮廓宽度。
- tilt：值为整数或小数，用于设置画笔倾斜角度。

示例代码如下。

```
>>> turtle.pen(fillcolor="yellow", pensize=5)            #设置 pendict 参数
>>> turtle.pen({'shown':False,'tilt':15})                #以字典格式设置 pendict 参数
>>> turtle.pen()
{'pencolor': 'black', 'shown': False, 'speed': 3, 'pendown': True, 'shearfactor': 0.0, 'resizemode': 
'noresize', 'outline': 1, 'stretchfactor': (1.0, 1.0), 'tilt': 15, 'pensize': 5, 'fillcolor': 'yellow'}
```

9. turtle.pencolor(*args)

该函数用于设置或返回画笔颜色。提供参数时设置画笔颜色；未提供参数时返回画笔颜色。示例代码如下。

```
>>> colormode()
1.0
>>> turtle.pencolor()
'red'
>>> turtle.pencolor("blue")
>>> turtle.pencolor()
```

```
'blue'
>>> turtle.pencolor((0.3, 0.5, 0.6))
>>> turtle.pencolor('#FF00FF')
```

10. turtle.pendown()、turtle.pd()和 turtle.down()

这 3 个函数用于放下画笔，移动画笔可以绘制线条。示例代码如下。

```
>>> turtle.pendown()
>>> turtle.pd()
>>> turtle.down()
```

11. turtle.pensize(width=None)和 turtle.width(width=None)

这两个函数用于设置或返回画笔粗细。提供参数 width 时，将其设置为画笔粗细；未提供参数时，则返回画笔粗细，示例代码如下。

```
>>> turtle.pensize()
1
>>> turtle.pensize(5)
>>> turtle.width()
5
>>> turtle.width(3)
```

12. turtle.penup()、turtle.pu()和 turtle.up()

这 3 个函数用于抬起画笔，移动画笔不绘制线条，示例代码如下。

```
>>> turtle.penup()
>>> turtle.pu()
>>> turtle.up()
```

8.1.3 画笔运动函数

8.1.3 画笔运动函数

在画笔放下时，画笔会沿经过的路径绘制线条。turtle 库中的画笔运动函数如表 8-3 所示。

表 8-3 turtle 库中的画笔运动函数

函数	作用
turtle.back(distance)、turtle.bk(distance)、turtle.backward(distance)	向后移动画笔
turtle.circle(radius, extent=None, steps=None)	绘制圆、圆弧、多边形
turtle.clearstamp(stampid)	删除指定印章
turtle.clearstamps(n=None)	删除多个或全部印章
turtle.distance(x, y=None)	返回距离
turtle.dot(size=None, *color)	绘制圆点
turtle.forward(distance)、turtle.fd(distance)	向前移动画笔
turtle.goto(x,y=None)、turtle.setpos(x,y=None)、turtle.setposition(x,y=None)	设置画笔位置
turtle.heading()	返回画笔的朝向

续表

函数	作用
turtle.home()	将画笔移至坐标原点
turtle.left(angle)和 turtle.lt(angle)	向左旋转画笔
turtle.mode(mode=None)	设置或返回画笔模式
turtle.position()、turtle.pos()	返回画笔坐标
turtle.right(angle)、turtle.rt(angle)	向右旋转画笔
turtle.setheading(to_angle)、turtle.seth(to_angle)	设置画笔的朝向
turtle.setx(x)	设置画笔的 x 坐标
turtle.sety(y)	设置画笔的 y 坐标
turtle.speed(speed=None)	设置画笔的移动速度
turtle.stamp()	绘制印章
turtle.undo()	撤销最近的一个画笔动作
turtle.xcor()、turtle.ycor()	返回画笔的 x,y 坐标

1. turtle.back(distance)、turtle.bk(distance)和 turtle.backward(distance)

这 3 个函数用于向后移动画笔，不改变画笔的朝向。示例代码如下。

```
>>> turtle.backward(50)
>>> turtle.bk(100)
>>> turtle.backward(100)
```

2. turtle.circle(radius, extent=None, steps=None)

该函数用于绘制一个半径为 radius 的圆，圆心在画笔左侧 radius 个单位的位置。参数 radius 为数值，extent 为数值或 None，steps 为整数或 None。extent 为一个角度，省略时绘制圆，指定 extent 参数时绘制指定角度的圆弧。绘制圆弧时，如果 radius 为正值，则沿逆时针方向绘制圆弧，否则沿顺时针方向绘制圆弧。画笔的最终朝向由 extent 的值决定。

turtle 库实际上是用内切正多边形来近似表示圆的，其边的数量由 steps 指定。省略 steps 参数时，turtle 将自动确定边数。此函数也可用来绘制正多边形。

示例代码如下。

```
>>> turtle.circle(50)                  #绘制半径为 50 的圆
>>> turtle.circle(100,180)             #绘制半径为 100 的半圆弧
>>> turtle.circle(200,None,4)          #绘制对角线长度为 400 的正方形，其外接圆的半径为 200
>>> turtle.circle(200,steps=6)         #绘制对角线长度为 400 的正六边形，其外接圆的半径为 200
```

3. turtle.clearstamp(stampid)

该函数用于删除参数 stampid 指定的印章，stampid 为印章 id(与 stamp()的返回值一致），示例代码如下。

```
>>> turtle.clearstamp(19)
```

4. turtle.clearstamps(n=None)

参数 n 为整数或 None。若 n 为 None，则该函数删除全部印章；若 n>0，则删除前 n 个印章；若 n<0，则删除后|n|个印章。示例代码如下。

```
>>> turtle.clearstamps(5)
```

5. turtle.distance(x, y=None)

该函数用于返回从画笔位置到坐标(x,y)或另一画笔位置的距离。参数 x 为画笔对象时，y 为 None。示例代码如下。

```
>>> turtle.goto(100,100)
>>> turtle.distance(0,0)
141.4213562373095
```

6. turtle.dot(size=None, *color)

该函数用于绘制一个直径为 size、颜色为 color 的圆点。如果未指定参数 size，则直径取 pensize+4 和 2×pensize 中的较大值。示例代码如下。

```
>>> turtle.dot()                        #绘制默认直径的圆点
>>> turtle.dot(100)                     #绘制直径为 100 的圆点
>>> turtle.dot(50,'red')                #绘制直径为 50、颜色为红色的圆点
```

7. turtle.forward(distance)和 turtle.fd(distance)

该函数用于向前移动画笔，且不改变画笔的朝向。参数 distance 指定距离，单位为像素。示例代码如下。

```
>>> turtle.forward(50)
>>> turtle.fd(100)
```

8. turtle.goto(x,y=None)、turtle.setpos(x,y=None)和 turtle.setposition(x,y=None)

这 3 个函数用于将画笔移动到指定坐标，且不改变画笔的朝向。如果提供参数 x 和 y，则(x,y)为新坐标。省略参数 y 时，x 为表示坐标的元组。示例代码如下。

```
>>> turtle.pos()                        #查看画笔当前位置
(0.00,0.00)
>>> turtle.goto(20,30)                  #移动画笔到(20,30)
>>> turtle.pos()
(20.00,30.00)
>>> turtle.goto((50,50))                #移动画笔到(50,50)
>>> turtle.setpos((50,50))
>>> turtle.setposition(-50,50)
```

9. turtle.heading()

该函数用于返回画笔的朝向。示例代码如下。

```
>>> turtle.heading()
0.0
```

10. turtle.home()

该函数用于将画笔移至坐标原点(0,0)，并重置画笔的朝向为初始朝向（由画笔模式确定）。示例代码如下。

```
>>> turtle.pos()                    #当前位置
(100.00,100.00)
>>> turtle.heading()                #当前朝向
15.0
>>> turtle.home()                   #画笔移至坐标原点，其朝向重置为初始朝向
>>> turtle.heading()
0.0
>>> turtle.pos()
(0.00,0.00)
```

11. turtle.left(angle)和 turtle.lt(angle)

这两个函数用于将画笔向左旋转 angle 个单位，单位默认为度，可调用 turtle.degrees()和 turtle.radians()函数设置角度的度量单位。函数 turtle.degrees()将角度的度量单位设置为度，turtle.radians()将角度的度量单位设置为弧度。角度的正负方向由画笔模式确定。示例代码如下。

```
>>> turtle.left(45)
>>> turtle.lt(30)
```

12. turtle.mode(mode=None)

该函数用于设置或返回画笔模式（绘图窗口的坐标系类型），参数 mode 为字符串“standard”、“logo”或“world”。standard 模式与旧版本的 turtle 库兼容，logo 模式与 Logo 语言中的 turtle 绘图兼容，world 模式使用用户自定义的坐标系。模式、画笔的初始朝向与角度正负之间的关系如下。

- standard 模式：画笔初始朝右（东）、逆时针为角度正方向。
- logo 模式：画笔初始朝上（北）、顺时针为角度正方向。

示例代码如下。

```
>>> turtle.mode('logo')
>>> turtle.heading()
0.0
>>> turtle.right(60)
>>> turtle.heading()
60.0
```

13. turtle.position()和 turtle.pos()

这两个函数用于返回画笔坐标，示例代码如下。

```
>>> turtle.pos()
(100.00,100.00)
>>> turtle.position()
(100.00,100.00)
```

14. turtle.right(angle)和 turtle.rt(angle)

这两个函数用于将画笔向右旋转 angle 个单位。示例代码如下。

```
>>> turtle.degrees()            #设置角度的度量单位为度
>>> turtle.heading()            #返回画笔的朝向
0.0
>>> turtle.right(60)            #画笔向右旋转 60 度
```

```
>>> turtle.heading()
300.0
>>> turtle.rt(30)
```

15. turtle.setheading(to_angle)和 turtle.seth(to_angle)

这两个函数用于将画笔的朝向设置为 to_angle（注意角度的正负方向由画笔模式确定），示例代码如下。

```
>>> turtle.setheading(45)
>>> turtle.seth(30)
```

16. turtle.setx(x)

该函数用于将画笔的横坐标设置为 x，纵坐标保持不变，示例代码如下。

```
>>> turtle.pos()
(50.00,50.00)
>>> turtle.setx(100)
>>> turtle.pos()
(100.00,50.00)
```

17. turtle.sety(y)

该函数用于将画笔的纵坐标设置为 y，横坐标保持不变，示例代码如下。

```
>>> turtle.pos()
(100.00,50.00)
>>> turtle.sety(100)
>>> turtle.pos()
(100.00,100.00)
```

18. turtle.speed(speed=None)

该函数用于设置画笔的移动速度。不指定参数（或参数为 None）时，返回画笔的移动速度。参数 speed 为 0 ~ 10 的整数或速度字符串。speed 不为 0（0 表示没有动画效果）时，其值越大，画笔的移动速度越快。可用的速度字符串与整数值的对应关系如下。

- fastest：0，最快。
- fast：10，快。
- normal：6，正常。
- slow：3，慢。
- slowest：1，最慢。

示例代码如下。

```
>>> turtle.speed()
3
>>> turtle.speed('fast')
>>> turtle.speed()
10
>>> turtle.speed(6)
```

19. turtle.stamp()

该函数用于在画笔当前位置绘制一个印章，返回印章 id，示例代码如下。

```
>>> turtle.stamp()
19
```

20. turtle.undo()

该函数用于撤销最近的一个画笔动作，可撤销的次数由撤销缓冲区的大小决定，示例代码如下。

```
>>> turtle.undo()
```

21. turtle.xcor()

该函数用于返回画笔的 *x* 坐标，示例代码如下。

```
>>> turtle.setpos((50,-50))
>>> turtle.xcor()
50
```

22. turtle.ycor()

该函数用于返回画笔的 *y* 坐标，示例代码如下。

```
>>> turtle.ycor()
-50
```

8.1.4 形状函数

8.1.4 形状函数

turtle 库中的常用形状函数如表 8-4 所示。

表 8-4 turtle 库中的常用形状函数

函数	作用
turtle.getshapes()	返回画笔形状列表
turtle.shape(name=None)	将画笔设置为参数 name 指定的形状，或返回画笔形状名称
turtle.begin_poly()	开始记录多边形的顶点
turtle.end_poly()	结束记录多边形的顶点
turtle.get_poly()	返回最新记录的多边形
turtle.register_shape(name,shape=None)	为画笔注册新的形状
turtle.addshape(name, shape=None)	为画笔注册新的形状

1. turtle.getshapes()

该函数用于返回画笔形状列表，列表包含当前可用的所有画笔形状名称，示例代码如下。

```
>>> turtle.getshapes()
['arrow', 'blank', 'circle', 'classic', 'square', 'triangle', 'turtle']
```

2. turtle.shape(name=None)

该函数用于将画笔设置为参数 name 指定的形状，如未提供参数则返回当前的画笔形状名称，示例代码如下。

```
>>> turtle.shape('turtle')                    #将画笔设置为海龟形状
>>> turtle.shape()
'turtle'
```

3. turtle.begin_poly()

执行该函数后将开始记录多边形的顶点，当前画笔位置为多边形的第一个顶点。

4. turtle.end_poly()

该函数用于结束记录多边形的顶点，当前画笔位置为多边形的最后一个顶点。

5. turtle.get_poly()

该函数用于返回最新记录的多边形，示例代码如下。

```
>>> turtle.begin_poly()                          #开始记录多边形的顶点
>>> turtle.fd(50)
>>> turtle.lt(120)
>>> turtle.fd(50)
>>> turtle.lt(120)
>>> turtle.fd(50)
>>> turtle.end_poly()                            #结束记录多边形的顶点
>>> p=turtle.get_poly()                          #返回最新记录的多边形
>>> p
((0.00,0.00), (50.00,0.00), (75.00,43.30), (50.00,86.60))
```

记录的多边形为该多边形顶点坐标的元组。

6. turtle.register_shape(name,shape=None)和turtle.addshape(name,shape=None)

这两个函数用于为画笔注册新的形状。调用这两个函数有 3 种不同方式。

方式 1：参数 name 为画笔形状的注册名称，参数 shape 为一个 Shape 对象，示例代码如下。

```
>>> turtle.register_shape('diypoly',p)          #将一个 Shape 对象注册为画笔形状
>>> turtle.shape('diypoly')                     #使用多边形作为画笔形状
```

方式 2：参数 name 为一个 GIF 文件的文件名，参数 shape 为 None 或者省略，GIF 文件应放在当前工作目录中。参数 name 中不能包含路径，示例代码如下。

```
>>> turtle.register_shape("star.gif")
>>> turtle.getshapes()
['arrow', 'blank', 'circle', 'classic', 'square', 'star.gif', 'triangle', 'turtle']
>>> turtle.shape('star.gif')                    #使用已注册的 GIF 文件作为画笔形状
```

方式 3：参数 name 为形状的注册名称字符串，shape 为形状的顶点坐标元组，示例代码如下。

```
>>> turtle.register_shape("myTri",((0,-5),(5,0),(0,5)))
>>> turtle.getshapes()
['arrow', 'blank', 'circle', 'classic', 'myTri', 'square', 'star.gif', 'triangle', 'turtle']
```

7. 使用复合形状

复合形状由多个不同颜色的多边形组成。使用复合形状包含下列步骤。

（1）创建一个类型为“compound”的空 Shape 对象。

（2）调用 addcomponent()方法为 Shape 对象添加多边形。

（3）注册 Shape 对象，并将其设置为画笔形状。

示例代码如下。

```
>>> s = turtle.Shape("compound")                #创建空的 Shape 对象
>>> p = ((0,0),(50,0),(50,50),(0,50))           #定义多边形顶点
```

```
>>> s.addcomponent(p, "red", "blue")            #将多边形添加到 Shape 对象
>>> p = ((10,10),(40,10),(40,40),(10,40))
>>> s.addcomponent(p, "blue", "red")
>>> p = ((20,20),(30,20),(30,30),(20,30))
>>> s.addcomponent(p, "red", "blue")
>>> turtle.register_shape("mycs", s)            #注册 Shape 对象
>>> turtle.shape('mycs')                        #将 Shape 对象设置为画笔形状
```

8.1.5 输入输出函数

8.1.5 输入输出函数

turtle 库中的常用输入输出函数如表 8-5 所示。

表 8-5 turtle 库中的常用输入输出函数

函数	作用
turtle.write(arg,…)	将参数 arg 输出到画笔位置
turtle.textinput(title, prompt)	用对话框输入字符串
turtle.numinput()	用对话框输入数值

1. turtle.write(arg, move=False, align="left", font=("Arial", 8, "normal"))

该函数用于将参数 arg 输出到画笔位置。参数 move 为 True（默认为 False）时，画笔会移动到文本的右下角。参数 align 指定文本对齐方式，可取值“left”“center”或“right”，对齐位置为画笔当前位置。参数 font 为一个三元组(fontname, fontsize, fonttype)，用于指定字体名称、字号和字体类型，默认为("Arial", 8, "normal")，示例代码如下。

```
>>> turtle.home()
>>> turtle.write((0.0))
>>> turtle.write("Python", True, align="center")
```

2. turtle.textinput(title, prompt)

该函数用于用对话框输入字符串。参数 title 为对话框标题，prompt 为提示信息。单击“OK”按钮时，函数返回输入的字符串，单击“Cancel”按钮时，函数返回 None，示例代码如下。

```
>>> turtle.textinput("Turtle 绘图", "请输入一个字符串")
'Python 编程'
```

代码执行时显示的对话框如图 8-3 所示。

3. turtle.numinput(title, prompt, default=None, minval=None, maxval=None)

该函数用于用对话框输入数值。参数 title 为对话框标题，prompt 为提示信息，default 为数值输入框初始值，minval 为允许输入的最小数值，maxval 为允许输入的最大数值。单击“OK”按钮时，该函数返回输入的数值，单击“Cancel”按钮时，该函数返回 None，示例代码如下。

```
>>> turtle.numinput("Turtle 绘图", "请输入一个数值",None,1,10)
8.0
```

代码执行时显示的对话框如图 8-4 所示。

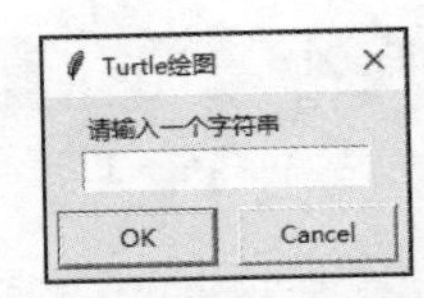

图 8-3　turtle 库的字符串输入对话框

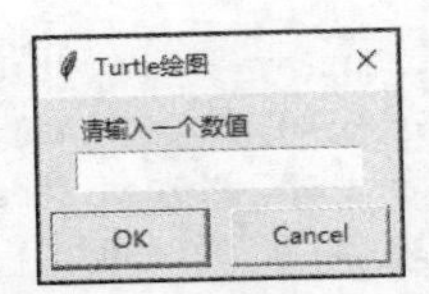

图 8-4　turtle 库的数值输入对话框

8.1.6　事件处理函数

8.1.6　事件处理函数

turtle 库中的常用事件处理函数如表 8-6 所示。

表 8-6　turtle 库中的常用事件处理函数

函数	作用
turtle.mainloop()、turtle.done()	开始事件循环
turtle.listen()	使绘图窗口获得焦点
turtle.onkey(fun, key)	注册键盘指定按键按下事件函数
turtle.onkeyrelease(fun, key)	注册键盘指定按键释放事件函数
turtle.onkeypress(fun, key=None)	注册键盘任意按键按下事件函数
turtle.onclick(fun, btn=1, add=None)	注册鼠标单击事件函数
turtle.onscreenclick(fun, btn=1, add=None)	注册鼠标单击事件函数
turtle.onrelease(fun, btn=1, add=None)	注册鼠标释放事件函数
turtle.ondrag(fun, btn=1, add=None)	注册鼠标拖动事件函数
turtle.ontimer(fun, t=0)	创建计时器

1. turtle.mainloop()和 turtle.done()

这两个函数用于开始事件循环，通过调用 Tkinter 库的 mainloop()函数，实现 turtle 库的绘图窗口的交互功能。注意，应将 turtle.mainloop()或 turtle.done()作为一个绘图程序的结束语句，示例代码如下。

```
>>> turtle.done()
>>> turtle.mainloop()
```

2. turtle.listen()

该函数用于使绘图窗口获得焦点，以便接收键盘和鼠标事件。

3. turtle.onkey(fun, key)和 turtle.onkeyrelease(fun, key)

这两个函数分别用于注册键盘按键按下/释放事件函数，fun 为函数名，在按下或释放 key 指定的键时调用 fun()函数。fun 为 None 时删除事件注册。参数 key 为键名字符串，例如“a”或“space”，示例代码如下。

```
>>> def fun():
...   turtle.circle(50)
...
>>> turtle.onkey(fun,'a')          #注册键盘按键释放事件函数，在按下并释放【a】键时，调用 fun()函数
```

```
>>> turtle.onkeyrelease(fun,'b')     #在按下并释放【b】键时，调用fun()函数
>>> turtle.listen()
```

4. turtle.onkeypress(fun, key=None)

该函数用于注册键盘按键按下事件函数，fun 为函数名，在按下（未释放）key 指定的键时调用 fun()函数，示例代码如下。

```
>>> def fun():
...   turtle.fd(50)
...   turtle.circle(45)
...
>>> turtle.onkeypress(fun,'b')       #在按下【b】键时，调用fun()函数
>>> turtle.listen()
```

注意，在 onkey、onkeyrelease 和 onkeypress 等事件发生后，Python 执行绑定的函数。在函数执行过程中，如果发生其他事件，则会中断正在执行的函数，转去执行其他事件的绑定函数。

5. turtle.onclick(fun, btn=1, add=None)和 turtle.onscreenclick(fun, btn=1, add= None)

当这两个函数的参数 fun 为 None 时，删除已注册的鼠标单击事件函数。参数 fun 为函数名时，将该函数注册为鼠标单击事件函数，调用函数时会将鼠标指针坐标作为参数传递给函数。参数 btn 为 1（默认值）时表示鼠标左键，btn 为 2 时表示鼠标中间键，btn 为 3 时表示鼠标右键。参数 add 为 True 时将添加一个新注册，否则将取代之前的注册。onclick()为画笔注册鼠标单击事件函数，onscreenclick()为绘图窗口注册鼠标单击事件函数。示例代码如下。

```
>>> def fun(x,y):
...   turtle.goto(x,y)
...   turtle.circle(45)
...
>>> turtle.onscreenclick(fun)        #将函数fun()注册为绘图窗口的鼠标左键单击事件函数
>>> turtle.onclick(fun,3)            #将函数fun()注册为画笔的鼠标右键单击事件函数
```

6. turtle.onrelease(fun, btn=1, add=None)

该函数用于将函数 fun()注册为画笔的鼠标按键释放事件函数。示例代码如下。

```
>>> def fun(x,y):
...   turtle.circle(50)
...
>>> turtle.onrelease(fun,3)          #在画笔上按下并释放鼠标右键时调用函数fun()
```

7. turtle.ondrag(fun, btn=1, add=None)

该函数用于将 fun()函数注册为鼠标拖动事件函数。如果参数 fun 为 None，则删除已注册的鼠标拖动事件函数。在拖动画笔时，同时会触发画笔的鼠标单击事件。示例代码如下。

```
>>> turtle.ondrag(turtle.goto)       #注册后，拖动画笔可在绘图窗口中绘制线条
```

8. turtle.ontimer(fun, t=0)

该函数用于创建一个计时器，在 t 毫秒后调用 fun()函数。fun 为函数名，不需要指定参数，示例代码如下。

```
>>> def f():
...   turtle.fd(100)
```

```
...   turtle.circle(50)
...
>>> turtle.ontimer(f)                        #立即调用 f()函数
>>> turtle.ontimer(f,2000)                   #2 秒后调用 f()函数
```

【任务 8-2】 生成随机验证码

【任务目标】

编写一个程序，生成 5 个由 5 位随机字符组成的验证码字符串，程序运行结果如下。

```
n1zWy
e9b96
OFLV7
GyOAL
bP7WE
```

任务 8-2

【任务实施】

（1）启动 IDLE。

（2）在 IDLE 交互环境中选择“File\New File”命令，打开 IDLE 代码编辑窗口。

（3）在 IDLE 代码编辑窗口中输入下面的代码。

```
# test8_02.py：生成随机验证码
from random import *                       # 从 random 库导入函数
def getRandomChar():                       # 定义获得随机字符的函数
    num = str(randint(0, 9))               # 获得随机数字
    lower = chr(randint(97, 122))          # 获得随机小写字母
    upper = chr(randint(65, 90))           # 获得随机大写字母
    char = choice([num, lower, upper])     # 从序列中随机选择
    return char
for m in range(5):                         # 输出 5 个字符串
    s = ''
    for n in range(5):                     # 生成长度为 5 的随机验证码字符串
        s += getRandomChar()
    print(s)
```

（4）按【Ctrl+S】组合键保存程序文件，将文件命名为“test8_02.py”。

（5）按【F5】键运行程序，观察输出结果。

【知识点】

8.2 随机数工具——random 库

random 库提供了随机数生成函数，主要包括随机数种子函数、整数随机数函数、浮点数随机数函数和序列随机函数。

8.2.1 随机数种子函数

8.2.1 随机数种子函数

随机数种子函数的基本语法格式如下。

```
random.seed(n=None, version=2)
```

该函数将参数 n 作为随机数种子，省略参数时使用当前系统时间作为随机数种子。参数 n 为 int 类型时直接将其作为随机数种子。参数 version 为 2（默认）时，str、bytes 或 bytearray 等非 int 类型的参数 n 会转换为 int 类型。参数 version 为 1 时，str 和 bytes 类型的参数 n 可直接作为随机数种子。

调用各种随机数生成函数时，实质上是从随机数种子对应的序列中取数，所以获得的随机数也称为伪随机数。随机数种子相同时，连续多次调用同一个随机数生成函数会依次按顺序从同一个随机数序列中取数，多次运行同一个程序生成的随机数是相同的（顺序相同、数值相同）。没有在程序中调用 random.seed()函数时，默认使用当前系统时间作为随机数种子，从而保证每次运行程序生成不同的随机数。示例代码如下。

```
# test8_03.py
import random                          # 导入模块
random.seed(5)                         # 设置随机数种子
for n in range(5):                     # 循环 5 次
    print(random.randint(1, 10))       # 输出一个范围为[1,10]的随机整数
```

程序运行结果如下。

```
10
5
6
1
```

可多次运行程序，因为程序设置的随机数种子为 5，所以每次生成的随机数相同。若删除代码中设置随机数种子的语句，则每次运行程序可生成不同的随机数。

8.2.2 整数随机数函数

8.2.2 整数随机数函数

random 库中常用的整数随机数函数如下。

1. random.randrange(n)

该函数返回范围为[0,n)的一个随机整数，示例代码如下。

```
# test8_04.py
import random
for i in range(5):  # 输出 5 个范围为[0,10)的随机整数
    print(random.randrange(10))
```

程序运行结果如下。

```
7
1
6
5
7
```

2. random.randrange(m, n[, step])

该函数返回范围为[m,n)的一个随机整数。未指定 step 参数时，从当前随机数序列中连续取数；指定 step 参数时，取数的间隔为 step-1，示例代码如下。

```
# test8_05.py
import random
for i in range(5):  # 输出 5 个范围为[5,15)的随机整数
    print(random.randrange(5, 15))
```

程序运行结果如下。

```
6
8
5
5
12
```

3. random.randint(a, b)

该函数返回范围为[a,b]的一个随机整数，示例代码如下。

```
# test8_06.py
import random
for i in range(5):  # 输出 5 个范围为[5,15]的随机整数
    print(random.randint(5, 15))
```

程序运行结果如下。

```
8
7
8
6
12
```

8.2.3 浮点数随机数函数

8.2.3 浮点数随机数函数

random 库中常用的浮点数随机数函数如下。

1. random.random()

该函数返回范围为[0.0, 1.0)的一个随机浮点数，示例代码如下。

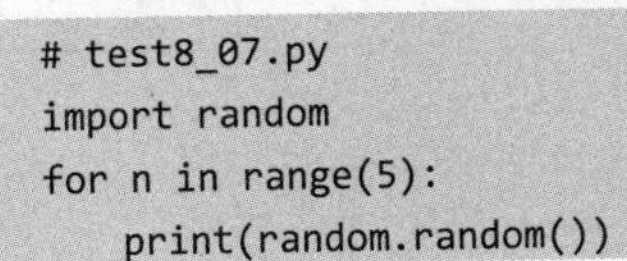

```
# test8_07.py
import random
for n in range(5):
    print(random.random())
```

程序运行结果如下。

```
0.04049082762403944
0.8998614070168343
0.7108875047320201
0.5279732442334805
0.733536217287592
```

2. random.uniform(a, b)

该函数返回一个随机浮点数，当 a<=b 时取值范围为[a,b]，当 b<a 时取值范围为[b,a]，示例代码如下。

```
# test8_08.py
import random
for n in range(5):  # 输出 5 个范围为[-5,5]的随机浮点数
    print(random.uniform(-5, 5))
```

程序运行结果如下。

```
-0.8436937153092501
3.045746839597575
-2.0304136726199995
0.952597125576772
-2.8107935531856376
```

8.2.4 序列随机函数

8.2.4 序列随机函数

random 库中常用的序列随机函数如下。

1. random.choice(seq)

该函数用于从非空序列 seq 中随机选择一个元素。如果 seq 为空，则引发 IndexError 异常，示例代码如下。

```
# test8_09.py
import random
seq = [10, 5, 'a', 3, 'abc', 30]
print(random.choice(seq))
print(random.choice(seq))
print(random.choice(seq))
```

程序运行结果如下。

```
5
a
3
```

2. random.shuffle(seq)

该函数用于将序列 seq 随机打乱顺序，示例代码如下。

```
# test8_10.py
import random
seq = [10, 5, 'a', 3, 'abc', 30]
random.shuffle(seq)
print(seq)
```

程序运行结果如下。

```
[5, 'abc', 3, 30, 10, 'a']
```

shuffle()函数只适用于可以修改的序列，如果需要从一个不可修改的序列返回一个新的随机打乱顺序的列表，应使用 sample()函数。

3. random.sample(seq, k)

该函数用于从序列 seq 中随机选择 k 个不同位置的元素，示例代码如下。

```
# test8_11.py
import random
seq = [10, 5, 'a', 3, 'abc', 30]
print(random.sample(seq, 3))
print(random.sample(seq, 3))
```

程序运行结果如下。

```
[10, 3, 30]
['abc', 5, 30]
```

【任务 8-3】 计算浮点数运算时间

【任务目标】

在 2023 年 6 月公布的全球超级计算机排行榜中，我国的“神威 · 太湖之光”超级计算机位列第 7，其峰值运算速度为 93.01PFlop/s，曾连续 4 次排行第一；“天河二号”超级计算机位列第 10，其峰值运算速度为 61.44PFlop/s，曾连续 6 次排行第一。

任务 8-3

编写一个程序，计算完成 10 次浮点数加法运算和乘法运算的时间，程序运行结果如下。

```
用 for 循环计算 1e100 累加 10 次的时间:4200 纳秒
用 for 循环计算 1e100 相乘 10 次的时间:3300 纳秒
```

【任务实施】

（1）启动 IDLE。

（2）在 IDLE 交互环境中选择“File\New File”命令，打开 IDLE 代码编辑窗口。

（3）在 IDLE 代码编辑窗口中输入下面的代码。

```
# test8_12.py: 计算浮点数运算时间
import time
s = 1e100
t1 = time.perf_counter_ns()
for n in range(10):
    s += 1e100
t2 = time.perf_counter_ns()
print('用 for 循环计算 1e100 累加 10 次的时间:%s 纳秒' % (t2-t1))
s = 1e100
t1 = time.perf_counter_ns()
for n in range(10):
    s *= 1e100
t2 = time.perf_counter_ns()
print('用 for 循环计算 1e100 相乘 10 次的时间:%s 纳秒' % (t2-t1))
```

（4）按【Ctrl+S】组合键保存程序文件，将文件命名为“test8_12.py”。

（5）按【F5】键运行程序，观察输出结果。

【知识点】

8.3 时间工具——time 库

8.3.1 time 库概述

time 库提供了与时间相关的函数。Python 中与时间相关的库还有 datetime 和 calendar 等。虽然 time 库可用于所有平台，但库中的函数并非所有平台均可使用。time 库中大部分函数都是调用平台的 C 语言库中的同名函数来实现。

8.3.1 time 库概述

time 库属于内置模块，直接导入即可使用。time 库提供的函数可分为时间处理函数、时间格式化函数和计时函数。

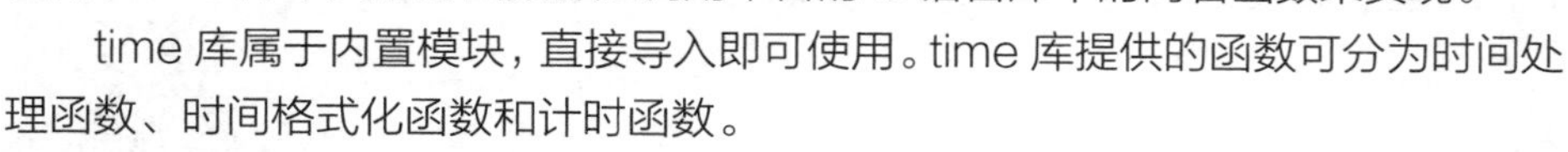

time 库的一些基本概念如下。

1. Epoch

Epoch 指时间起点，取决于平台，通常为“1970 年 1 月 1 日 00:00:00（UTC）”。可调用 time.localtime(0)函数获取 Epoch 的值，并返回一个表示该时间的本地时间结构，示例代码如下。

```
>>> import time
>>> time.localtime(0)
time.struct_time(tm_year=1970, tm_mon=1, tm_mday=1, tm_hour=8, tm_min=0, tm_sec=0, tm_wday=3, tm_yday=1,
tm_isdst=0)
```

2. 时间戳

时间戳（timestamp）通常指自 Epoch 到现在时间的秒数。

3. UTC

UTC 指 Coordinated Universal Time，即协调世界时，是世界标准时间，之前的名称是格林尼治标准时（Greenwich Mean Time，GMT）。

4. DST

DST 指 Daylight Saving Time，即夏令时。

5. struct_time

struct_time 对象为时间对象，gmtime()、localtime()和 strptime()等函数返回 struct_time 对象表示的时间。struct_time 对象包含的字段如表 8-7 所示。

表 8-7 struct_time 对象包含的字段

索引	字段	说明
0	tm_year	年份，例如 2019
1	tm_mon	月份，有效值范围为[1, 12]
2	tm_mday	一个月的第几日，有效值范围为[1, 31]

续表

索引	字段	说明
3	tm_hour	小时，有效值范围为[0, 23]
4	tm_min	分钟，有效值范围为[0, 59]
5	tm_sec	秒，有效值范围为[0, 61]，60 和 61 在闰秒时间戳中使用。
6	tm_wday	一周的第几日，有效值范围为[0,6]，周一为 0
7	tm_yday	一年的第几日，有效值范围为[1, 366]
8	tm_isdst	0、1 或-1，夏令时生效时为 1，未生效时为 0，-1 表示未知

8.3.2 时间处理函数

常用的时间处理函数包括 time.time()、time.gmtime()、time.localtime()和 time.ctime()。

8.3.2 时间处理函数

1. time.time()

该函数返回自 Epoch 以来时间的秒数，示例代码如下。

```
>>> time.time()
1568813495.2463927
```

2. time.gmtime()

该函数将秒数转换为 UTC 的 struct_time 对象，其中 tm_isdst 值始终为 0。如果未提供参数或参数为 None，则转换当前时间，示例代码如下。

```
>>> time.gmtime()                    #转换当前时间
time.struct_time(tm_year=2019, tm_mon=9, tm_mday=18, tm_hour=13, tm_min=34, tm_sec=34, tm_wday=2, tm_yday=261, tm_isdst=0)
>>> time.gmtime(10**8)               #转换指定秒数
time.struct_time(tm_year=1973, tm_mon=3, tm_mday=3, tm_hour=9, tm_min=46, tm_sec=40, tm_wday=5, tm_yday=62, tm_isdst=0)
>>> t=time.gmtime(10**8)             #转换秒数
>>> t[0]                             #索引年份字段
1973
>>> t.tm_year                        #以属性的方式访问年份字段
1973
```

3. time.localtime()

该函数将秒数转换为当地时间。如果未提供参数或参数为 None，则转换当前时间。如果给定时间适用于夏令时，则将 tm_isdst 值设置为 1，示例代码如下。

```
>>> time.localtime()                 #转换当前时间
time.struct_time(tm_year=2019, tm_mon=9, tm_mday=18, tm_hour=21, tm_min=39, tm_sec=22, tm_wday=2, tm_yday=261, tm_isdst=0)
>>> time.localtime(10**8)            #转换指定秒数
time.struct_time(tm_year=1973, tm_mon=3, tm_mday=3, tm_hour=17, tm_min=46, tm_sec=40, tm_wday=5, tm_yday=62, tm_isdst=0)
```

4. time.ctime()

该函数将秒数转换为表示本地时间的字符串。如果未提供参数或参数为 None，则转换当前时间，示例代码如下。

```
>>> time.ctime()                    #转换当前时间
'Wed Sep 18 21:50:23 2019'
>>> time.ctime(10**8)               #转换指定秒数
'Sat Mar  3 17:46:40 1973'
```

8.3.3 时间格式化函数

常用的时间格式化函数包括 time.mktime()、time.strftime()和 time.strptime()。

8.3.3 时间格式化函数

1. time.mktime()

mktime()是 localtime()的反函数，其参数是 struct_time 对象或者完整的 9 元组（元组中的元素按顺序与 struct_time 对象的字段一一对应），其生成表示本地时间的浮点数，与函数 time()兼容。如果输入值不能转换为有效时间，则发生 OverflowError 或 ValueError 异常。函数可以生成的最早时间取决于操作系统。

示例代码如下。

```
>>> t=time.localtime()              #获得本地时间的 struct_time 对象
>>> time.mktime(t)                  #获得本地时间的秒数
1568851744.0
>>> a=(2017,12,31,9,30,45,7,365,0) #构造 9 元组
>>> time.mktime(a)                  #生成时间
1514683845.0
```

2. time.strftime(format[, t])

该函数中的参数 t 是一个时间元组或 struct_time 对象，可以将其转换为 format 参数指定的时间格式化字符串。如果未提供 t，则使用当前时间。format 必须是一个字符串。如果 t 中的任何对象或字段超出有效值范围，则发生 ValueError 异常。

0 可作为时间元组中任何位置的参数；如果它的值是非法的，则会被强制修改为合法的值。

常用的时间格式化指令如表 8-8 所示。

表 8-8 常用的时间格式化指令

时间格式化指令	说明
%a	星期中每日的本地化缩写名称
%A	星期中每日的本地化完整名称
%b	月份的本地化缩写名称
%B	月份的本地化完整名称
%c	本地化的日期和时间表示
%d	十进制数表示的月中的日，有效值范围为[1,31]
%H	十进制数表示的小时，有效值范围为[0,23]（24 小时制）

续表

时间格式化指令	说明
%I	十进制数表示的小时，有效值范围为[1,12]（12 小时制）
%j	十进制数表示的年中的日，有效值范围为 [1,366]
%m	十进制数表示的月份，有效值范围为[1,12]
%M	十进制数表示的分钟，有效值范围为[00,59]
%p	本地化的 AM 或 PM
%S	十进制数表示的秒，有效值范围为[00,61]，60 和 61 在闰秒时间戳中使用。
%U	十进制数表示的一年中的周数，有效值范围为[00,53]
%w	十进制数表示的一周中的日，有效值范围为[0,6]，星期日为 0
%W	十进制数表示的一年的周数，有效值范围为[00,53]
%x	本地化的适当日期表示
%X	本地化的适当时间表示
%y	十进制数表示的 2 位年份，有效值范围为[00,99]
%Y	十进制数表示的 4 位年份
%z	以+HHMM 或-HHMM 格式表示的时区偏移
%%	字符“%”

示例代码如下。

```
>>> t=time.localtime()
>>> time.strftime('%Y-%m-%d %H:%M:%S',t)
'2019-09-19 09:30:52'
```

strftime()函数的时间格式化字符串不支持非 ASCII 字符，要获得中文格式的时间格式化字符串，需使用 struct_time 对象字段来构造字符串，示例代码如下。

```
>>> t=time.localtime()
>>> format='%s 年%s 月%s 日 %s 时%s 分%s 秒'
>>> print(format %(t.tm_year,t.tm_mon,t.tm_mday,t.tm_hour,t.tm_min,t.tm_sec))
2019 年 9 月 21 日 15 时 30 分 59 秒
```

3. time.strptime(t,format)

strptime()可看作 strftime()的逆函数，其按时间格式化字符串 format 解析字符串 t 中的时间，返回一个 struct_time 对象。示例代码如下。

```
>>> time.strptime("1 Nov 01", "%d %b %y")
time.struct_time(tm_year=2001, tm_mon=11, tm_mday=1, tm_hour=0, tm_min=0, tm_sec=0,
tm_wday=3, tm_yday=305, tm_isdst=-1)
```

8.3.4 计时函数

8.3.4 计时函数

常用的计时函数包括 time.sleep()、time.monotonic()和 perf_counter()。

1. time.sleep(secs)

该函数用于暂停执行当前线程 secs 秒。参数 secs 可以是浮点数，以便更精确地表示暂停时间，示例代码如下。

```
>>> time.sleep(5)          #暂停 5 秒，5 秒后才会显示下一个提示符“>>>”
>>>
```

2. time.monotonic()

该函数用于返回单调时钟的秒数（小数），时钟不能后退、不受系统时间影响，连续调用该函数获得的秒数差值可作为有效的计时时间，示例代码如下。

```
>>> time.monotonic()
674362.281
>>> time.monotonic()
674365.062
```

3. time.perf_counter()

该函数用于返回性能计数器的秒数（小数），包含线程睡眠时间，连续调用该函数获得的秒数差值可作为有效的计时时间，示例代码如下。

```
>>> time.perf_counter()
8880.6596039
>>> time.perf_counter()
8883.3632089
```

4. time.perf_counter_ns()

与函数 perf_counter()类似，该函数返回纳秒数（整数），示例代码如下。

```
>>> time.perf_counter_ns()
9060467367300
>>> time.perf_counter_ns()
9062195170100
```

【综合实例】实现计时动画

创建一个 Python 程序，如图 8-5 所示。

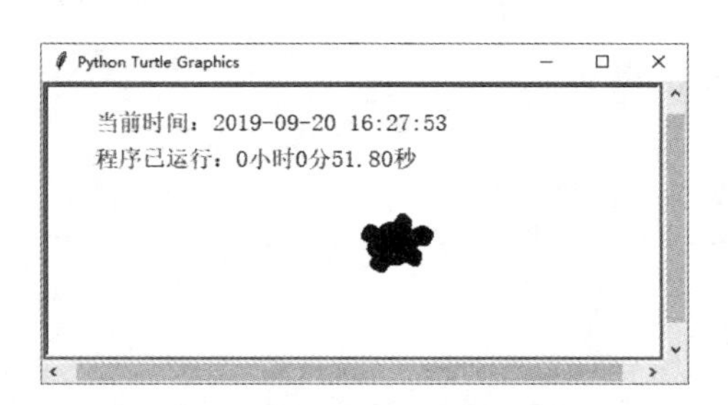

图 8-5 在绘图窗口中运动画笔

综合实例 实现计时动画

程序主要功能如下。

（1）在绘图窗口中实时显示当前日期、时间和程序运行时间。

（2）画笔使用海龟形状。

（3）画笔在绘图窗口中运动，到达边框时随机选择另一个方向继续运动。

（4）右击可使画笔暂停运动，单击可使画笔继续运动。

具体操作步骤如下。

（1）启动 IDLE。

（2）在 IDLE 交互环境中选择“File\New File”命令，打开 IDLE 代码编辑窗口。

（3）在 IDLE 代码编辑窗口中输入下面的代码。

```
# test8_13.py：实现计时动画
import turtle
import random
import time
# getNextAngle()函数生成一个角度
# 该函数根据当前窗口大小，在窗口中随机选择一个点，用选择的点计算一个角度作为画笔新的运动方向
def getNextAngle():
    width = turtle.window_width()                                    # 获得当前窗口宽度
    height = turtle.window_height()                                  # 获得当前窗口高度
    x = random.randint(-int(width/2)+50, int(width/2)-50)            # 获得随机 x 坐标
    y = random.randint(-int(height/2)+50, int(height/2)-50)          # 获得随机 y 坐标
    return turtle.towards(x, y)                                      # 返回画笔新的运动方向

# run()函数让画笔在窗口中运动
# 根据窗口重设画布大小，当画笔超出边框时，改变画笔方向继续运动
def run():
    width = turtle.window_width()                                    # 获得当前窗口宽度
    height = turtle.window_height()                                  # 获得当前窗口高度
    turtle.screensize(width, height)                                 # 重新设置画布大小
    turtle.fd(10)                                                    # 沿当前方向前进 10 像素
    # 计算是否需要改变运动方向
    x = turtle.xcor()
    y = turtle.ycor()
    if x < -width/2+psize or x > width/2-psize or y < -height/2+psize or y > height/2-psize:
        turtle.setheading(getNextAngle())                            # 超出边框时设置新的运动方向
    if running:
        turtle.ontimer(run, 100)                                     # 0.1 秒后调用函数本身，实现画笔连续运动
# start()函数在单击绘图窗口时调用，使画笔继续运动
def start(x, y):
    global running
    running = True
    run()
# stop()函数在右击绘图窗口时调用，使画笔停止运动
def stop(x, y):
    global running
    running = False
# printTime()函数在绘图窗口左上角实时输出当前日期、时间和程序运行时间
def printTime():
    width = turtle.window_width()                                    # 获得当前窗口宽度
    height = turtle.window_height()                                  # 获得当前窗口高度
    turtle2.clear()  # 清除原有输出
```

```
    turtle2.up()
    turtle2.goto(-int(width/2)+50, int(height/2)-50)    # 将画笔移动到时间输出位置
    time2 = time.perf_counter()
    t = time2-time1                                   # 计算程序运行时间
    h = int(t//3600)                                  # 获得小时数
    m = int((t-h*3600)//60)                           # 获得分钟数
    s = t-h*3600-m*60                                 # 获得秒数
    ts = time.strftime('%Y-%m-%d %H:%M:%S')
    turtle2.write('当前时间：%s' % ts, font=("宋体", 14, "normal"))
    turtle2.goto(-int(width/2)+50, int(height/2)-80)    # 将画笔移动到时间输出位置
    turtle2.write('程序已运行：%s 小时%s 分%.2f 秒' % (h, m, s), font=("宋体", 14, "normal"))
    turtle.ontimer(printTime, 1000)                   # 1 秒后调用程序本身，刷新时间
turtle2 = turtle.Turtle()                             # 获得第二支画笔，用于输出时间
turtle2.ht()                                          # 隐藏画笔形状
time1 = time.perf_counter()                           # 记录程序开始运行的时间
turtle.shape('turtle')                                # 设置画笔形状为海龟
turtle.up()                                           # 默认的画笔只运动不绘图，所以抬起画笔
turtle.pencolor('blue')                               # 设置画笔颜色
turtle.speed(0)                                       # 设置最快速度绘图
psize = 10
turtle.pensize(psize)                                 # 设置画笔粗细
turtle.resizemode('auto')                             # 使画笔根据粗细自动调整形状大小
running = True                                        # 设置画笔运动标志，running 为 True 时运动，否则停止
turtle.onscreenclick(start)                           # 绑定鼠标单击事件处理函数
turtle.onscreenclick(stop, 3, True)                   # 绑定鼠标右击事件处理函数
turtle.listen()
printTime()  # 输出时间
run()  # 使默认画笔运动
turtle.done()
```

（4）按【Ctrl+S】组合键保存程序文件，将文件命名为“test8_13.py”。

（5）按【F5】键运行程序，观察输出结果。

小　　结

本单元主要介绍了 Python 标准库中的 turtle 库、random 库和 time 库。turtle 库提供基本绘图功能，random 库提供随机数生成功能，time 库提供时间处理功能。

【拓展阅读】了解 Django 库和 Tkinter 库

Django 库、Flask 库和 Web2py 库都是 Python 常用的开源 Web 库，用于快速创建 Web 应用程序。Django 库采用了类似于 MVC 的 MTV 框架，即 Model（模型，数据存储层）、Template（模板，表现层）和 View（视图，业务逻辑层）。模型封装了与底层数据库的交互细节，用户只需要关注数据的使用；模板定义了网页展示形式；视图实现了业务处理，决定了使用的模型和模板。读者可扫描右侧二维码了解关于 Python Django 库的更多信息。

了解 Django 库

Tkinter 是 Python 默认的图形用户界面（Graphical User Interface，GUI）库，Tkinter 是 Tk interface 的缩写，意为 Tkinter 库是 Tcl/Tk 的 Python 接口。Tkinter 库提供了许多创建图形用户界面的工具和组件。读者可扫描右侧二维码了解关于 Tkinter 库的更多信息。

了解 Tkinter 库

【技能拓展】提高大语言模型 prompt 的有效性

在大语言模型中，“prompt”通常指用户向模型提供的输入文本片段或问题，以获取模型的响应。它可以是一个问题、一句话、一段文字或一组指令，用于引导模型生成相关的回答或文本。prompt 的质量和形式对于模型的输出结果和回答的准确性起着重要的作用。合理设计的 prompt 可以帮助模型产生更准确、相关的回答。在利用大语言模型辅助设计代码时，为提高 prompt 的有效性，可以考虑以下几点。

- 明确、具体地描述任务需求。避免使用模糊或含糊不清的表述，还可以指定编程语言、代码风格、函数签名等。
- 提供足够的任务背景信息，帮助模型理解代码片段的用途和预期行为。可以包括相关的函数、变量、数据结构等。
- 使用具体示例。这些示例可以是函数调用的输入输出示例，或者是代码片段的期望行为示例。具体的示例可以使模型更好地学习到问题的模式和逻辑。
- 分解任务。尝试将复杂的任务分解成更小的子任务，并为每个子任务提供单独的 prompt。

优化 prompt 是一个迭代和实验的过程，需要不断尝试和改进，逐步提高模型生成代码的质量。图 8-6 是一个利用文心一言生成数据处理代码的 prompt 示例。

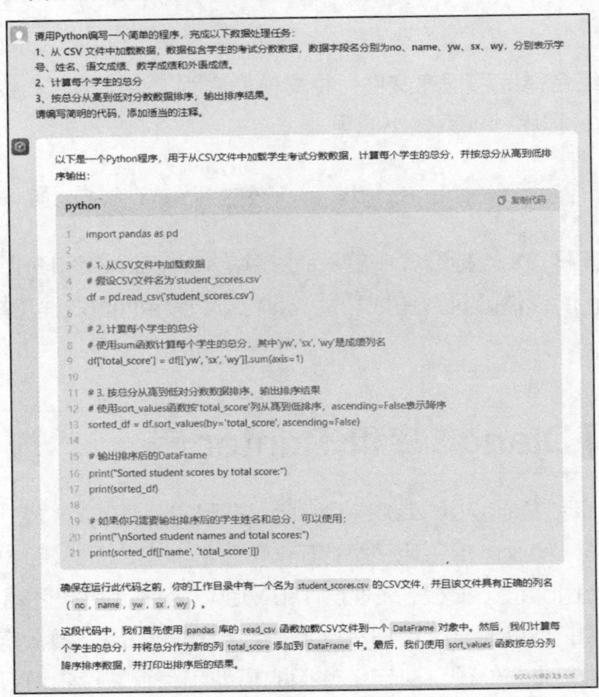

图 8-6　利用文心一言生成数据处理代码的 prompt

习　　题

一、单项选择题

1. turtle 库中的函数可用于（　　）。

A. 绘制图形　　B. 处理时间　　C. 生成随机数　　D. 爬取网页

2. 下列 turtle 库的函数中可改变画笔位置的是（　　）。

A. rt()　　B. lt()　　C. pos()　　D. fd()

3. 下列关于随机数种子的说法正确的是（　　）。

A. 随机数种子只能使用整数

B. 随机数种子相同时，每次运行程序得到的随机数不相同

C. 没有在程序中指定随机数种子时，Python 会随机选择一个整数作为随机数种子

D. random.seed()可将当前系统时间作为随机数种子

4. 下列函数中返回结果为字符串的是（　　）。

A. time.time()　　B. time.gmtime()

C. time.localtime()　　D. time.ctime()

5. turtle 库中用于返回最新记录的多边形的函数是（　　）。

A. getshapes()　　B. get_poly()

C. shape()　　D. register_shape()

二、编程题

1. 以坐标原点为中心，绘制一个边长为 100 的正六边形，填充颜色为 Orange，线条颜色为 Purple，如图 8-7 所示。

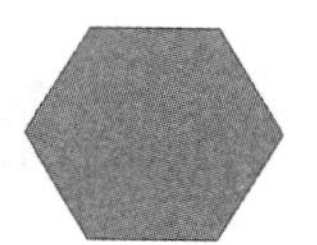

图 8-7　正六边形

2. 以坐标原点为圆心，绘制 5 个同心圆，半径分别为 20、40、60、80 和 100，填充颜色依次使用 Purple、Green、Gold、Red 和 Blue，如图 8-8 所示。

图 8-8　同心圆

3. 随机生成 1000 个小写英文字母，统计每个英文字母的出现次数，输出格式如图 8-9 所示。

```
a:40    b:35    c:37    d:42    e:31    f:36
g:41    h:43    i:47    j:38    k:27    l:41
m:34    n:40    o:34    p:46    q:33    r:44
s:39    t:36    u:38    v:32    w:40    x:35
y:45    z:46
```

图 8-9　统计随机英文字母出现次数

4．随机生成 10 个 1000 以内的素数，将其按从小到大的顺序输出，示例如下。

```
3 19 163 239 307 359 463 739 821 863
```

5．绘制图 8-10 所示的时钟，在表盘中实时显示当前日期和时间，时钟的秒针、分针和时针根据当前时间实时变化位置。

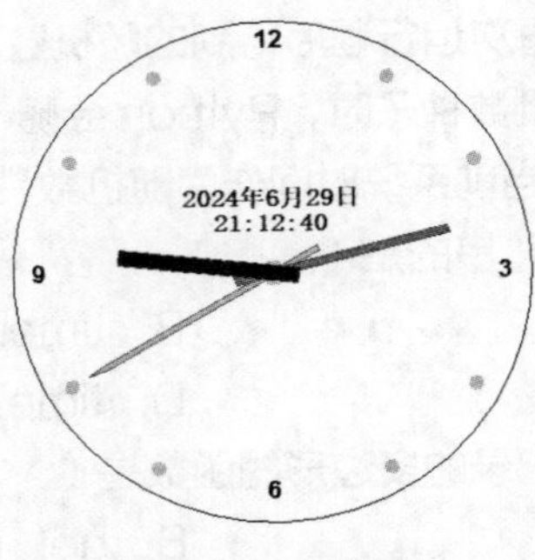

图 8-10　绘制时钟

单元 9 第三方库

第三方库是库（Library）、模块（Module）和程序包（Package）等第三方程序的统称。借助于第三方库，Python 被应用于信息领域的很多技术方向。Python 语言的开放社区和规模庞大的第三方库，构成了 Python 的计算生态。

第三方库需使用 pip 或其他工具安装到系统之后才能使用。本单元主要介绍第三方库的安装和卸载方法、PyInstaller 库、jieba 库和 NumPy 库。

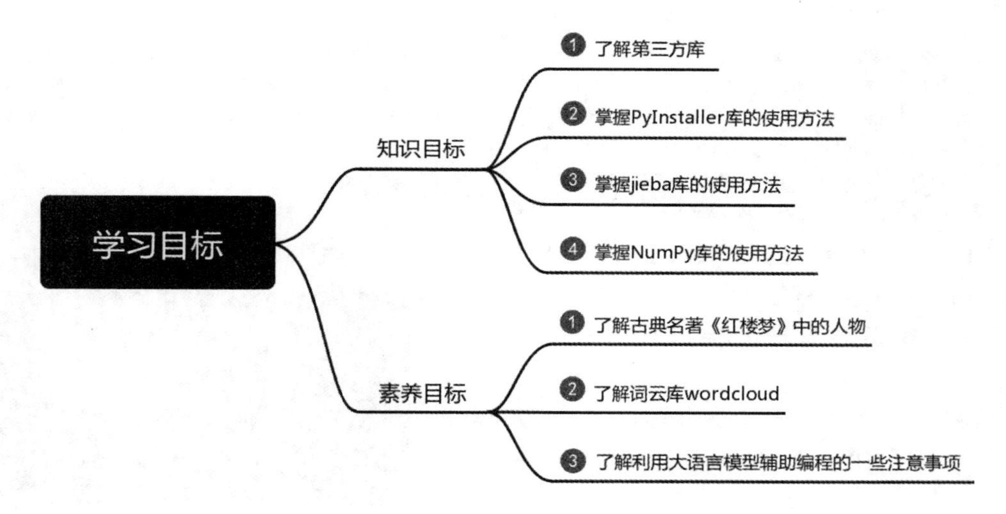

【任务 9-1】 安装和卸载第三方库

【任务目标】

任务 9-1

安装词云库 wordcloud，再将其卸载。

【任务实施】

（1）按【Windows+R】组合键，打开“运行”对话框，如图 9-1 所示。

（2）在对话框中输入“cmd”，按【Enter】键或单击“确定”按钮，打开系统命令提示符窗口。

（3）在系统命令提示符窗口中输入“pip list”，按【Enter】键，查看系统中已安装的 Python 第三方库，如图 9-2 所示。

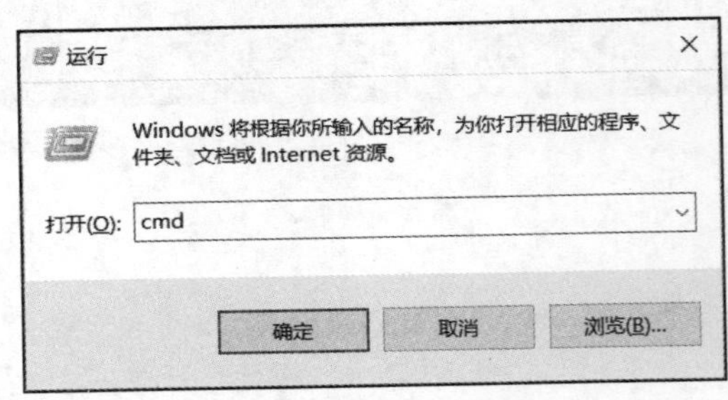

图 9-1 “运行”对话框

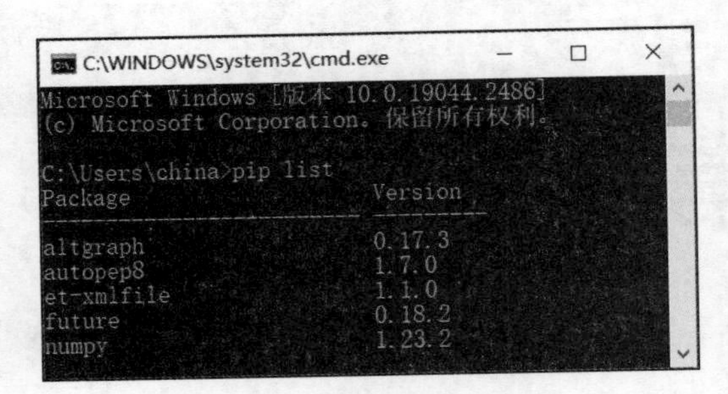

图 9-2 系统命令提示符窗口

（4）输入“pip install wordcloud”，按【Enter】键，安装 wordcloud 库。

（5）wordcloud 库安装完成后，启动 IDLE。

（6）在 IDLE 交互环境中选择“File\New File”命令，打开 IDLE 代码编辑窗口。

（7）在 IDLE 代码编辑窗口中输入下面的代码。

```
# test9_01.py: 测试 wordcloud 库
import wordcloud
text = 'Larger canvases with make the code significantly slower. If you need a large word cloud, try a lower canvas size, and set the scale parameter.'
cloud = wordcloud.WordCloud().generate(text)  # 创建词云对象
cloud.to_file('d:/test9_01.jpg')  # 将词云存入图片文件
```

（8）按【Ctrl+S】组合键保存程序文件，将文件命名为“test9_01.py”。

（9）按【F5】键运行程序，观察结果。

（10）在系统资源管理器中打开词云图片 test9_01.jpg，如图 9-3 所示。

（11）在系统命令提示符窗口中输入“pip uninstall wordcloud”，按【Enter】键，卸载 wordcloud 库。

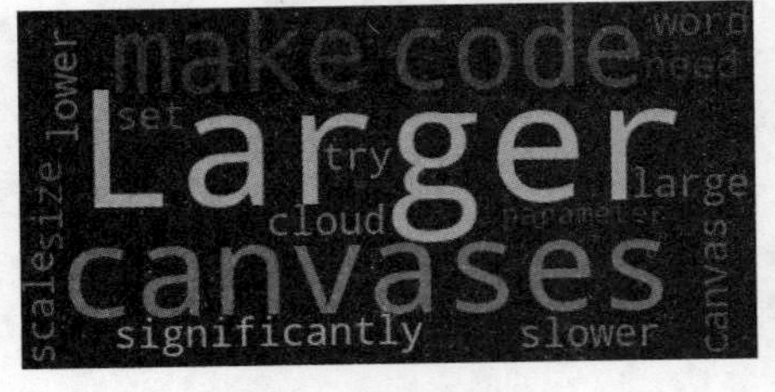

图 9-3 词云图片

【知识点】

9.1 了解第三方库

9.1.1 使用 pip 工具安装第三方库

pip 是简单、快捷的 Python 第三方库在线安装工具，它可安装大部分第三方库。使用 pip 安装第三方库时，pip 默认从 PyPI（Python Package Index，Python 包索引）库中下载需要的文件，能从 PyPI 库中检索到的第三方库均可使用 pip 安装。在 Python 3 环境中，pip 和 pip3 的作用是相同的。

9.1.1 使用 pip 工具安装第三方库

1. 确认 Python 已安装

pip 需要在 Windows 操作系统的命令提示符窗口中执行，首先需要确认可以在命令提示符窗口中运行 python.exe。在命令提示符窗口中执行下面的命令检查 Python

的版本号。

```
D:\>python --version
Python 3.12.0
```

能显示版本号说明计算机已正确安装了 Python，并且 Python.exe 已添加到了系统的环境变量 PATH 中。

如果在安装 Python 后，上面的命令执行结果如下：

```
D:\>python --version
'python' 不是内部或外部命令，也不是可运行的程序
或批处理文件。
```

说明还没有将 Python.exe 添加到系统的环境变量 PATH 中，请参考 6.3.5 小节完成添加操作。

2. 确认 pip 工具已安装

在命令提示符窗口中执行下面的命令查看 pip 版本号，确认 pip 可用。

```
D:\>pip --version
pip 23.3.2 from d:\python312\lib\site-packages\pip (python 3.12)
```

正确显示 pip 版本号说明 pip 可用。通常 Python 会默认安装 pip，可执行下面的命令确认安装 pip，并将其升级到最新版本。

```
D:\>python -m ensurepip                          #确认 pip 已安装
D:\>python -m pip install --upgrade pip          #升级 pip 到最新版本
```

3. 使用 pip 工具安装第三方库

使用 pip 安装第三方库的命令格式如下。

```
pip install 库名称
pip install 库名称==版本号
```

示例代码如下。

```
D:\ >pip install django
```

安装指定版本的第三方库的示例代码如下。

```
D:\>pip install django==2.1
```

4. 升级第三方库

升级第三方库的命令格式如下。

```
pip install --upgrade 库名称
```

示例代码如下。

```
D:\>pip install --upgrade django
```

5. 卸载第三方库

卸载第三方库的命令格式如下。

```
pip uninstall 库名称
```

示例代码如下。

```
D:\>pip uninstall django
```

6. 查看已安装的第三方库

“pip list”命令可查看已安装的第三方库，示例代码如下。

```
D:\>pip list
Package                      Version
------------------------- --------
altgraph                     0.17.4
jieba                        0.42.1
numpy                        1.26.3
opencv-python                4.9.0.80
packaging                    23.2
pefile                       2023.2.7
pip                          23.3.2
pyinstaller                  6.3.0
pyinstaller-hooks-contrib 2024.0
pywin32-ctypes               0.2.2
setuptools                   69.0.3
```

9.1.2 第三方库简介

9.1.2 第三方库简介

Python 拥有丰富的第三方库，涉及多种领域，如文件处理、数据分析、数据可视化、网络爬虫、图形用户界面、机器学习、Web 应用开发、游戏开发等。可在 PyPI 库查看可用的第三方库，常见的第三方库如表 9-1 所示。

表 9-1 常见的第三方库

类别	第三方库
文件处理库	PDFMiner、Openpyxl、Python-docx 和 BeautifulSoup4
数据分析库	NumPy、SciPy 和 Pandas
数据可视化库	Matplotlib、Seaborn 和 Mayavi
网络爬虫库	Requests、Scrapy 和 Pyspider
图形用户界面库	PyQt5、wxPython 和 PyGObject
机器学习库	Scikit-learn、MXNet 和 TensorFlow
Web 应用开发库	Django、Flask 和 Web2py
游戏开发库	Pygame、Panda3D 和 Cocos2d

1. 文件处理库简介

文件处理主要指读写 PDF、Microsoft Excel、Microsoft Word、HTML 和 XML 等常见文件。本小节介绍 4 种文件处理库：PDFMiner、Openpyxl、Python-docx 和 Beautiful Soup 4。

（1）PDFMiner 库

PDFMiner 库提供 PDF 文件解析功能，它包含两个命令行工具：pdf2txt.py 和 dumppdf.py。

pdf2txt.py 用于从 PDF 文件中提取文本内容。dumppdf.py 用于将 PDF 文件中的文本内容转化为 XML 格式，并识别 PDF 文件中的图像。

（2）Openpyxl 库

Openpyxl 库用于处理 Microsoft Excel 文件，它支持 Microsoft Excel 的 xls、xlsx、xlsm、xltx 和 xltm 等格式的文件，并可处理 Microsoft Excel 文件中的工作表、表单和数据单元。

（3）Python-docx 库

Python-docx 库用于处理 Microsoft Word 文件，可对 Microsoft Word 文件的常见样式，包括字符样式、段落样式、表格样式、页面样式等进行编程，并可对 Microsoft Word 文件中的文本、图像等内容执行添加和修改操作。

（4）BeautifulSoup4 库

BeautifulSoup4 也称 Beautiful Soup 或 BS4，它用于从 HTML 或 XML 文件中提取数据。

2. 数据分析库简介

数据分析主要指对数据执行各种科学或工程计算。本小节介绍 3 种数据分析库：NumPy 库、SciPy 库和 Pandas 库。

（1）NumPy 库

NumPy 库用于进行科学计算，其提供强大的 *N* 维数组对象，复杂的广播功能，集成 C / C++ 和 Fortran 代码的工具，线性代数函数、傅里叶变换函数和随机函数。NumPy 数组可以用作通用数据的高效多维容器，在其中可以定义任意数据类型。

（2）SciPy 库

SciPy 库在 NumPy 库基础上实现，提供专门为科学计算和工程计算设计的库函数，主要包括聚类算法、物理和数学常数、快速傅里叶变换函数、积分和常微分方程求解器、插值和平滑样条函数、线性代数函数、*N* 维图像处理函数、正交距离回归函数、优化和寻根函数、信号处理函数、稀疏矩阵函数、空间数据结构和算法以及统计分布等模块。

（3）Pandas 库

Pandas 库是一个遵循 BSD（Berkeley Software Distribution，伯克利软件套件）许可的开源库，为 Python 编程语言提供高性能、易于使用的数据结构和数据分析工具。Pandas 库适用于处理下列数据。

- 与 SQL 或 Excel 类似的，具有异构列的表格数据。
- 有序和无序的时间序列数据。
- 带行、列标签的任意矩阵数据，包括同构或异构类型的数据。
- 任何其他形式的观测或统计数据集。

3. 数据可视化库简介

数据可视化主要指使用易于理解的图形来展示数据。本小节介绍 3 种数据可视化库：Matplotlib、Seaborn 和 Mayavi。

（1）Matplotlib 库

Matplotlib 库是一个 Python 2D 绘图库，可用于 Python 脚本、Python 命令行、IPython 命令行、Jupyter Notebook 和 Web 应用程序服务器等。使用 Matplotlib 库，只需几行代码即可生成图表，如直方图、功率谱、条形图、误差图和散点图等。

（2）Seaborn 库

Seaborn 库是一个用于绘制统计图形的 Python 库，它基于 Matplotlib 库，并与 Pandas 库紧密结合。

（3）Mayavi 库

Mayavi 库提供 3D 数据处理和 3D 绘图功能，它既可作为独立的应用程序使用，也可作为 Python 库使用。

4. 网络爬虫库简介

网络爬虫用于执行 HTTP（Hypertext Transfer Protocol，超文本传送协议）访问，获取 HTML 页面。本小节介绍 3 种网络爬虫库：Requests、Scrapy 和 Pyspider。

（1）Requests 库

Requests 库是基于 Python 的 urllib3 库实现的一个网络爬虫库。Requests 库支持 Python 2.6～2.7、Python 3.3 及以上版本。

（2）Scrapy 库

Scrapy 库是一个用 Python 实现的库，用于获取网站代码并提取结构化数据。Scrapy 库包含网络爬虫库应具备的基本功能，还可用于框架进行扩展，实现数据挖掘、网络监控和自动化测试等多种应用。

（3）Pyspider 库

Pyspider 库是一个强大的 Web 页面爬取库，其主要功能包括：用 Python 编写脚本，支持 Python 2 和 Python 3；提供 Web UI，包括脚本编辑器、任务监视器、项目管理器和结果查看器；支持 MySQL、MongoDB、Redis、SQLite、Elasticsearch、PostgreSQL 等数据库；支持将 RabbitMQ、Beanstalk、Redis 和 Kombu 作为消息队列；支持设置任务优先级、失败重爬、定时爬网、周期性重复爬网、爬取 JavaScript 页面等。

5. 图形用户界面库简介

图形用户界面（Graphical User Interface，GUI）库用于为 Python 实现 GUI，本小节介绍 3 种 GUI 库：PyQt5、wxPython 和 PyGObject。

（1）PyQt5 库

PyQt 库是 Qt 应用程序框架的 Python 库。PyQt5 库支持 Qt 5。PyQt 库不仅包含用于设计 GUI 的工具包和设计器 Qt Designer，还包含网络套接字、线程、Unicode、正则表达式、SQL 数据库、SVG（Scalable Vector Graphics，可缩放矢量图形）、OpenGL（Open Graphics Library，开放式图形库）、XML、功能齐全的 Web 浏览器、帮助系统、多媒体框架以及丰富的 GUI 小部件等。

（2）wxPython 库

wxPytho 库 n 是一个跨平台的 GUI 开发库，它使 Python 程序员能够简单、轻松地创建健壮且功能强大的 GUI 程序。wxPython 包装了用 C++编写的 wxWidgets 库的 GUI 组件，其支持 Windows、macOS 以及具有 GTK 2 或 GTK 3 库的 Linux 或其他类似 UNIX 的操作系统。

（3）PyGObject 库

PyGObject 库是一个使用 GTK+开发的 Python 库，它为基于 GObject 的库（例如 GTK、GStreamer、WebKitGTK、GLib、Gio 等）提供 Python 接口。PyGObject 库可用于 Python 2.x（2.7 及以上版本）和 Python 3.x（3.5 及以上版本）、PyPy 和 PyPy3，支持 Linux、Windows

和 macOS 等操作系统。

6. 机器学习库简介

机器学习库可为 Python 实现机器学习功能，本小节介绍 3 种机器学习库：Scikit-learn、MXNet 和 TensorFlow。

（1）Scikit-learn 库

Scikit-learn 库是一个机器学习库，其主要特点包括：提供简单、高效的数据挖掘和数据分析工具；开源，每个人都可以访问，并且可以在各种情况下使用；基于 NumPy、SciPy 和 Matplotlib 等库构建；提供商业 BSD 许可证。

（2）MXNet 库

MXNet 库是一个基于神经网络的深度学习库，其主要优势如下。

- 编程模式灵活：支持命令式和符号式编程模型，以提高开发效率和模型性能。
- 分布式培训：支持在多 CPU/GPU 设备上的分布式训练，可充分利用云计算资源优势，提升模型训练速度。
- 支持多种语言：支持 Python、Scala、Julia、Clojure、Java、C++、R 和 Perl 等语言。
- 优化的预定义图层：提供大量经过深度优化的预定义神经网络层，还支持自定义图层。
- 从云端到客户端可移植：可运行于多 CPU、多 GPU、集群、服务器、工作站甚至移动智能手机，非常灵活。

（3）TensorFlow 库

TensorFlow 库是谷歌开发的机器学习库。谷歌为 TensorFlow 库构建了一个端到端的平台，并提供了一个完整的生态系统帮助用户轻松构建和部署机器学习模型，解决机器学习计算中遇到的各种现实问题。

7. Web 应用开发库简介

Web 应用开发库用于在 Python 中快速构建 Web 应用。本小节介绍 3 种 Python Web 应用开发库：Django、Flask 和 Web2py。

（1）Django 库

Django 库是 Python 中最成熟的 Web 应用开发库之一。Django 库功能全面，各模块之间紧密结合。Django 库提供了丰富、完善的文档，可以帮助开发者快速掌握 Python Web 应用开发和及时解决学习中遇到的各种问题。

（2）Flask 库

Flask 是一个用 Python 实现的轻量级 Web 应用开发库，也被称为“微框架”。Flask 库核心简单，可通过扩展组件增加其他功能。

（3）Web2py 库

Web2py 是一个大而全、为 Python 提供一站式 Web 应用开发支持的库。它旨在快捷实现 Web 应用，具有快速、安全以及可移植的数据库驱动应用，兼容 Google App Engine。

8. 游戏开发库简介

游戏开发库为 Python 提供各种游戏开发功能。本小节介绍 3 种游戏开发库：Pygame 库、Panda3D 库和 Cocos2d 库。

（1）Pygame 库

Pygame 库是一个简单、免费、开源的游戏开发库，用于创建基于 SDL 库的多媒体应用程序。像 SDL 库一样，Pygame 库具有高度的可移植性，几乎可以在所有平台和操作系统上运行。

（2）Panda3D 库

Panda3D 库是一个开源、跨平台的 3D 渲染和游戏开发库。其主要特点包括：完全免费；将 C++的运行速度快与 Python 的易用性相结合，可在不牺牲性能的情况下加快开发速度；跨平台，对新旧硬件提供广泛的支持。

（3）Cocos2d 库

Cocos2d 库是一个构建 2D 游戏和 GUI 应用的库。其主要特点包括：提供用于管理场景切换的流控制；提供快速简便的精灵，用动作告诉精灵做什么；提供波浪、旋转、镜头等特效；支持矩形和六边形平铺地图；使用样式实现场景过渡；提供内置菜单；支持文本渲染；提供完善的文档以帮助学习；内置 Python 解释器和 BSD 许可证；基于 pyglet，无外部依赖关系；提供 OpenGL 支持。

【任务 9-2】 打包 Python 程序

【任务目标】

将第 8 单元综合实例中实现计时动画程序的文件“test8_13.py”打包为一个.exe 文件。

【任务实施】

任务 9-2

（1）在系统资源管理器中创建一个文件夹“d:\test9”。

（2）将文件“test8_13.py”复制到文件夹“d:\test9”中。

（3）按【Windows+R】组合键，打开“运行”对话框，如图 9-1 所示。

（4）在对话框中输入“cmd”，按【Enter】键，打开系统命令提示符窗口。

（5）在命令提示符窗口中执行下面的命令，完成打包操作。

```
d:
cd test9
pyinstaller -F test8_13.py
```

【知识点】

9.2.1 PyInstaller 库简介（1）

9.2.1 PyInstaller 库简介（2）

9.2 打包工具——PyInstaller 库

9.2.1 PyInstaller 库简介

PyInstaller 是一个打包工具。它可将 Python 应用程序及其需要的所有模块和库封装为一个包。包可以是一个文件夹，也可以是一个可执行文件。用户无须安装 Python 解释器或其他任何模块，即可运行 PyInstaller 打包生成的应用程序。PyInstaller 支持 Python 3.8 及更高版本，并且能够正确打包如 NumPy、PyQt、Django、wxPython 等多种主要的 Python 第三方库。

PyInstaller 已针对 Windows、Mac OS X 和 GNU/Linux 等操作系统进行了测试，注意，PyInstaller 不是交叉编译器。要制作运行于特定系统的应用程序，需要在该系统中运行 PyInstaller。PyInstaller 可成功地在 AIX、Solaris 和 FreeBSD 等系统中运行，但还未针对这些系统进行测试。

在 Windows 命令提示符窗口中执行“pip install pyinstaller”命令安装 PyInstaller，示例代码如下。

```
D:\>pip install pyinstaller
Collecting pyinstaller
  Downloading pyinstaller-6.3.0-py3-none-win_amd64.whl.metadata (8.3 kB)
Collecting setuptools>=42.0.0 (from pyinstaller)
  Downloading setuptools-69.0.3-py3-none-any.whl.metadata (6.3 kB)
Collecting altgraph (from pyinstaller)
  Downloading altgraph-0.17.4-py2.py3-none-any.whl.metadata (7.3 kB)
Collecting pyinstaller-hooks-contrib>=2021.4 (from pyinstaller)
  Downloading pyinstaller_hooks_contrib-2024.0-py2.py3-none-any.whl.metadata (16 kB)
Collecting packaging>=22.0 (from pyinstaller)
  Downloading packaging-23.2-py3-none-any.whl.metadata (3.2 kB)
Collecting pefile>=2022.5.30 (from pyinstaller)
  Downloading pefile-2023.2.7-py3-none-any.whl (71 kB)
     ---------------------------------------- 71.8/71.8 kB 19.1 kB/s eta 0:00:00
Collecting pywin32-ctypes>=0.2.1 (from pyinstaller)
  Downloading pywin32_ctypes-0.2.2-py3-none-any.whl.metadata (3.8 kB)
Downloading pyinstaller-6.3.0-py3-none-win_amd64.whl (1.3 MB)
   ---------------------------------------- 1.3/1.3 MB 11.4 kB/s eta 0:00:00
Downloading packaging-23.2-py3-none-any.whl (53 kB)
   ---------------------------------------- 53.0/53.0 kB 10.6 kB/s eta 0:00:00
Downloading pyinstaller_hooks_contrib-2024.0-py2.py3-none-any.whl (326 kB)
   ---------------------------------------- 326.8/326.8 kB 9.5 kB/s eta 0:00:00
Downloading pywin32_ctypes-0.2.2-py3-none-any.whl (30 kB)
Downloading setuptools-69.0.3-py3-none-any.whl (819 kB)
   ---------------------------------------- 819.5/819.5 kB 9.6 kB/s eta 0:00:00
Downloading altgraph-0.17.4-py2.py3-none-any.whl (21 kB)
Installing collected packages: altgraph, setuptools, pywin32-ctypes, pefile, packaging,
pyinstaller-hooks-contrib, pyinstaller
Successfully installed altgraph-0.17.4 packaging-23.2 pefile-2023.2.7 pyinstaller-6.3.0
pyinstaller-hooks-contrib-2024.0 pywin32-ctypes-0.2.2 setuptools-69.0.3
```

pip 工具可自动安装 PyInstaller 需要的第三方库，包括 altgraph、setuptools、pywin32-ctypes、pefile、packaging 和 pyinstaller-hooks-contrib 等。

9.2.2 使用 PyInstaller 库

9.2.2 使用 PyInstaller 库

1. 基本命令格式

在 Windows 命令提示符窗口中执行打包操作，其基本命令格式如下。

```
pyinstaller [options] script [script …] | specfile
```

其中，options 为命令选项，可省略。script 为要打包的 Python 程序文件名，多个文件名之间用空格分隔。specfile 为规格文件，其扩展名为.spec。规格文件告诉 PyInstaller 如何处理脚本，它实际上是一个可执行的 Python 程序。PyInstaller 通过执行规格文件来打包应用程序。

PyInstaller 常用的命令选项如下。

- -h 或--help：显示 PyInstaller 帮助信息，其中包含各个命令选项的用法。
- -v 或--version：显示 PyInstaller 版本信息。
- --distpath DIR：将打包生成文件的存放路径设置为 DIR，默认为当前目录下的 dist 子目录。
- --workpath WORKPATH：将工作路径设置为 WORKPATH，默认为当前目录下的 build 子目录。PyInstaller 会在工作路径中写入.log 或.pyz 等临时文件。
- --clean：在打包开始前清除 PyInstaller 的缓存和临时文件。
- -D 或--onedir：将打包生成的所有文件放在一个文件夹中，这是默认打包方式。
- -F 或--onefile：将打包生成的所有文件封装为一个.exe 文件。
- --specpath DIR：将存放生成的规格文件的路径设置为 DIR，默认为当前目录。
- -n NAME 或--name NAME：将 NAME 设置为打包生成的应用程序和规格文件的文件名，默认为打包的第一个 Python 程序的文件名。

2. 打包到文件夹

首先将需要打包的 Python 应用程序（如文件“drawClock.py”）复制到一个文件夹（如“D:\test”）中，然后在该文件夹中执行“pyinstaller drawClock.py”命令，示例代码如下。

```
D:\test>pyinstaller drawClock.py
262 INFO: PyInstaller: 6.3.0
264 INFO: Python: 3.12.0
293 INFO: Platform: Windows-10-10.0.19045-SP0
296 INFO: wrote D:\test\drawClock.spec
305 INFO: Extending PYTHONPATH with paths
['D:\\test']
643 INFO: checking Analysis
643 INFO: Building Analysis because Analysis-00.toc is non existent
645 INFO: Initializing module dependency graph...
646 INFO: Caching module graph hooks...
657 INFO: Analyzing base_library.zip ...
2074 INFO: Loading module hook 'hook-encodings.py' from 'D:\\Python312\\Lib\\site-packages\\PyInstaller
\\hooks'...
2747 INFO: Loading module hook 'hook-heapq.py' from 'D:\\Python312\\Lib\\site-packages\\PyInstaller
\\hooks'...
3690 INFO: Loading module hook 'hook-pickle.py' from 'D:\\Python312\\Lib\\site-packages\\PyInstaller
\\hooks'...
4919 INFO: Caching module dependency graph...
5033 INFO: Running Analysis Analysis-00.toc
5033 INFO: Looking for Python shared library...
5039 INFO: Using Python shared library: D:\Python312\python312.dll
5039 INFO: Analyzing D:\test\drawClock.py
5295 INFO: Processing module hooks...
```

```
    5299 INFO: Loading module hook 'hook-_tkinter.py' from 'D:\\Python312\\Lib\\site-packages\\PyInstaller
\\hooks'...
    5300 INFO: checking Tree
    5300 INFO: Building Tree because Tree-00.toc is non existent
    5300 INFO: Building Tree Tree-00.toc
    5337 INFO: checking Tree
    5337 INFO: Building Tree because Tree-01.toc is non existent
    5337 INFO: Building Tree Tree-01.toc
    5341 INFO: checking Tree
    5341 INFO: Building Tree because Tree-02.toc is non existent
    5342 INFO: Building Tree Tree-02.toc
    5354 INFO: Performing binary vs. data reclassification (925 entries)
    5509 INFO: Looking for ctypes DLLs
    5516 INFO: Analyzing run-time hooks ...
    5517 INFO: Including run-time hook 'D:\\Python312\\Lib\\site-packages\\PyInstaller\\hooks\\rthooks
\\pyi_rth_inspect.py'
    5520 INFO: Including run-time hook 'D:\\Python312\\Lib\\site-packages\\PyInstaller\\hooks\\rthooks
\\pyi_rth__tkinter.py'
    5550 INFO: Looking for dynamic libraries
    5710 INFO: Extra DLL search directories (AddDllDirectory): []
    5710 INFO: Extra DLL search directories (PATH): []
    5903 INFO: Warnings written to D:\test\build\drawClock\warn-drawClock.txt
    5924 INFO: Graph cross-reference written to D:\test\build\drawClock\xref-drawClock.html
    5959 INFO: checking PYZ
    5960 INFO: Building PYZ because PYZ-00.toc is non existent
    5961 INFO: Building PYZ (ZlibArchive) D:\test\build\drawClock\PYZ-00.pyz
    6248 INFO: Building PYZ (ZlibArchive) D:\test\build\drawClock\PYZ-00.pyz completed successfully.
    6261 INFO: checking PKG
    6261 INFO: Building PKG because PKG-00.toc is non existent
    6262 INFO: Building PKG (CArchive) drawClock.pkg
    6282 INFO: Building PKG (CArchive) drawClock.pkg completed successfully.
    6284 INFO: Bootloader D:\Python312\Lib\site-packages\PyInstaller\bootloader\Windows-64bit-intel\run.exe
    6288 INFO: checking EXE
    6289 INFO: Building EXE because EXE-00.toc is non existent
    6289 INFO: Building EXE from EXE-00.toc
    6290 INFO: Copying bootloader EXE to D:\test\build\drawClock\drawClock.exe
    6357 INFO: Copying icon to EXE
    6422 INFO: Copying 0 resources to EXE
    6422 INFO: Embedding manifest in EXE
    6492 INFO: Appending PKG archive to EXE
    6499 INFO: Fixing EXE headers
    6924 INFO: Building EXE from EXE-00.toc completed successfully.
    6936 INFO: checking COLLECT
    6936 INFO: Building COLLECT because COLLECT-00.toc is non existent
    6937 INFO: Building COLLECT COLLECT-00.toc
    7867 INFO: Building COLLECT COLLECT-00.toc completed successfully.
```

从命令执行过程可看出，PyInstaller 首先会分析 Python 和 Windows 的版本信息以及 Python 应用程序需要的依赖，然后根据分析结果打包。

“pyinstaller drawClock.py”命令按顺序执行下列操作。

- 在当前文件夹中创建规格文件 drawClock.spec。
- 在当前文件夹中创建 build 子文件夹。
- 在 build 子文件夹中写入一些日志文件和临时文件。
- 在当前文件夹中创建 dist 子文件夹。
- 在 dist 子文件夹中创建 drawClock 子文件夹。
- 将可执行文件 drawClock.exe 及相关文件写入 drawClock 子文件夹。

drawClock 子文件夹的内容即 PyInstaller 打包的结果。

3. 打包为一个可执行文件

在 PyInstaller 的打包命令中使用-F 或--onefile 选项，可将 Python 应用程序及其所有依赖项打包为一个可执行文件，示例代码如下。

```
D:\test>pyinstaller --onefile drawClock.py
283 INFO: PyInstaller: 6.3.0
284 INFO: Python: 3.12.0
324 INFO: Platform: Windows-10-10.0.19045-SP0
326 INFO: wrote D:\test\drawClock.spec
333 INFO: Extending PYTHONPATH with paths
['D:\\test']
703 INFO: checking Analysis
……
9521 INFO: Copying bootloader EXE to D:\test\dist\drawClock.exe
9589 INFO: Copying icon to EXE
9683 INFO: Copying 0 resources to EXE
9683 INFO: Embedding manifest in EXE
9750 INFO: Appending PKG archive to EXE
9763 INFO: Fixing EXE headers
13509 INFO: Building EXE from EXE-00.toc completed successfully.
```

PyInstaller 在打包一个可执行文件时，同样会创建规格文件、build 子文件夹和 dist 子文件夹，dist 子文件夹保存打包生成的可执行文件，如“drawClock.exe”。

【任务 9-3】 生成《红楼梦》人名词云

【任务目标】

创建一个 Python 程序，统计《红楼梦》中每个人名出现的次数，并生成《红楼梦》人名词云。

任务 9-3

【任务实施】

（1）启动 IDLE。

（2）在 IDLE 交互环境中选择“File\New File”命令，打开 IDLE 代码编辑窗口。

（3）在 IDLE 代码编辑窗口中输入下面的代码。

```
# test9_02.py:生成《红楼梦》人名词云
import jieba.posseg as pseg
import wordcloud
import tkinter
from PIL import Image, ImageTk
file = open('红楼梦.txt', encoding='utf-8')        # 指定编码确保正确分词
str = file.read()
file.close()
wlist = pseg.lcut(str)                             # 分词，获得人名列表
wtimes = {}
cstr = []
sw = []
for a in wlist:                                    # 统计人名出现的次数
    if a.flag == 'nr':
        wtimes[a.word] = wtimes.get(a.word, 0)+1   # 将人名加入字典并计数
        cstr.append(a.word)
    else:
        sw.append(a.word)
wlist = list(wtimes.keys())
wlist.sort(key=lambda x: wtimes[x], reverse=True) # 按出现次数从多到少排序
for a in wlist[:10]:                               # 输出出现次数最多的前 10 个人名
    print(a, wtimes[a], sep='\t')
text = ' '.join(cstr)
cloud = wordcloud.WordCloud(font_path='simsun.ttc', background_color='white',
                            stopwords=sw, collocations=False, width=800, height=600).generate(text)
                                                   # 生成词云
file = cloud.to_file('redcloud.png')               # 将词云写入图像
root = tkinter.Tk()                                # 创建 Tk 窗口
img = Image.open('redcloud.png')                   # 打开词云图像
pic = ImageTk.PhotoImage(img)
imgLabel = tkinter.Label(root, image=pic)          # 将词云作为标签图像
imgLabel.pack()                                    # 打包标签图像
root.mainloop()
```

（4）按【Ctrl+S】组合键保存程序文件，将文件命名为“test9_02.py”。

（5）按【F5】键运行程序，观察输出结果。程序输出的《红楼梦》中出现次数最多的前 10 个人名及对应次数如下，生成的《红楼梦》人名词云如图 9-4 所示。

```
宝玉      3445
贾母      1166
凤姐      1070
王夫人    969
老太太    923
黛玉      841
宝钗      696
贾琏      681
薛姨妈    455
凤姐儿    432
```

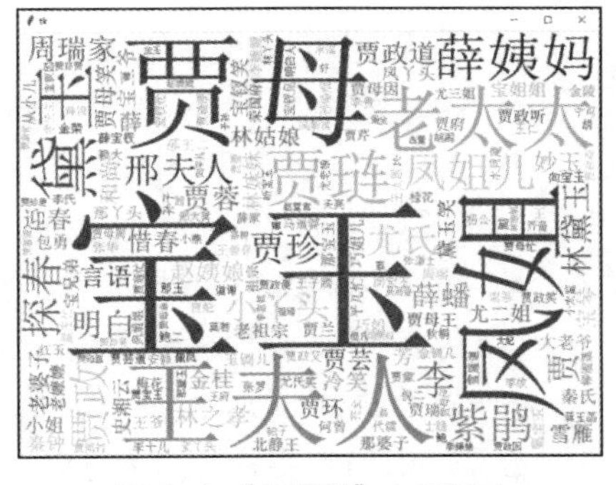

图 9-4 《红楼梦》人名词云

【知识点】

9.3 分词工具——jieba 库

英文文本中的单词通常用空格或其他符号分隔，所以不存在分词问题。中文文本中的文字都是连续的，要对词语进行相关的分析就需要执行分词操作。

9.3.1 jieba 库概述

9.3.1 jieba 库概述

jieba 库也称结巴库，它是一个优秀的 Python 中文分词库，支持 Python 2 和 Python 3。jieba 库的主要特点如下。

- 支持 3 种分词模式：精确模式、全模式和搜索引擎模式。
- 支持繁体中文分词。
- 支持自定义词典。
- 提供 MIT 授权协议。

jieba 库分词的基本原理基于一个中文词库，其将待分词文本中的词语与词库进行比对，根据词语概率进行分词。关于中文词法分析的基本原理，读者可访问 GitHub 网站的中文词法分析（Lexical Analysis of Chinese，LAC）项目了解详细内容。读者也可访问“词法分析-百度 AI 开放平台”网站体验百度提供的词法分析服务。

可用“pip install jieba”命令安装 jieba 库，示例代码如下。

```
D:\test>pip install jieba
Collecting jieba
  Downloading https://files.pythonhosted.org/packages/71/46/c6f9179f73b818d5827202ad1c4a94e371a
29473b7f043b736b4dab6b8cd/jieba-0.42.1.zip (7.3MB)
     |████████████████████████████████| 7.3MB 192kB/s
Installing collected packages: jieba
  Running setup.py install for jieba ... done
Successfully installed jieba-0.42.1
```

9.3.2 使用分词功能

9.3.2 使用分词功能

jieba 库支持 3 种分词模式。

- 精确模式：将句子精确地按顺序切分为词语，适合文本分析。
- 全模式：把句子中所有可以成词的词语都切分出来，但是不能解决歧义问题。
- 搜索引擎模式：在精确模式的基础上，对长词再次切分，提高召回率，适用于搜索引擎分词。

jieba 库提供 4 个分词函数：cut(str,cut_all,HMM)、lcut(str,cut_all,HMM)、cut_for_search(str,HMM)和 lcut_for_search(str,HMM)。

参数 str 为需要分词的字符串，str 可以是 Unicode、UTF-8 或 GBK 字符串。注意：不建议直接输入 GBK 字符串，使用 GBK 字符串可能遇到无法预料的错误。参数 HMM 值为 True 时使用

HMM，值为 False 时不使用该模型。HMM 指隐马尔可夫模型（Hidden Markov Model），是一个统计模型。

cut()和 lcut()函数在参数 cut_all 值为 False 时采用精确模式分词，值为 True 时采用全模式分词。cut_for_search()和 lcut_for_search()函数采用搜索引擎模式进行分词。

cut()和 cut_for_search()函数返回一个可迭代的 generator 对象，lcut()和 lcut_for_search()函数返回一个列表对象。示例代码如下。

```
>>> import jieba                                    #导入 jieba 库

>>> str='Python 已成为最受欢迎的程序设计语言'
>>> result=jieba.cut(str)                           #默认采用精确模式
>>> print('，'.join(result))                        #用逗号连接各个词语再输出
Python，已，成为，最，受欢迎，的，程序设计，语言

>>> result=jieba.cut(str,cut_all=True)              #采用全模式
>>> print('，'.join(result))
Python，已成，成为，最，受欢迎，欢迎，的，程序，程序设计，设计，语言

>>> result=jieba.cut_for_search(str)                #采用搜索引擎模式
>>> print('，'.join(result))
Python，已，成为，最，欢迎，受欢迎，的，程序，设计，程序设计，语言

>>> result=jieba.cut(str)                           #返回 generator 对象
>>> for a in result:                                #迭代 generator 对象
...   print(a,end='，')
...
Python，已，成为，最，受欢迎，的，程序设计，语言，

>>> jieba.lcut(str)                                 #返回列表对象
['Python', '已', '成为', '最', '受欢迎', '的', '程序设计', '语言']
>>> jieba.lcut_for_search(str)                      #返回列表对象
['Python', '已', '成为', '最', '欢迎', '受欢迎', '的', '程序', '设计', '程序设计', '语言']
```

9.3.3 使用词典

9.3.3 使用词典

默认情况下，jieba 库使用自带的词库进行分词。jieba 库允许使用自定义词典，以便包含默认词库里没有的词。虽然 jieba 库有新词识别能力，但是自行添加新词可以保证更高的分词正确率。

词典是一个文本文件，必须为 UTF-8 编码。词典中一个词占一行，每一行分 3 部分：词语、词频（可省略）和词性（可省略）。这 3 部分用空格隔开，顺序不可颠倒。示例代码如下。

```
宣传办 5 n
终身学习
主题活动
```

jieba.load_userdict(file_name)函数用于加载自定义字典，其中参数 file_name 为文件对象或自定义词典的文件名。示例代码如下。

```
>>> str='宣传办开展全民终身学习主题活动'
>>> jieba.lcut(str)                                #使用默认词库分词
['宣传', '办', '开展', '全民', '终身', '学习', '主题', '活动']
>>> jieba.load_userdict('mydict.txt')              #加载自定义词典
>>> jieba.lcut(str)
['宣传办', '开展', '全民', '终身学习', '主题活动']
```

jieba 库允许在程序中动态修改词典，相关函数如下。

- add_word(word, freq=None, tag=None)：将 word 表示的词语添加到词典，freq 为词频（可省略），tag 为词性（可省略）。
- del_word(word)：从词典中删除 word 表示的词语。

示例代码如下。

```
>>> jieba.del_word('终身学习')                      #从词典中删除词语
>>> jieba.lcut(str)
['宣传办', '开展', '全民', '终身', '学习', '主题活动']
>> jieba.lcut('太阳花开得真好看')
['太阳', '花开', '得', '真', '好看']
>>> jieba.add_word('太阳花')                        #为词典添加词语
>>> jieba.lcut('太阳花开得真好看')
['太阳花', '开得', '真', '好看']
```

9.3.4 返回词性

9.3.4 返回词性

jieba.posseg 模块中的 cut()和 lcut()函数可在分词的同时返回词性，示例代码如下。

```
>>> import jieba.posseg as pseg
>>> pseg.lcut('授予中将军衔')
[pair('授予', 'v'), pair('中将', 'n'), pair('军衔', 'n')]
```

带词性分词时，cut()函数返回的可迭代对象和 lcut()函数返回的列表对象中包含的是 pair 对象，pair 对象封装了词语和词性。pair 对象的 word 属性值为词语，flag 属性值为词性。示例代码如下。

```
>>> r=pseg.cut('授予中将军衔')
>>> for a in r:
...     print('词语：%s\t词性：%s'%(a.word,a.flag))
...
词语：授予        词性：v
词语：中将        词性：n
词语：军衔        词性：n
```

jieba 库常用的词性代码如下。

- a：形容词，取 adjective 的第 1 个字母。
- b：区别词，取“别”字的声母。
- c：连词，取 conjunction 的第 1 个字母。
- d：副词，取 adverb 的第 2 个字母，因其第 1 个字母“a”已用于形容词。
- e：叹词，取 exclamation 的第 1 个字母。

- f：方位词，取“方”字的声母。
- i：成语，取 idiom 的第 1 个字母。
- j：简称略语，取“简”字的声母。
- m：数词，取 numeral 的第 3 个字母，因 n、u 已有他用。
- n：名词，取 noun 的第 1 个字母。
- nr：人名，名词代码 n 和“人”字的声母合并。
- ns：地名，名词代码 n 和处所词代码 s 合并。
- o：拟声词，取 onomatopoeia 的第 1 个字母。
- p：介词，取 prepositional 的第 1 个字母。
- q：量词，取 quantity 的第 1 个字母。
- r：代词，取 pronoun 的第 2 个字母，因 p 已用于介词。
- s：处所词，取 space 的第 1 个字母。
- t：时间词，取 time 的第 1 个字母。
- v：动词，取 verb 的第 1 个字母。
- vn：名动词，指具有名词功能的动词。动词代码 v 和名词代码 n 合并。
- w：标点符号。
- y：语气词，取“语”字的声母。

9.3.5 返回词语位置

9.3.5 返回词语位置

jieba.tokenize()函数返回一个可迭代对象。可迭代对象中的每个元素都是一个三元组。三元组格式为(word,start,end)，其中 word 为词语，start 为词语在原文中的开始位置，end 为词语在原文中的结束位置，示例代码如下。

```
>>> r=jieba.tokenize('授予中将军衔')
>>> for a in r:
...    print('词语：%s\t 开始位置：%s\t 结束位置：%s' % a)
...
词语：授予        开始位置：0        结束位置：2
词语：中将        开始位置：2        结束位置：4
词语：军衔        开始位置：4        结束位置：6
```

9.3.6 关键词提取

9.3.6 关键词提取

jieba 库提供两种关键词提取方法：基于 TF-IDF 算法的关键词提取和基于 TextRank 算法的关键词提取。

1. 基于 TF-IDF 算法的关键词提取

jieba.analyse 模块中的 extract_tag()函数基于 TF-IDF 算法提取关键词。其基本语法格式如下。

```
extract_tag(sentence, topK=20, withWeight=False, allowPOS=())
```

参数 sentence 为用于提取关键词的文本。参数 topK 为按权重值大小返回的关键词数量，默认值为 20。参数 withWeight 表示是否返回关键词权重值，默认值为 False。参数 allowPOS 为词性筛选表，默认值为空，即不筛选。示例代码如下。

```
>>> file=open('红楼梦.txt',encoding='utf-8')
>>> str=file.read()
>>> import jieba.analyse
>>> rs=jieba.analyse.extract_tags(str)  #topK、withWeight、allowPOS 等 3 个参数使用默认值
>>> rs
['宝玉', '贾母', '凤姐', '王夫人', '老太太', '贾琏', '那里', '太太', '姑娘', '奶奶', '什么', '平儿', '
如今', '众人', '说道', '你们', '一面', '袭人', '黛玉', '只见']
>>> jieba.analyse.extract_tags(str,10,False,('nr',))    #按人名筛选，返回前 10 个关键词
['宝玉', '贾母', '凤姐', '王夫人', '老太太', '黛玉', '贾琏', '宝钗', '薛姨妈', '凤姐儿']
>>> rs=jieba.analyse.extract_tags(str,5,True,('nr',))        #返回关键词及其权重值
>>> for k,w in rs:
...   print(k,'\t',w)
...
宝玉     0.8947148039918723
贾母     0.3367061493228116
凤姐     0.3126457001865601
王夫人   0.2822969988814088
老太太   0.2497960212587085
```

2. 基于 TextRank 算法的关键词提取

jieba.analyse 模块中的 textrank()函数基于 TextRank 算法提取关键词。其基本语法格式如下。

```
textrank (sentence, topK=20, withWeight=False, allowPOS=('ns', 'n', 'vn', 'v'))
```

除了 allowPOS 参数的默认值不同，其余参数与 extract_tag()函数中的参数相同，示例代码如下。

```
>>> import jieba.analyse
>>> jieba.analyse.textrank(str)                              #按默认设置提取关键词
 ['只见', '出来', '姑娘', '起来', '众人', '太太', '没有', '知道', '说道', '奶奶', '不知', '听见', '只得',
'大家', '进来', '回来', '老爷', '东西', '不能', '告诉']
>>> jieba.analyse.textrank(str,10,False,('nr',))        #按人名提取关键词，返回前 10 个关键词
['宝玉', '贾母', '王夫人', '凤姐', '黛玉', '宝钗', '贾琏', '老太太', '贾政', '薛姨妈']
>>> rs=jieba.analyse.textrank(str,5,True,('nr',))       #返回关键词及权重值
>>> for k,w in rs:
...   print(k,'\t',w)
...
宝玉     1.0
贾母     0.45710755485515975
王夫人   0.4406656470479443
凤姐     0.3518571031227078
黛玉     0.29334836326493297
```

【任务 9-4】 使用 NumPy 库实现图像处理

任务 9-4

【任务目标】

使用 NumPy 库对图像局部做透明处理，原图像如图 9-5（a）所示，处理后的图像如图 9-5（b）所示。

（a）原图像

（b）处理后的图像

图 9-5　使用 NumPy 库实现图像处理

【任务实施】

（1）启动 IDLE。

（2）在 IDLE 交互环境中选择“File\New File”命令，打开 IDLE 代码编辑窗口。

（3）在 IDLE 代码编辑窗口中输入下面的代码。

```
# test9_03.py
import cv2
import math
import numpy as np
i1 = cv2.imread('test9_03.png')  # 读取图像到 NumPy 数组
y1 = 320
x1 = 240
for y in range(640):  # 对图像数组执行操作
    for x in range(480):
        if math.fabs(math.sqrt((x-x1)*(x-x1)+(y-y1)*(y-y1))) > 150:
            i1[x, y] = i1[x, y]*0.7  # 像素值修改为原来的 50%
cv2.imshow('pic', i1)  # 显示图像
cv2.waitKey()  # 按任意键结束程序
```

（4）按【Ctrl+S】组合键保存程序文件，将文件命名为“test9_03.py”。

（5）按【F5】键运行程序，观察输出结果。

【知识点】

9.4 数据计算工具——NumPy 库

NumPy 库主要用于数组计算。它的主要特点包括：提供强大的 *N* 维数组对象，支持复杂的广播功能（数组运算），集成 C/C++和 Fortran 代码的工具，支持线性代数函数、傅里叶变换函数和随机函数等。NumPy 数组还可以用作通用数据的高效多维容器，例如在 OpenCV 中表示图像。

9.4.1 数据类型

9.4.1 数据类型

相较于 Python 内建的数据类型，NumPy 提供了更多的数据类型支持，NumPy 支持的数据类型如表 9-2 所示。

表 9-2 NumPy 支持的数据类型

数据类型	类型名称字符	别名	说明
numpy.bool_	'?'	无	布尔值（True 或 False）,存储为字节
numpy.byte	'b'	numpy.int8	8 位有符号整数（-128~127）
numpy.ubyte	'B'	numpy.uint8	8 位无符号整数（0~255）
numpy.short	'h'	numpy.int16	16 位有符号整数（-32,768~32,767）
numpy.ushort	'H'	numpy.uint16	16 位无符号整数（0~65,535）
numpy.intc	'i'	numpy.int32	32 位有符号整数（-2,147,483,648~2,147,483,647）
numpy.uintc	'I'	numpy.uint32	32 位无符号整数（0~4,294,967,295）
numpy.int_	'l'	numpy.int64 numpy.intp	64 位有符号整数（-9,223,372,036,854,775,808 ~ 9,223,372,036,854,775,807）
numpy.uint	'L'	numpy.uint64 numpy.uintp	64 位无符号整数（0~18,446,744,073,709,551,615）
numpy.longlong	'q'	无	64 位有符号长整型，兼容 C 的 long long 类型
numpy.ulonglong	'Q'	无	64 位无符号长整型，兼容 C 的 unsigned long long 类型
numpy.half	'e'	numpy.float16	16 位精度浮点数：1 位符号、5 位指数、10 位尾数
numpy.single	'f'	numpy.float32	32 位精度浮点数：1 位符号、8 位指数、23 位尾数
numpy.double	'd'	numpy.float_ numpy.float64	64 位精度浮点数：1 位符号、11 位指数、52 位尾数
numpy.longdouble	'g'	numpy.longfloat numpy.float128	128 位精度浮点数，兼容 C 的 long double 类型
numpy.csingle	'F'	numpy.singlecomplex numpy.complex64	单精度复数，由两个 32 位单精度数组成
numpy.cdouble	'D'	numpy.cfloat numpy.complex_ numpy.complex128	双精度复数，由两个 64 位单精度数组成

续表

数据类型	类型名称字符	别名	说明
numpy.clongdouble	'G'	numpy.clongfloat numpy.longcomplex numpy.complex256	扩展精度复数，由两个 128 位单精度数组成
numpy.datetime64	'M'	无	日期时间类型
numpy.timedelta	'm'	无	时间差类型
numpy.object_	'o'	无	对象类型，用于表示 Python 的对象
numpy.bytes_	'S'	numpy.string_	字节串
numpy.str_	'U'	numpy.unicode_	字符串

在 Python 中使用 NumPy 支持的数据类型的示例代码如下。

```
>>> import numpy as np     #导入 NumPy 库，np 是按惯例使用的名称，也可为其他名称
>>> a=np.int8(123)         #定义一个整数
>>> type(a)                #查看数据类型
<class 'numpy.int8'>
```

9.4.2 创建数组

9.4.2 创建数组

NumPy 使用各种函数创建数组。

1. 使用 array()函数创建数组

array()函数可将 Python 中类似数组的数据结构（如列表和元组）转换为数组，示例代码如下。

```
>>> a=np.array([1,2,3])                 #将列表转换为数组
>>> print(a)                            #输出数组
[1 2 3]
>>> type(a)                             #查看数组的数据类型
<class 'numpy.ndarray'>
>>> a=np.array((1,2,3))                 #将元组转换为数组
>>> print(a)
[1 2 3]
>>> a=np.array(([1,2,3],[4,5,6]))       #将嵌套的多维数据转换为数组
>>> print(a)                            #输出数组
[[1 2 3]
 [4 5 6]]
```

2. 使用 zeros()函数创建数组

NumPy 的 zeros()函数可创建指定形状的数组，数组元素值默认为 0，数据类型默认为 np.float64。函数参数用于指定数组的形状，示例代码如下。

```
>>> np.zeros((2,3))                     #创建 2 行 3 列的二维数组
array([[0., 0., 0.],
       [0., 0., 0.]])
>>> np.zeros((2,5),dtype=int)           #用 dtype 参数指定数组元素的数据类型
array([[0, 0, 0, 0, 0],
```

```
       [0, 0, 0, 0, 0]])
>>> np.zeros((2,3,4))                      #创建三维数组
array([[[0., 0., 0., 0.],
         [0., 0., 0., 0.],
         [0., 0., 0., 0.]],
        [[0., 0., 0., 0.],
         [0., 0., 0., 0.],
         [0., 0., 0., 0.]]])
```

3. 使用 arange()函数创建数组

NumPy 的 arange()函数可创建元素值按规则递增的数组，类似于 Python 的 range()函数，示例代码如下。

```
>>> np.arange(5)                           #元素取值范围为[0,4]
array([0, 1, 2, 3, 4])
>>> np.arange(-2,5)                        #元素取值范围为[-1,4]
array([-2, -1,  0,  1,  2,  3,  4])
>>> np.arange(5.6)                         #数组元素的数据类型默认与参数的数据类型一致
array([0., 1., 2., 3., 4., 5.])
>>> np.arange(-2,2,dtype=float)            #用 dtype 参数指定数组元素的数据类型
array([-2., -1.,  0.,  1.])
```

4. 使用 linspace(a,b,c)函数创建数组

NumPy 的 linspace(a,b,c)函数可创建由参数 c 指定元素数量的数组，并在开始值 a 和结束值 b 之间以等距间隔取元素值，示例代码如下。

```
>>> np.linspace(1,5,6)
array([1. , 1.8, 2.6, 3.4, 4.2, 5. ])
```

5. 使用 indices()函数创建数组

NumPy 的 indices()函数用于创建索引数组，每个元素是对应形状数组中各个元素的位置索引值。示例代码如下。

```
>>> a = np.array([[1, 2, 3], [4, 5, 6]])#创建一个 2 行 3 列的数组
>>> shape = a.shape                      #获得 2 行 3 列数组的形状
>>> b = np.indices(shape)                #创建 2 行 3 列数组的索引数组
>>> b[0]                                 #查看 2 行 3 列数组中各元素的行索引值
array([[0, 0, 0],
       [1, 1, 1]])
>>> b[1]                                 #查看 2 行 3 列数组中各元素的列索引值
array([[0, 1, 2],
       [0, 1, 2]])
```

6. 使用 ones()函数创建数组

NumPy 的 ones()函数用于创建元素值为 1 的数组（单位矩阵），示例代码如下。

```
>>> np.ones((5,), dtype=int)   #创建一维数组，元素值为整数 1
array([1, 1, 1, 1, 1])
>>> np.ones((5,))              #创建一维数组，元素值为浮点数 1.0
array([1., 1., 1., 1., 1.])
>>> np.ones((2,5))             #创建 2×5 的二维数组
```

```
array([[1., 1., 1., 1., 1.],
       [1., 1., 1., 1., 1.]])
>>> np.ones((2,5),dtype=int)
array([[1, 1, 1, 1, 1],
       [1, 1, 1, 1, 1]])
```

9.4.3 数组的形状

9.4.3 数组的形状

1. shape 属性

数组对象的 shape 属性可用于查看或更改数组的形状，示例代码如下。

```
>>> a=np.arange(12) #创建一维数组，包含 12 个元素
>>> a
array([ 0,  1,  2,  3,  4,  5,  6,  7,  8,  9, 10, 11])
>>> a.shape                #查看数组形状
(12,)
>>> a.shape=(2,-1)         #更改数组形状为 2 行，-1 表示自动计算每行中的元素个数
>>> a
array([[ 0,  1,  2,  3,  4,  5],
       [ 6,  7,  8,  9, 10, 11]])
```

2. reshape()方法

reshape()方法可更改数组形状，返回更改后的新数组，示例代码如下。

```
>>> a.reshape((3,-1))                #更改数组形状，返回新数组
array([[ 0,  1,  2,  3],
       [ 4,  5,  6,  7],
       [ 8,  9, 10, 11]])
>>> a.reshape((2,3))                 #reshape()方法不能减少或增加数组元素个数
Traceback (most recent call last):
  File "<stdin>", line 1, in <module>
ValueError: cannot reshape array of size 12 into shape (2,3)
```

3. resize()方法

resize()方法的 refcheck 参数值为 False 时，可在更改数组形状的同时更改元素个数，示例代码如下。

```
>>> a.resize((3,4))                  #更改数组形状
>>> a
array([[ 0,  1,  2,  3],
       [ 4,  5,  6,  7],
       [ 8,  9, 10, 11]])
>>> a.resize((2,3),refcheck=False) #更改数组形状，并减少元素个数
>>> a
array([[0, 1, 2],
       [3, 4, 5]])
>>> a.resize((2,5),refcheck=False) #更改数组形状，并增加元素个数
>>> a
array([[0, 1, 2, 3, 4],
       [5, 0, 0, 0, 0]])
```

4. np.ravel()函数

np.ravel()函数可将数组转换为一维数组，示例代码如下。

```
>>> a=np.arange(12)
>>> a.resize((3,4))
>>> a
array([[ 0,  1,  2,  3],
       [ 4,  5,  6,  7],
       [ 8,  9, 10, 11]])
>>> np.ravel(a)                    #返回一维数组，默认行优先
array([ 0,  1,  2,  3,  4,  5,  6,  7,  8,  9, 10, 11])
>>> np.ravel(a,order='F')          #返回一维数组，列优先
array([ 0,  4,  8,  1,  5,  9,  2,  6, 10,  3,  7, 11])
```

9.4.4 索引、切片和迭代

9.4.4 索引、切片和迭代

Numpy 一维数组的索引、切片和迭代等操作与 Python 列表的操作类似，示例代码如下。

```
>>> rng = np.random.default_rng() #获得随机数生成器
>>> a=rng.integers(10,size=8)
>>> a
array([6, 1, 4, 6, 0, 0, 1, 0], dtype=int64)
>>> a[0]        #索引第 1 个元素
6
>>> a[-1]       #索引最后 1 个元素
0
>>> a[2]        #索引第 3 个元素
4
>>> a[2:5]      #切片
array([4, 6, 0], dtype=int64)
>>> a[:2]
array([6, 1], dtype=int64)
>>> a[5:]
array([0, 1, 0], dtype=int64)
>>> for x in a:#迭代
...   print(x,end=' ')
...
6 1 4 6 0 0 1 0
```

多维数组可用多个逗号分隔的多个参数进行索引和切片，也可执行迭代操作，示例代码如下。

```
>>> rng = np.random.default_rng()
>>> a=rng.integers(10,size=(2,5))       #创建一个 2×5 的由 10 以内随机整数构成的数组
>>> a
array([[6, 8, 9, 5, 7],
       [8, 3, 1, 2, 1]], dtype=int64)
>>> a[0,0]                              #索引第 1 行第 1 个元素
6
>>> a[1,0]                              #索引第 2 行第 1 个元素
8
>>> a[0,:3]                             #切片获得第 1 行前 3 个元素
array([6, 8, 9], dtype=int64)
```

```
>>> for x in a:                          #迭代
...     print(x)
...
[6 8 9 5 7]
[8 3 1 2 1]
>>> a=rng.integers(10,size=(3,4))
>>> a
array([[4, 3, 4, 6],
       [3, 3, 5, 4],
       [7, 9, 8, 6]], dtype=int64)
>>> a[:2,:3]                             #行列均进行切片
array([[4, 3, 4],
       [3, 3, 5]], dtype=int64)
```

9.4.5 数组运算

9.4.5 数组运算

NumPy 数组与常量执行算术运算和比较运算时，会对每个数组元素执行计算，示例代码如下。

```
>>> a=np.arange(5)
>>> a
array([0, 1, 2, 3, 4])
>>> a+5                                  #每个元素加上 5
array([5, 6, 7, 8, 9])
>>> a-5                                  #每个元素减去 5
array([-5, -4, -3, -2, -1])
>>> a*5                                  #每个元素乘 5
array([ 0,  5, 10, 15, 20])
>>> a**2                                 #每个元素求平方
array([ 0,  1,  4,  9, 16], dtype=int32)
>>> a/2                                  #每个元素除以 2，结果为浮点数
array([0. , 0.5, 1. , 1.5, 2. ])
>>> a//2                                 #每个元素除以 2，结果为整数
array([0, 0, 1, 1, 2], dtype=int32)
>>> a<2.5                                #每个元素执行比较运算
array([ True,  True,  True, False, False])
```

两个 NumPy 数组执行算术运算时，“*”运算符计算元素乘积，“@”运算符和 dot()方法计算矩阵乘积，示例代码如下。

```
>>> a=np.array([[1,2],[3,4]])
>>> b=np.array([[10,0],[0,10]])
>>> a+b                                  #矩阵加法
array([[11,  2],
       [ 3, 14]])
>>> b-a                                  #矩阵减法
array([[ 9, -2],
       [-3,  6]])
>>> a*b                                  #元素乘法
array([[10,  0],
       [ 0, 40]])
>>> a@b                                  #矩阵乘法
```

```
array([[10, 20],
       [30, 40]])
>>> a.dot(b)                              #矩阵乘法
array([[10, 20],
       [30, 40]])
>>> a=np.array([[1,2,3],[4,5,6]])
>>> a.T                                   #矩阵转置
array([[1, 4],
       [2, 5],
       [3, 6]])
```

NumPy 数组支持“+=”“*=”等赋值运算符，并用计算结果覆盖原数组，示例代码如下。

```
>>> a+=10
>>> a
array([[11, 12, 13],
       [14, 15, 16]])
>>> a*=2
>>> a
array([[22, 24, 26],
       [28, 30, 32]])
```

NumPy 为数组提供了一些执行计算的方法，示例代码如下。

```
>>> a=np.array([[1,2,3],[4,5,6]])
>>> a.min()                               #求最小元素值
1
>>> a.max()                               #求最大元素值
6
>>> a.sum()                               #求所有元素和
21
```

可用 axis 参数按指定的轴执行计算，示例代码如下。

```
>>> a.max(axis=0)                         #返回最大元素值所在的行
array([4, 5, 6])
>>> a.max(axis=1)                         #返回每一行中的最大元素值
array([3, 6])
>>> a.sum(axis=0)                         #按列执行加法
array([5, 7, 9])
>>> a.sum(axis=1)                         #按行执行加法
array([ 6, 15])
```

【综合实例】创建变换颜色的图像

创建一个程序，在程序中创建一幅 240 像素 × 240 像素的黑色图像。程序运行时，每隔 0.1 秒，将图像外围 1 个像素设置为白色，依次向图像中心递进，直到图像全部变为白色，然后重置图像为黑色，重复前面的过程。程序运行结果如图 9-6 所示。

综合实例 创建变换颜色的图像

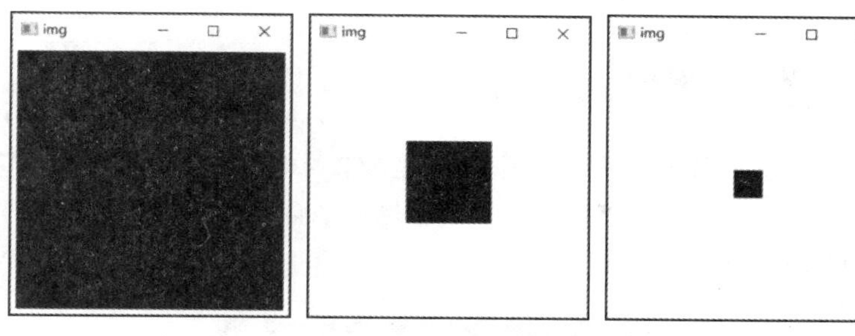

图 9-6　变换颜色的图像

（1）启动 IDLE。

（2）在 IDLE 交互环境中选择“File\New File”命令，打开 IDLE 代码编辑窗口。

（3）在 IDLE 代码编辑窗口中输入下面的代码。

```
# test9_04.py
import cv2
import numpy
img = numpy.zeros((256, 256))  # 创建黑色图像
r = 0
while True:
    img[r, :] = 255  # r 行设置为白色
    img[255-r, :] = 255  # 255-r 行设置为白色
    img[:, r] = 255  # r 列设置为白色
    img[:, 255-r] = 255  # 255-r 列设置为白色
    cv2.imshow('img', img)
    key = cv2.waitKey(100)  # 延迟 0.1 秒
    r += 1
    if r == 128:
        img[:, :] = 0  # 重置图像为黑色
        r = 0
    if key == 27:
        break  # 按【Esc】键结束
```

（4）按【Ctrl+S】组合键保存程序文件，将文件命名为“test9_04.py”。

（5）按【F5】键运行程序，观察输出结果。

小　结

本单元首先介绍了如何安装和卸载 Python 第三方库，然后简单介绍了各种第三方库，包括文件处理库、数据分析库、数据可视化库、网络爬虫库、图形用户界面库、机器学习库、Web 应用开发库以及游戏开发库等，最后详细讲解了 PyInstaller 库、jieba 库和 NumPy 库。PyInstaller 库是一个打包工具，用于将 Python 应用程序及其所有依赖项打包为一个独立的可执行文件，或者打包到一个独立的文件夹中，以便分发给用户。jieba 库用于实现中文分词。NumPy 库用于实现数组计算。

【拓展阅读】了解词云库 wordcloud

词云是一种可视化的数据展示方法。它根据词语在文本中出现的频率设置词语在词云中的大小、颜色和显示层次，让人对关键词和数据的重点一目了然。图 9-7 显示了《红楼梦》中词语生成的词云。读者可扫描右侧二维码了解词云库 wordcloud 更多信息。

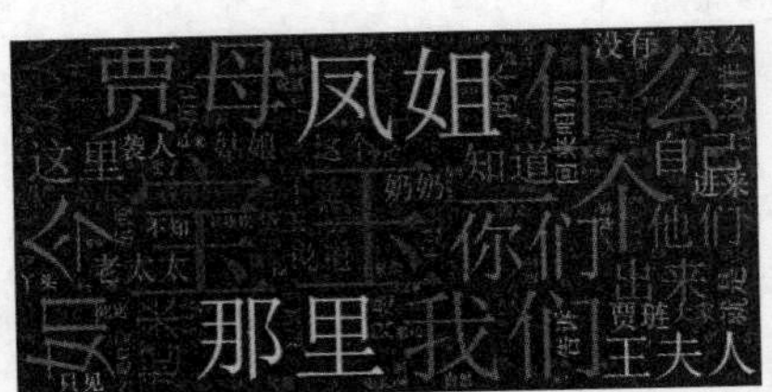

图 9-7 《红楼梦》词云

【技能拓展】了解利用大语言模型辅助编程的一些注意事项

利用大语言模型辅助编程时，需要注意以下事项。

- 模型选择和配置。根据应用场景和需求选择合适的大语言模型，并对其进行适当的配置。不同的模型具有不同的特点和适用范围，需要根据实际情况进行选择。
- 语义理解和上下文依赖。大语言模型需要理解上下文信息和语义关系，以确保其生成的自然语言文本有意义且连贯。因此，在编程时需要注意提供足够的上下文信息和语义信息。
- 安全和隐私。大语言模型需要处理大量的文本数据，因此需要注意数据的安全和隐私保护。在编程时需要注意对数据进行适当的加密和处理，以确保数据的安全和隐私。
- 逐步迭代。大语言模型可能会生成复杂的代码，而一次性生成完整的代码可能会导致不理想的结果。因此，可以采用逐步迭代的方法，逐步生成和验证代码的部分，以确保每个阶段的正确性。
- 注意安全性。在使用大语言模型时，特别是在生成与安全有关的代码时，要注意安全性。确保生成的代码没有潜在的安全漏洞或风险，并进行适当的代码审查和测试。

要注意大语言模型只是一个工具，它的输出需要经过仔细的审查和验证。程序开发人员应注意根据实际需求进行适当的修改和调整。

习 题

一、单项选择题

1. 下列关于 pip 的说法错误的是（　　）。

A. 可用于安装 Python　　B. 可用于安装第三方库

C. 可用于升级第三方库　　D. 可用于卸载第三方库

2. 下列选项中不能用于处理文本的第三方库是（　　）。

A. PDFMiner　B. Openpyxl　C. Django　D. Python-docx

3. 下列关于 jieba 库的描述错误的是（　　）。

A. 是一个中文分词 Python 库

B. 基于词库分词

C. 允许使用自定义词典

D. 提供精确模式、模糊模式、全模式和搜索引擎模式

4. 要在分词的同时返回词性，应使用的函数是（　　）。

A. jieba.cut()　B. jieba.lcut()

C. jieba.tokenize()　D. jieba.posseg.cut()

5. 可创建数组[1 2 3]的方法是（　　）。

A. np.array([1,2,3])　B. np.zeros([1,2,3])

C. np.arange([1,2,3])　D. np.indices([1,2,3])

二、编程题

1. 使用 jieba.cut_for_search()对“神舟飞船是中国自行研制、具有完全自主知识产权的空间载人飞船”进行分词，分词结果输出在一行，词语之间用逗号分隔。

2. 使用 jieba.lcut()对“神舟飞船是中国自行研制、具有完全自主知识产权的空间载人飞船”进行分词，要求“神舟飞船”和“知识产权”分别作为一个词语出现在分词结果中。分词结果输出在一行，词语之间用逗号分隔。

3. 任选一部小说，统计小说中各人名出现的次数，输出排名前 10 的人名。

4. 任选一幅图像，将图像中心 100 像素 × 80 像素范围设置为黑色。

5. 将实现第 4 题的 Python 程序打包为一个.exe 文件。

单元 10
面向对象

Python 在设计之初就是一种面向对象的程序设计语言。在 Python 内部，所有数据均由对象和对象之间的关系来表示。对 Python 的初学者而言，不需要一开始就掌握面向对象，但理解面向对象有助于更好地学习和使用 Python。

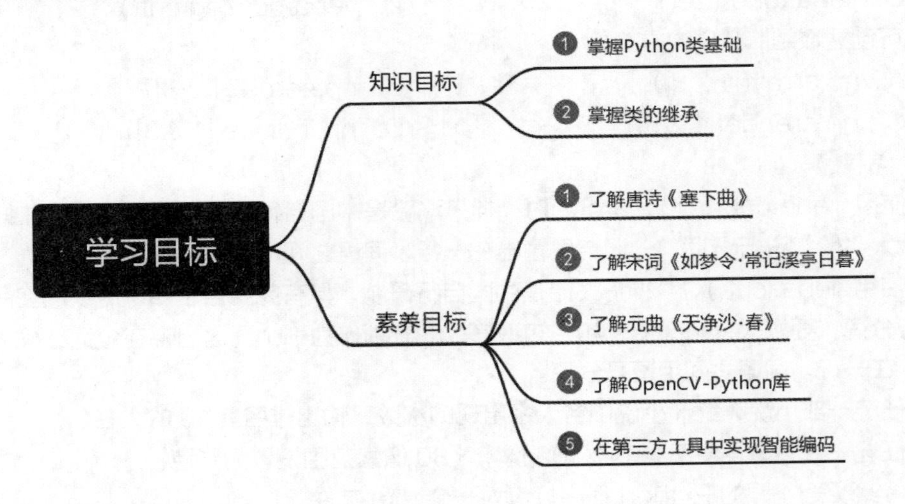

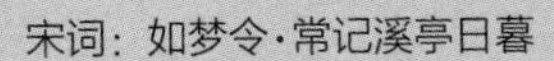【任务 10-1】 用类处理诗词

【任务目标】

定义一个类来处理诗词，程序输出结果如下。

任务 10-1

```
唐诗：塞下曲
作者：卢纶
月黑雁飞高，单于夜遁逃。
欲将轻骑逐，大雪满弓刀。

宋词：如梦令·常记溪亭日暮
作者：李清照
常记溪亭日暮，沉醉不知归路。兴尽晚回舟，误入藕花深处。争渡，争渡，惊起一滩鸥鹭。

元曲：天净沙·春
作者：白朴
春山暖日和风，阑干楼阁帘栊，杨柳秋千院中。啼莺舞燕，小桥流水飞红。
```

【任务实施】

（1）启动 IDLE。

（2）在 IDLE 交互环境中选择“File\New File”命令，打开 IDLE 代码编辑窗口。

（3）在 IDLE 代码编辑窗口中输入下面的代码。

```
# test10_01.py：用类处理诗词
class poem:
    def __init__(self, name, type, writer, content):  # 初始化对象属性
        self.name = name
        self.type = type
        self.writer = writer
        self.content = content

    def __str__(self):  # 将对象转换为字符串
        return '%s：%s\n作者：%s\n%s' % (self.type, self.name, self.writer, self.content)

p1 = poem('塞下曲', '唐诗', '卢纶', '月黑雁飞高，单于夜遁逃。\n欲将轻骑逐，大雪满弓刀。')
p2 = poem('如梦令·常记溪亭日暮', '宋词', '李清照',
          '常记溪亭日暮，沉醉不知归路。兴尽晚回舟，误入藕花深处。争渡，争渡，惊起一滩鸥鹭。')
p3 = poem('天净沙·春', '元曲', '白朴', '春山暖日和风，阑干楼阁帘栊，杨柳秋千院中。啼莺舞燕，小桥流水飞红。')
print(p1, '\n')  # 输出对象
print(p2, '\n')
print(p3)
```

（4）按【Ctrl+S】组合键保存程序文件，将文件命名为“test10_01.py”。

（5）按【F5】键运行程序，观察输出结果。

【知识点】

10.1 Python 类基础

10.1.1 理解 Python 的面向对象

Python 具有类、对象、继承、重载、多态等面向对象特性，但与 C++、Java 等支持面向对象的语言又有所不同。

10.1.1 理解 Python 的面向对象

1. 面向对象的基本概念

- 类和对象：描述对象属性和方法的集合称为类，它定义了同一类对象所共有的属性和方法；对象是类的实例，也称实例对象。
- 方法：类中定义的函数，用于描述对象的行为，也称方法属性。
- 属性：类中在所有方法之外定义的变量（也称类的顶层变量），用于描述对象的特点，也称数据属性。
- 封装：类具有封装特性，其内部实现不应被外部知晓，只需要提供必要的接口供外部访问

即可。
- 实例化：创建一个类的实例对象。
- 继承：从一个超类（也称父类或基类）派生一个子类时，子类拥有超类的属性和方法，称为继承。子类可以定义自己的属性和方法。
- 重载（override）：在子类中定义与超类方法同名的方法，称为子类对超类方法的重载，也称方法重写。
- 多态：指不同类型对象的相同行为产生不同的结果。

与其他面向对象的程序设计语言相比，Python 的面向对象更为简单。

2. Python 的类和类型

Python 使用 class 语句来定义类，类通常包含一系列的赋值语句和函数。赋值语句定义类的属性，函数定义类的方法。

在 Python 3 中，类是一种自定义类型。Python 的所有类型（包括自定义类型），都是内置类型 type 的实例对象，例如，内置的 int、float、str 等都是 type 类型的实例对象。type()函数可返回对象类型，示例代码如下。

```
# test10_02.py：使用 type()函数测试对象类型
print(type(int))
print(type(float))
print(type(str))
class test:                        #定义一个空类
    pass
print(type(test))
```

程序输出结果如下。

```
<class 'type'>
<class 'type'>
<class 'type'>
<class 'type'>
```

3. Python 中的对象

Python 中的一切数据，如整数、小数、字符串、函数、模块等都是对象。

例如，下面的代码分别测试字符串、整数、布尔值和函数的类型。

```
# test10_03.py：测试字符串、整数、布尔值和函数的类型
print(type('abc'))
print(type(123))
print(type(True))
def fun():
    pass
print(type(fun))
```

程序输出结果如下。

```
<class 'str'>
<class 'int'>
<class 'bool'>
<class 'function'>
```

可以看到字符串“abc”、整数 123、布尔值 True 和函数 fun()的类型都是类，也就是说它们都是对象。

Python 中的对象可分为两种：类对象和实例对象。

类对象在执行 class 语句时创建。类对象是可调用的，类对象也称类实例。调用类对象会创建实例对象。类对象只有一个，而实例对象可以有多个。类对象和实例对象分别拥有自己的命名空间，它们在各自的命名空间内使用自己的属性和方法。

（1）类对象

类对象具有下列主要特点。

- Python 在执行 class 语句时创建一个类对象和一个变量（与类同名），变量引用类对象。与 def 语句类似，class 语句也是可执行语句。导入类模块时，会执行 class 语句。
- 类对象中顶层赋值语句创建的变量是类对象的数据属性。类对象的数据属性使用“对象名.属性名”格式来访问。
- 类对象中顶层 def 语句定义的函数是类对象的方法属性，使用“对象名.方法名()”格式来访问。
- 类对象的数据属性由所有实例对象共享。实例对象可读取类对象的数据属性值，但不能修改类对象的数据属性值。

（2）实例对象

实例对象具有下列主要特点。

- 实例对象通过调用类对象来创建。
- 每个实例对象继承类对象的所有属性，并获得自己的命名空间。
- 实例对象拥有私有属性。通过赋值语句为实例对象的属性赋值时，如果该属性不存在，就会创建属于实例对象的私有属性。

10.1.2 定义和使用类

10.1.2 定义和使用类

与 C++、Java 等语言相比，Python 提供了更简洁的方法来定义和使用类。

1. 定义类

定义类的基本语法格式如下。

```
class 类名:
    赋值语句
    赋值语句
    ……
    def 语句定义函数
    def 语句定义函数
    ……
```

各种语句的先后顺序没有关系，示例代码如下。

```
# test10_04.py: 定义类
class test:
    data = 100                              # 创建、初始化共享属性
    def __init__(self, value):
        self.sdata = value                  # 创建、初始化私有属性
```

```
    def showData(self):
        print('私有属性 sdata=', self.sdata)    # 输出私有属性
    print('已完成类的定义')
```

上述代码定义了一个 test 类，它有一个共享的数据属性 data，两个方法属性__init__()和showData()。

2. 使用类

使用类对象可访问类的属性、创建实例对象，示例代码如下。

```
# test10_05.py：使用类
from test10_04 import test  # 导入类，此时会执行类的所有代码
x = test(50)    # 创建实例对象，创建私有属性 sdata，sdata 赋值为 50
print(x.data)   # 访问共享的数据属性
x.showData()    # 访问方法属性
```

程序输出结果如下。

```
已完成类的定义
100
私有属性 sdata= 50
```

10.1.3 对象的属性

10.1.3 对象的属性

从面向对象的角度来说，属性表示对象的数据，在实现时通常用变量表示；方法表示对象的行为，实现时通常用函数表示。Python 把类中的变量和函数统称为属性，分别称为数据属性和方法属性。

在 Python 中，实例对象拥有类对象的所有属性。可以用 dir()函数来查看对象的属性，示例代码如下。

```
# test10_06.py：查看对象的属性
from test10_04 import test     # 导入类
x = test(50)                   # 创建实例对象
print(dir(test))               # 查看对象的属性
```

程序输出结果如下。

```
完成类的定义
['__class__', '__delattr__', '__dict__', '__dir__', '__doc__', '__eq__', '__format__', '__ge__',
'__getattribute__', '__getstate__', '__gt__', '__hash__', '__init__', '__init_subclass__', '__le__',
'__lt__', '__module__', '__ne__', '__new__', '__reduce__', '__reduce_ex__', '__repr__', '__setattr__',
'__sizeof__', '__str__', '__subclasshook__', '__weakref__', 'data', 'showData']
```

可以看到，实例对象拥有类对象的所有属性。

1. 类对象的共享属性

类对象的数据属性由类的所有实例对象共享。

test 类的顶层赋值语句“data=100”定义了类对象的属性 data，该属性可由所有实例对象共享。

需要注意的是，类对象的属性由所有实例对象共享，其属性的值只能通过类对象来修改。

可用 del 语句删除对象的属性，示例代码如下。

```
# test10_07.py：使用类对象的共享属性
from test10_04 import test                # 导入类
x = test(50)                              # 创建实例对象
y = test(30)                              # 创建实例对象
print(x.data, y.data)                     # 访问共享属性
test.data = 200                           # 通过类对象修改共享属性值
print(x.data, y.data)
test.data = 300
print(x.data, y.data, test.data)          # 此时访问的都是共享属性
x.data = "abc"                            # 此时创建 x 的私有属性 data
print(x.data, y.data, test.data)          # x.data 访问的是 x 的私有属性 data
test.data = 400
print(x.data, y.data, test.data)
del x.data                                # 此时删除 x 的私有属性 data
print(x.data)                             # x.data 访问类对象的共享属性
```

程序输出结果如下。

```
已完成类的定义
100 100
200 200
300 300 300
abc 300 300
abc 400 400
400
```

在以“实例对象名.属性名”格式访问属性时，Python 首先检查实例对象是否有匹配的私有属性，如果有则返回该属性的值；如果没有，则进一步检查类对象是否有匹配的共享属性，如果有则返回该属性的值，如果也没有，则产生 AttributeError 异常。

2. 实例对象的私有属性

实例对象的私有属性指独属于实例对象的属性，私有属性在类外部可以以“实例对象名.属性名=值”格式赋值创建，或者在类的方法中以“self.属性名=值”格式赋值创建。“私有”强调属性只属于当前实例对象。

实例对象默认拥有继承自类对象的所有属性，没有私有属性。只能通过赋值为实例对象创建私有属性，示例代码如下。

```
# test10_08.py：使用实例对象的私有属性
from test10_04 import test     # 导入类
x = test(100)                  # 创建实例对象，初始化私有属性 sdata
print(x.sdata)                 # 访问实例对象的私有属性
x.pdata = 200                  # 创建私有属性
print(x.pdata)                 # 访问私有属性
```

程序输出结果如下。

```
已完成类的定义
100
200
```

3. 对象属性的动态性

Python 总是在第一次给变量赋值时创建变量。对于类对象或实例对象而言，当给不存在的属性赋值时，Python 为对象创建属性，示例代码如下。

```
# test10_09.py：对象属性的动态性
from test10_04 import test                    # 导入类
x = test(100)                                 # 创建实例对象，初始化私有属性 sdata
test.data2 = "abc"                            # 赋值，为类对象创建属性
x.data3 = [1, 2]                              # 赋值，为实例对象创建属性
print(test.data2, x.data2, x.data3)          # 访问属性
print(dir(test))                              # 查看类对象的属性列表
print(dir(x))
```

程序输出结果如下。

```
完成类的定义
abc abc [1, 2]
['__class__', '__delattr__', '__dict__', '__dir__', '__doc__', '__eq__', '__format__', '__ge__', '__getattribute__', '__getstate__', '__gt__', '__hash__', '__init__', '__init_subclass__', '__le__', '__lt__', '__module__', '__ne__', '__new__', '__reduce__', '__reduce_ex__', '__repr__', '__setattr__', '__sizeof__', '__str__', '__subclasshook__', '__weakref__', 'data', 'data2', 'showData']
['__class__', '__delattr__', '__dict__', '__dir__', '__doc__', '__eq__', '__format__', '__ge__', '__getattribute__', '__getstate__', '__gt__', '__hash__', '__init__', '__init_subclass__', '__le__', '__lt__', '__module__', '__ne__', '__new__', '__reduce__', '__reduce_ex__', '__repr__', '__setattr__', '__sizeof__', '__str__', '__subclasshook__', '__weakref__', 'data', 'data2', 'data3', 'sdata', 'showData']
```

可以看到，赋值操作为对象创建了属性，并且在为类对象创建属性时，实例对象也自动拥有了该属性。

10.1.4 对象的方法

10.1.4 对象的方法

在通过实例对象调用方法时，Python 会创建一个特殊对象：实例方法对象，也称绑定方法对象。此时，当前实例对象会作为第一个参数传递给实例方法对象。在定义方法时，第一个参数名称通常为 self。使用 self 只是惯例，重要的是其位置，可以使用其他名称来代替 self。

通过类对象调用方法时，不会将类对象传递给方法，应按方法定义的形参个数提供参数，这与通过实例对象调用方法有所区别，示例代码如下。

```
# test10_10.py：通过类对象调用方法
class test:
    def add(a, b):
        return a+b                   # 定义方法，完成加法
    def add2(self, a, b):
        return a+b                   # 定义方法，完成加法

print(test.add(2, 3))                # 通过类对象调用方法
print(test.add2(2, 3, 4))            # 通过类对象调用方法，此时参数 self 的值为 2
x = test()                           # 创建实例对象
print(x.add2(2, 3))                  # 通过实例对象调用方法，完成加法
print(x.add(2, 3))                   # 出错，输出信息显示函数接收到 3 个参数
```

程序输出结果如下。

```
5
7
5
Traceback (most recent call last):
  File "d:\code\10\test10_10.py", line 13, in <module>
    print(x.add(2, 3))  # 出错，输出信息显示函数接收到 3 个参数
TypeError: test.add() takes 2 positional arguments but 3 were given
```

10.1.5 特殊属性和特殊方法

10.1.5 特殊属性和特殊方法

Python 会为类对象添加一系列特殊属性，类对象常用的特殊属性如下。

- __name__：返回类对象的名称。
- __module__：返回类对象所在模块的名称。
- __dict__：返回包含类对象命名空间的字典。
- __bases__：返回包含超类的元组，按其在超类列表中出现的顺序排列。
- __doc__：返回类对象的文档字符串，如果没有则返回 None。
- __class__：返回类对象的类型名称，与 type()函数的返回结果相同。

示例代码如下。

```
# test10_11.py: 特殊属性
class test:
    """这是 test 类的文档字符串"""
    pass # 定义一个空类
print(test.__name__)
print(test.__module__)
print(test.__dict__)
print(test.__base__)
print(test.__doc__)
print(test.__class__)
```

程序输出结果如下。

```
test
__main__
{'__module__': '__main__', '__doc__': '这是 test 类的描述信息', '__dict__': <attribute '__dict__'
of 'test' objects>, '__weakref__': <attribute '__weakref__' of 'test' objects>}
<class 'object'>
这是 test 类的文档字符串
<class 'type'>
```

Python 会为类对象添加一系列特殊方法，这些特殊方法在执行特定操作时被调用。可在定义类对象时定义这些方法，以取代默认方法，这称为方法的重载。类对象常用的特殊方法如下。

- __eq__()：计算 x==y 时调用 x.__eq__(y)。
- __ge__()：计算 x>=y 时调用 x.__ge__(y)。
- __gt__()：计算 x>y 时调用 x.__gt__(y)。
- __le__()：计算 x<=y 时调用 x.__le__(y)。

- __lt__()：计算 x<y 时调用 x.__lt__(y)。
- __ne__()：计算 x!=y 时调用 x.__ne__(y)。
- __format__()：在内置函数 format()和 str.format()方法中格式化对象时调用，返回对象的格式化字符。
- __dir__()：执行 dir(x)时调用 x.__dir__()。
- __delattr__()：执行“del x.data”语句时调用 x.__delattr__(data)。
- __getattribute__()：访问对象属性时调用。例如，a=x.data 等同于 a=x.__getattribute__(data)。
- __setattr__()：为对象属性赋值时调用。例如，x.data=a 等同于 x.__setattr__(a)。
- __hash__()：调用内置函数 hash(x)时，调用 x.__hash__()。
- __new__()：创建类的实例对象时调用。
- __init__()：类的初始化函数。例如，“x=test()”语句在创建 test 类的实例对象时，首先调用__new__()方法创建一个新的实例对象，然后调用__init__()方法执行初始化操作。完成初始化操作之后再返回实例对象，同时建立变量 x 对实例对象的引用。
- __repr__()：调用内置函数 repr(x)的同时调用 x.__repr__()。
- __str__()：通过 str(x)、print(x)以及在 format()中格式化 x 时调用 x.__str__()。

10.1.6 “伪私有”属性和方法

10.1.6 “伪私有”属性和方法

在 Python 中，可以使用“类对象名.属性名”或“实例对象名.属性名”的格式在类的外部访问类的属性。在面向对象技术理论中，这种格式破坏了类的封装特性。

Python 提供了一种折中的方法，即使用双下画线作为属性和方法的名称前缀，从而使这些属性和方法不能直接在类的外部使用。以双下画线作为名称前缀的属性和方法称为类的“伪私有”属性和方法。

Python 在处理“伪私有”属性和方法的名称时，会加上“_类名”作为前缀。之所以称为“伪私有”，是因为只要使用正确的名称，在类的外部也可以访问“伪私有”属性和方法。

可使用 dir()函数查看类对象的“伪私有”属性和方法的真正名称。示例代码如下。

```
# test10_12.py：“伪私有”属性和方法
class test:
    data = 100
    __data2 = 200               #定义“伪私有”属性
    def add(a, b):
        return a + b
    def __sub(a, b):            #定义“伪私有”方法
        return a - b
print(test.data)                # 访问普通属性
print(test.add(2, 3))           # 访问普通方法
print(test._test__data2)        # 访问“伪私有”属性
print(test._test__sub(2, 3))        # 访问“伪私有”方法
print(dir(test))
print(test.__data2)             # 访问“伪私有”属性，出错，属性不存在
```

程序输出结果如下。

```
100
5
200
-1
['__class__', '__delattr__', '__dict__', '__dir__', '__doc__', '__eq__', '__format__', '__ge__', '__getattribute__', '__getstate__', '__gt__', '__hash__', '__init__', '__init_subclass__', '__le__', '__lt__', '__module__', '__ne__', '__new__', '__reduce__', '__reduce_ex__', '__repr__', '__setattr__', '__sizeof__', '__str__', '__subclasshook__', '__weakref__', '_test__data2', '_test__sub', 'add', 'data']
Traceback (most recent call last):
  File "d:\code\10\test10_12.py", line 14, in <module>
    print(test.__data2)             # 访问“伪私有”属性，出错，属性不存在
AttributeError: type object 'test' has no attribute '__data2'
```

10.1.7 对象的初始化

10.1.7 对象的初始化

Python 类的__init__()方法用于完成对象的初始化。如果没有为类定义__init__()方法，Python 会自动添加该方法。类对象调用__new__()方法创建完实例对象后，立即调用__init__()方法对实例对象执行初始化操作。示例代码如下。

```
# test10_13.py：对象的初始化
class test:
    def __init__(self, value):      # 定义对象的初始化方法
        self.data = value           # 为实例对象创建私有属性
        print("实例对象初始化完毕")
x = test(100)                       # 调用类对象创建实例对象，自动调用对象的初始化方法
print(x.data)                       # 输出实例对象已初始化的属性
```

程序输出结果如下。

```
实例对象初始化完毕
100
```

10.1.8 静态方法

10.1.8 静态方法

可使用@staticmethod 语句将方法声明为静态方法。通过实例对象调用静态方法时，不会将实例对象作为隐含参数传递给方法，与通过类对象调用静态方法的效果完全相同。示例代码如下。

```
# test10_14.py：静态方法
class test:
    @staticmethod                   # 声明下面的 add()为静态方法
    def add(a, b):
        return a + b
print(test.add(2, 3))               # 通过类对象调用静态方法
x = test()                          # 创建实例对象
print(x.add(3, 5))                  # 通过实例对象调用静态方法
```

程序输出结果如下。

```
5
8
```

【任务 10-2】 用类表示圆和椭圆

【任务目标】

定义一个类表示圆，并将其作为超类定义一个表示椭圆的子类，程序输出结果如下。

任务 10-2

```
圆，面积：12.56
椭圆，面积：18.84
```

【任务实施】

（1）启动 IDLE。

（2）在 IDLE 交互环境中选择“File\New File”命令，打开 IDLE 代码编辑窗口。

（3）在 IDLE 代码编辑窗口中输入下面的代码。

```
# test10_15.py：用类表示圆和椭圆
class circle:                                # 定义超类
    PI = 3.14
    def __init__(self, name, r):             # 初始化实例对象
        self.r = r
        self.name = name
    def getArea(self):                       # 计算面积
        return self.PI*self.r*self.r
    def __str__(self):                       # 将实例对象转换为字符串
        return '%s，面积：%s' % (self.name, self.getArea())

class ellipse (circle):  # 定义子类
    def __init__(self, name, r, r2):
        super().__init__(name, r)            # 调用超类的初始化方法
        self.r2 = r2
    def getArea(self):
        return self.PI*self.r*self.r2

a = circle('圆', 2)                          # 创建超类的实例对象
b = ellipse('椭圆', 2, 3)                    # 创建子类的实例对象
print(a)                                     # 输出超类的实例对象
print(b)                                     # 输出子类的实例对象
```

（4）按【Ctrl+S】组合键保存程序文件，将文件命名为“test10_15.py”。

（5）按【F5】键运行程序，观察输出结果。

【知识点】

10.2 类的继承

通过继承，新类可以获得现有类的属性和方法。新类称作子类或派生类，现有类称作超类、父类或基类。在子类中可以定义新的属性和方法，从而完成对超类的扩展。

10.2.1 简单继承

10.2.1 简单继承

通过简单继承来定义子类的基本语法格式如下。

```
class 子类名(超类名):
    子类代码
```

示例代码如下。

```
# test10_16.py: 简单继承
class super_class:                          # 定义超类
    data = 100
    __data2 = 200
    def showinfo(self):
        print('超类 showinfo()方法中的输出信息')
    def __showinfo(self):
        print('超类__showinfo()方法中的输出信息')

class sub_class(super_class):
    pass                                    # 定义空的子类，pass 表示空操作

super = dir(super_class)                    # 获得超类的属性和方法列表
sub = dir(sub_class)                        # 获得子类的属性和方法列表
print(super == sub)                         # 结果为 True，说明超类和子类拥有的属性和方法相同
print(sub_class.data)                       # 访问继承的属性
print(sub_class._super_class__data2)        # 访问继承的属性
x = sub_class()                             # 创建子类的实例对象
x.showinfo()                                # 调用继承的方法
x._super_class__showinfo()                  # 调用继承的方法
```

程序输出结果如下。

```
True
100
200
超类 showinfo()方法中的输出信息
超类__showinfo()方法中的输出信息
```

子类继承超类的所有属性和方法，包括超类的“伪私有”属性和方法。

10.2.2 扩展子类

10.2.2 扩展子类

Python 允许在子类中定义属性和方法。在子类中定义的属性和方法会覆盖超类中的同名属性和方法。在子类中定义与超类方法同名的方法，称为方法的重载，示例代码如下。

```
# test10_17.py: 扩展子类
class super_class:  # 定义超类
    data1 = 10
    data2 = 20
    def show1(self):
        print('在超类的 show1()方法中的输出')
    def show2(self):
        print('在超类的 show2()方法中的输出')

class sub(super_class):                                 # 定义子类
    data1 = 100                                         # 覆盖超类的同名属性
    def show1(self):                                    # 重载超类的同名方法
        print('在子类的 show1()方法中的输出')

print([x for x in dir(sub) if not x.startswith('__')]) # 显示子类的非内置属性
x = sub()                                               # 创建子类的实例对象
print(x.data1, x.data2)  # data1 是子类自定义的属性，data2 是子类继承的属性
x.show1()                                               # 调用子类自定义的方法
x.show2()                                               # 调用子类继承的方法
```

程序输出结果如下。

```
['data1', 'data2', 'show1', 'show2']
100 20
在子类的 show1()方法中的输出
在超类的 show2()方法中的输出
```

在子类中，可以使用 super()函数返回超类的类对象，从而通过它调用超类的方法；也可以直接使用类对象调用超类的方法，示例代码如下。

```
# test10_18.py: 在子类中访问超类的类对象
class super_class:                                # 定义超类
    data1 = 10
    data2 = 20
    def show1(self):
        print('self.data1 =', self.data1)
    def show2(self):
        print('self.data2 =', self.data2)

class sub(super_class):                           # 定义子类
    data1 = 100
    def show(self):
        super_class.show1(self)                   # 调用超类的方法
        super().show2()                           # 调用超类的方法
```

```
x = sub()
x.show1()
x.show()
```

程序输出结果如下。

```
self.data1 = 100
self.data1 = 100
self.data2 = 20
```

10.2.3 多重继承

10.2.3 多重继承

多重继承指子类可以同时继承多个超类。如果超类中存在同名的属性或方法，在访问这些属性或方法时，Python 按照从左到右的顺序在超类中搜索属性或方法，示例代码如下。

```
# test10_19.py: 多重继承
class super1:  # 定义超类 1
    data1 = 10
    data2 = 20
    def show1(self):
        print('在超类 super1 的 show1()方法中的输出')
    def show2(self):
        print('在超类 super1 的 show2()方法中的输出')

class super2:  # 定义超类 2
    data2 = 300
    data3 = 400
    def show2(self):
        print('在超类 super2 的 show2()方法中的输出')
    def show3(self):
        print('在超类 super2 的 show3()方法中的输出')

class sub(super1, super2):
    pass                                                # 定义空的子类

print([x for x in dir(sub) if not x.startswith('__')]) # 显示子类的非内置属性
x = sub()                                               # 创建子类的实例对象
print(x.data1, x.data2, x.data3)                        # 访问继承的属性
x.show1()                                               # 调用继承的方法
x.show2()                                               # 调用继承的方法
x.show3()                                               # 调用继承的方法
```

程序输出结果如下。

```
['data1', 'data2', 'data3', 'show1', 'show2', 'show3']
10 20 400
在超类 super1 的 show1()方法中的输出
在超类 super1 的 show2()方法中的输出
在超类 super2 的 show3()方法中的输出
```

10.2.4 调用超类的初始化函数

10.2.4 调用超类的初始化函数

在子类的初始化函数中，通常应调用超类的初始化函数，Python 不会自动调用超类的初始化函数，示例代码如下。

```
# test10_20.py：调用超类的初始化函数
class test:                         # 定义超类
    def __init__(self, a):
        self.super_data = a

class sub(test):  # 定义子类
    def __init__(self, a, b): # 定义子类的初始化函数
        self.sub_data = a
        super().__init__(b)   # 调用超类的初始化函数

x = sub(10, 20)                     # 创建子类的实例对象
print(x.super_data)                 # 访问继承的属性
print(x.sub_data)                   # 访问自定义属性
```

程序输出结果如下。

```
20
10
```

如果注释子类 sub 中的“super().__init__(b)”语句，在代码中使用“x.super_data”语句会出错，这是因为超类的初始化函数并没有运行，x 的 super_data 属性不存在。

10.2.5 使用模块中的类

10.2.5 使用模块中的类

要使用模块中的类，需要先执行导入操作。例如，在模块文件 test10_21.py 中定义了一个 test 类，示例代码如下。

```
# test10_21.py：模块中的类
class test:
    data1 = 100
    def set(self, a):
        self.data2 = a
    def show(self):
        print('data1=%s data2=%s' % (self.data1, self.data2))

if __name__ == '__main__':
    print('模块独立运行的自测试输出：')
    x = test()
    x.set([1, 2, 3, 4])
    x.show()
```

模块可以独立运行，程序输出结果如下。

```
模块独立运行的自测试输出：
data1=100 data2=[1, 2, 3, 4]
```

在文件 test10_22.py 中导入 test10_21.py 模块，使用 test 类，示例代码如下。

```
# test10_22.py：使用模块中的类
import test10_21
x = test10_21.test()              # 使用类对象创建实例对象
print(x.data1)                    # 访问类的共享属性 data1
x.data1 = 'Python'                # 为 data1 赋值，为实例对象创建私有属性
x.set(200)                        # 调用类方法设置属性值
x.show()                          # 调用类方法显示属性值
```

程序输出结果如下。

```
100
data1=Python data2=200
```

【综合实例】用类处理学生列表

创建一个程序，将输入的姓名和年龄以对象的形式存入文件，如果已存在姓名，则用新的年龄修改原数据。具体操作步骤如下。

综合实例 用类处理学生列表

（1）启动 IDLE。

（2）在 IDLE 交互环境中选择“File\New File”命令，打开 IDLE 代码编辑窗口。

（3）在 IDLE 代码编辑窗口中输入下面的代码。

```
# test10_23.py：用类处理学生列表
import os
import pickle
class user:
    def __init__(self, name, age):      # 初始化对象
        self.name = name
        self.age = age
    def __str__(self):                  # 定义对象如何转换为字符串
        return '(%s,%s)' % (self.name, self.age)

if os.path.exists('userdata.dat'):      # 如果文件存在，则读取其中的用户列表
    file = open('userdata.dat', 'rb')
    users = pickle.load(file)
    file.close()
else:
    users = []                          # 文件不存在时，创建空的用户列表
while True:
    name = input('请输入姓名：')
    age = input('请输入年龄：')
    isexists = False
    for n in range(len(users)):         # 检查姓名是否已存在
        if users[n].name == name:
            isexists = True
            break
    if isexists:
        users[n].age = age              # 姓名存在时，修改年龄
```

```
    else:                                    # 姓名不存在时，创建对象并将其加入用户列表
        one = user(name, age)
        users.append(one)
    print('当前已有用户：')
    for a in users:                          # 输出当前用户
        print(a, end='，')
    print()
    x = input('是否继续(y/n)?')
    if x.upper() == 'N':                     # 退出时将用户列表存入文件
        file = open('userdata.dat', 'wb')
        pickle.dump(users, file)
        file.close()
        break
```

（4）按【Ctrl+S】组合键保存程序文件，将文件命名为“test10_23.py”。

（5）按【F5】键运行程序，观察输出结果。程序运行示例结果如下。

```
请输入姓名：mike
请输入年龄：12
当前已有用户：
(mike,12)，(tome,13)，
是否继续(y/n)?y
请输入姓名：tome
请输入年龄：45
当前已有用户：
(mike,12)，(tome,45)，
是否继续(y/n)?n
```

小　结

本单元主要介绍了 Python 面向对象程序设计的相关基础知识，包括 Python 类基础、类的继承等知识。对初学者而言，面向对象程序设计并不是必需的。但 Python 3 已经全面面向对象化，掌握面向对象程序设计的基础知识，有助于读者更好地学习 Python 的其他知识。

【拓展阅读】了解 OpenCV-Python 库

OpenCV 库的全称是开源计算机视觉库（Open Source Computer Vision Library），它是一个开源计算机视觉和机器学习软件库，用于为计算机视觉专业人员提供灵活、功能强大的开发接口。OpenCV 库由 C 和 C++实现，提供 C++、Python、Java 等多种编程语言接口。

了解 OpenCV-Python 库

OpenCV-Python 库是 OpenCV 的 Python 接口，为 Python 提供计算机视觉和机器学习实现功能。读者可扫描右侧二维码了解关于 OpenCV-Python 库的更多信息。

【技能拓展】在第三方工具中实现智能编码

通义灵码是一款基于大语言模型的自然语言处理工具，它可以帮助用户快速、准确地处理大量的文本数据，实现智能问答、自动摘要、翻译等功能。通义灵码支持 Java、Python、Go、C#、C/C++、JavaScript、TypeScript、PHP、Ruby、Rust、Scala、Kotlin 等主流编程语言，支持 Visual Studio Code、IntelliJ IDEA、PyCharm、GoLand、WebStorm 等 IDE。通义灵码的主要功能介绍如下。

- 行级/函数级实时续写。根据当前语法和跨文件的代码上下文，实时生成行、函数建议代码。
- 自然语言生成代码。通过自然语言描述用户想要的功能，可直接在编辑器区生成代码。
- 单元测试生成。支持根据 JUnit、Mockito、Spring Test 等框架生成单元测试。
- 代码优化。深度分析代码及其上下文，迅速识别潜在的编码问题，从简单的语法错误到复杂的性能瓶颈，均能够指出问题所在，并提供具体的优化建议代码。
- 代码注释生成。一键生成方法注释及行间注释，节省用户编写注释的时间。
- 研发领域自由问答。当用户遇到编码疑问、技术难题时，一键唤起通义灵码，无需离开 IDE 客户端，即可快速获得答案和解决思路。
- 异常报错智能排查。当代码运行出现异常报错时，一键启动报错排查的智能答疑，可结合运行代码、异常堆栈等报错上下文，快速给出排查思路或修复建议代码。

在 Visual Studio Code 中，可按照下面的步骤安装通义灵码。

（1）在左侧边栏中单击扩展按钮 ，打开扩展窗格。

（2）在搜索框中输入“TONGYI Lingma”，找到后单击“Install”按钮安装，如图 10-1 所示。

（3）安装完成后重启 Visual Studio Code，重启成功后登录阿里云账号，即可使用通义灵码开启智能编码之旅。

图 10-1 安装通义灵码

习 题

一、单项选择题

1. 下列说法错误的是（ ）。

   A. class 语句用于定义类

B. Python 程序中所有的数据都是对象

C. class 语句定义的类属于自定义类型，不是实例对象

D. 类对象和实例对象是两种不同的对象

2. 下列关于类对象和实例对象的说法错误的是（　　）。

A. 实例对象可以有很多个

B. 类对象是唯一的

C. 类对象的数据属性由类的所有实例对象共享

D. 通过类对象和实例对象调用类的方法没有区别

3. 下面的程序运行后的输出结果是（　　）。

```
class test:
  x=10
a=test()
b=test()
a.x=20
test.x=30
print(b.x)
```

A. 0　　B. 10　　C. 20　　D. 30

4. 下列关于属性的说法错误的是（　　）。

A. 实例对象的所有属性均继承自类对象

B. 可为实例对象添加属性

C. 可为类对象添加属性

D. 为类对象添加了属性后，实例对象自动拥有该属性

5. 下列关于继承的说法错误的是（　　）。

A. 子类可继承多个超类

B. 在子类方法中可以调用超类的方法

C. 创建子类的实例对象时，子类和超类的初始化函数都会被自动调用

D. 超类中以双下画线为名称前缀的属性和方法也会被子类继承

二、编程题

1. 请定义一个名称为 something 的类，该类有一个名称为 id 的属性和名称为 showid 的方法，showid()方法用于输出属性 id 的值。

2. 使用第 1 题中的 something 类，创建一个实例对象，将其 id 属性值设置为 100 并用不同的方法输出。

3. 请在下面代码中的下画线处补充一条语句，使代码在运行时输出“10 20 30”。

```
class test:
    data=10
x=test()
y=test()
x.data=20
```

```
______________________________
print(test.data,x.data,y.data)
```

4. 请定义一个类，为类定义一个用于存放一个整数列表的属性 data，data 初始值为空列表；为类定义一个方法 sum()，用于计算 data 中所有整数的和。要求通过类对象和实例对象均可调用 sum()方法。

5. 请定义一个类来表示矩阵，要求如下。

（1）矩阵可初始化大小，例如，提供参数 m 和 n，可定义 m×n 的矩阵。

（2）可将以元组或列表表示的数据存入矩阵。

（3）可执行矩阵转置。

（4）可执行两个 m×n 矩阵的加法。

附录 1

ASCII 值对照表

ASCII 值	字符	ASCII 值	字符	ASCII 值	字符	ASCII 值	字符
0	NUL	32	空格	64	@	96	、
1	SOH	33	!	65	A	97	a
2	STX	34	"	66	B	98	b
3	ETX	35	#	67	C	99	c
4	EOT	36	$	68	D	100	d
5	ENQ	37	%	69	E	101	e
6	ACK	38	&	70	F	102	f
7	BEL	39	,	71	G	103	g
8	BS	40	(	72	H	104	h
9	HT	41	)	73	I	105	i
10	LF	42	*	74	J	106	j
11	VT	43	+	75	K	107	k
12	FF	44	,	76	L	108	l
13	CR	45	-	77	M	109	m
14	SO	46	.	78	N	110	n
15	SI	47	/	79	O	111	o
16	DLE	48	0	80	P	112	p
17	DC1	49	1	81	Q	113	q
18	DC2	50	2	82	R	114	r
19	DC3	51	3	83	S	115	s
20	DC4	52	4	84	T	116	t
21	NAK	53	5	85	U	117	u
22	SYN	54	6	86	V	118	v
23	STB	55	7	87	W	119	w
24	CAN	56	8	88	X	120	x
25	EM	57	9	89	Y	121	y
26	SUB	58	:	90	Z	122	z
27	ESC	59	;	91	[	123	{
28	FS	60	<	92	/	124	|
29	GS	61	=	93	]	125	}
30	RS	62	>	94	^	126	`
31	US	63	?	95	_	127	DEL

注：ASCII 为美国信息交换标准代码，采用 7 位编码，共有 128 个字符。

附录 2
常用颜色对照表

颜色名称	RGB	16 进制颜色值
AliceBlue	240 248 255	#F0F8FF
Azure	240 255 255	#F0FFFF
Beige	245 245 220	#F5F5DC
Bisque	255 228 196	#FFE4C4
Black	0 0 0	#000000
Blue	0 0 255	#0000FF
Brown	165 42 42	#A52A2A
Chocolate	210 105 30	#D2691E
Coral	255 127 80	#FF7F50
Cyan	0 255 255	#00FFFF
DimGrey	105 105 105	#696969
Gold	255 215 0	#FFD700
Green	0 255 0	#00FF00
Grey	190 190 190	#BEBEBE
Honeydew	240 255 240	#F0FFF0
Ivory	255 255 240	#FFFFF0
lavender	230 230 250	#E6E6FA
LightBlue	173 216 230	#ADD8E6
Linen	250 240 230	#FAF0E6
Maroon	176 48 96	#B03060
MintCream	245 255 250	#F5FFFA
Moccasin	255 228 181	#FFE4B5
Orange	255 165 0	#FFA500
Orchid	218 112 214	#DA70D6
Peru	205 133 63	#CD853F
Pink	255 192 203	#FFC0CB

续表

颜色名称	RGB	16 进制颜色值
Plum	221 160 221	#DDA0DD
Purple	160 32 240	#A020F0
Red	255 0 0	#FF0000
Salmon	250 128 114	#FA8072
Seashell	255 245 238	#FFF5EE
Sienna	160 82 45	#A0522D
SlateBlue	106 90 205	#6A5ACD
Snow	255 250 250	#FFFAFA
Tan	210 180 140	#D2B48C
Tomato	255 99 71	#FF6347
Wheat	245 222 179	#F5DEB3
White	255 255 255	#FFFFFF
Yellow	255 255 0	#FFFF00